"十四五"高等职业教育装备制造大类专业系列教材

通信导航技术

胡 杰 徐剑锋◎主 编
刘 亮 岳 鹍◎副主编

中国铁道出版社有限公司
CHINA RAILWAY PUBLISHING HOUSE CO., LTD.

内 容 简 介

本书为"十四五"高等职业教育装备制造大类专业系列教材之一。全书共 12 章,分为两部分,即无人机通信技术和无人机导航技术,主要包括无人机通信技术分类、视距链路通信技术、移动互联通信系统/局域网、卫星通信技术、无人机通信技术应用实例、无人机导航技术发展历程、无人机导航技术分类、陆基导航技术、其他/自导航系统、组合导航系统、无人机导航技术应用实例等内容。

本书适合作为高等职业院校装备制造大类无人机应用技术专业、电子信息类相关专业的教材,也可供从事无人机通信导航领域工作的工程技术人员参考。

图书在版编目(CIP)数据

通信导航技术 / 胡杰,徐剑锋主编. -- 北京:中国铁道出版社有限公司,2025.2. -- ("十四五"高等职业教育装备制造大类专业系列教材). -- ISBN 978-7-113-31962-5

Ⅰ. V279

中国国家版本馆 CIP 数据核字第 2025VB7911 号

书　　名:**通信导航技术**
作　　者:胡　杰　徐剑锋

策　　划:何红艳　张围伟　　　　　编辑部电话:(010)63560043
责任编辑:何红艳　包　宁
封面设计:刘　颖
责任校对:刘　畅
责任印制:赵星辰

出版发行:中国铁道出版社有限公司(100054,北京市西城区右安门西街 8 号)
网　　址:https://www.tdpress.com/51eds
印　　刷:河北宝昌佳彩印刷有限公司
版　　次:2025 年 2 月第 1 版　　2025 年 2 月第 1 次印刷
开　　本:787 mm×1 092 mm　1/16　印张:13　字数:292 千
书　　号:ISBN 978-7-113-31962-5
定　　价:45.00 元

孙红斌(千寻位置网络有限公司)

吴　俊(江苏城乡建设职业学院)

汪　晖(荆州理工职业学院)

张　志(湖南航空技师学院)

张　程(宜昌科技职业学院)

张　磊(广西交通技师学院)

张围伟(中国铁道出版社有限公司)

欧阳艳华(广西城市建设职业学校)

易　操(湖北城市建设职业技术学院)

周　讯(湖南国防工业职业技术学院)

周　巍(柳州城市职业学院)

周风景(苏州极目机器人有限公司)

赵　辉(唐山工业职业技术学院)

赵中营(江苏农林职业技术学院)

赵文天(青海职业技术大学)

赵超阳(黑龙江农垦职业学院)

郝涛涛(三峡旅游职业技术学院)

胡　杰(中国兵器工业试验测试研究院)

徐翔民(黄河水利水电职业技术学院)

凌培田(北京达北时代科技有限公司)

黄　玲(湖北生物科技职业学院)

章远驰(郑州经济贸易学校)

韩国忠(成都航利航空工程职业教育有限公司)

程海洋(山东顺然信息科技有限公司)

颜　颖(江西制造职业技术学院)

薛　峰(新乡市职业教育中心)

秘　书　长：韩国清(北京智航万维科技有限公司)

副秘书长：何红艳(中国铁道出版社有限公司)

前　言

党的二十大报告提出："建设现代化产业体系。坚持把发展经济的着力点放在实体经济上，推进新型工业化，加快建设制造强国、质量强国、航天强国、交通强国、网络强国、数字中国。实施产业基础再造工程和重大技术装备攻关工程，支持专精特新企业发展，推动制造业高端化、智能化、绿色化发展。巩固优势产业领先地位，在关系安全发展的领域加快补齐短板，提升战略性资源供应保障能力。推动战略性新兴产业融合集群发展，构建新一代信息技术、人工智能、生物技术、新能源、新材料、高端装备、绿色环保等一批新的增长引擎。"

技术技能型人才是建设现代化产业体系的主力军，高质量的高等职业教育对高素质技术技能型人才培养起到了至关重要的作用。随着我国迈入新发展阶段，国民经济结构与产业转型升级速度不断加快，对高素质技术技能型人才培养提出更高要求。

无人机技术经过近百年的发展，已经形成了比较完善的理论体系和系统组成，其中，无人机通信技术和无人机导航技术作为无人机技术的两大重要组成模块，涉及多门学科和技术，具有科学的体系架构，长期以来一直属于研究和应用的热点领域。

本书以上述经济社会和产业升级新动态为背景，及时吸收新技术、新应用、新标准，完善知识体系，重点讲述无人机通信导航技术的基本原理和应用，以发展历程、技术分类、系统类别、技术应用为主线，对无人机通信技术和无人机导航技术两大部分进行了分类介绍，将无人机的两大组成部分呈现在读者面前。

本书分两部分，共12章，阐述了无人机通信技术和无人机导航技术。无人机通信技术主要包括无人机通信技术分类、视距链路通信技术、移动互联通信系统/局域网、卫星通信技术、无人机通信技术应用实例等章。在对无人机通信技术全面介绍的基础上，着重介绍了卫星通信技术原理和无人机通信典型应用场景，并分析了各类通信技术的特点。无人机导航技术主要包括无人机导航技术分类、陆基导航技术、其他/自导航系统、组合导航系统、无人机导航技术应用实例等章。在对无人机导航技术全面介绍的基础上，着重介绍了陆基导航技术、其他/自导航系统以及无人机导航技术典型应用场景，并分析了各类导航技术的特点与优势。

本书在编写模式上避免纯理论性叙述，以无人机通信与导航技术发展历程为主线，在介绍必要知识的基础上，适当加入技术原理和公式模型，用于知识点的讲解。此外，讲解了典型的通信系统、导航系统组成与原理,并介绍了典型的应用领域与场景,力求读者在学习过程中既能掌握无人机通信与导航相关理论知识,又能理解该技术在社会生产实践中的应用,旨在培养学生解决实际问题的能力。

本书由中国兵器工业试验测试研究院胡杰、江西飞行学院徐剑锋任主编,中国兵器工业试验测试研究院刘亮、天津现代职业技术学院岳鹍任副主编,参加编写的还有中国兵器工业集团人才研究院孙汉中,泸州职业技术学院陈小怡,中国兵器工业试验测试研究院杨江、毕哲源、万上宾、白高磊、白仓锋、刘海岗、杨彬、李春臻、李淳、付海清、张宁。其中,第1章由胡杰、徐剑锋、万上宾编写,第2章由毕哲源编写,第3章由刘海岗编写,第4章、第5章由杨江、白高磊、岳鹍编写,第6章由孙汉中、付海清编写,第7章由张宁编写,第8章、第9章由白仓锋、陈小怡编写,第10章由刘亮、李春臻编写,第11章由杨彬编写,第12章由李淳编写。全书由徐剑锋制定编写提纲,由胡杰负责统稿。

由于编者水平有限,加之编写时间仓促,书中疏漏与不妥之处在所难免,希望广大读者给予批评指正。

编　者

2024 年 10 月

目　录

第一部分　无人机通信技术

第一部分
无人机通信技术

第一部分共六章，阐述了无人机通信相关技术，内容包括：
- 绪论；
- 无人机通信技术分类；
- 视距链路通信技术；
- 移动互联通信系统/局域网；
- 卫星通信技术；
- 无人机通信技术应用实例。

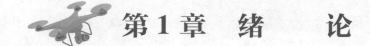

第1章 绪　　论

知识目标

（1）了解无人机发展阶段，无人机导航定位发展现状和趋势。

（2）掌握陆基导航和星基导航的特点，增强对无人机和无人机导航定位技术的认识。

素质目标

（1）具备清晰的思想认知，能将事物的发展与客观规律结合起来思考。

（2）具备对常用导航设备的一般认知。

"导航"主要涉及运动客体的"方向"，而实际上对一个客体的准确定位更为重要。导航必须解决"我在哪里""我去往哪里""怎么去"等问题，因此，无论客体是静止还是运动，必须首先确定它所在的位置，只有掌握了准确位置才能进行下一步的具体措施。例如，知道一辆失窃的汽车在大地坐标系中的坐标参数后，就能知道该车所处的方位和具体的地点，为破案提供有效依据；在获取了飞行中的无人机动态点位置后，就能计算出它的速度、加速度、飞行轨迹，并为其下一步飞行方案的决策提供依据。综上，定位是导航的基础，有了准确的定位，才能有科学的导航；定位即是广义上的导航，也包含了比导航更宽的活动范畴。纵观这一领域从陆基导航技术到星基导航定位系统的发展沿革也充分地说明了这一点。现代生活中用得较多的词语"导航""全球定位"是人类社会不断发展、科学技术不断进步的一种表征。

为了更好地学习无人机导航定位技术，下面将从无人机发展历程、导航定位技术、各种导航定位系统等方面给大家进行介绍。

1.1 无人机发展历程

无人机是一种无线遥控的无人驾驶飞机（unmanned aerial vehicle，UAV）。2016 年，无人机作为消费电子类的"重点戏"迅速点燃了整个市场，一时间家喻户晓，在引起消费者狂热追捧的同时，国内外制造商也前赴后继地加入无人机市场，力求在无人机市场占有一席之地。2024 年，珠海航展实现了"展示空间裂变倍增""空天海陆硬核呈现""国际交流更加开放""无人系统闪亮登场""轨道交通直达展馆"等创新突破。

其实早期的无人机设计，重点并不在民用，而是在军用方面。无人机的发展已有近百年的历史。

1.1.1 无人机发展的三个阶段

1. 萌芽期

第一次世界大战进入尾声时，动力飞行还完全是一个新生的事物。1903 年 12 月

17 日,莱特兄弟在北卡罗来纳州基蒂霍克(Kitty Hawk)的沙丘间完成了原始双翼飞机试飞。1917 年,皮特·库柏(Peter Cooper)和埃尔默·A. 斯佩里(Elmer A. Sperry)发明了第一台自动陀螺稳定器,这种装置能够使飞机保持平衡向前飞行,无人飞行器自此诞生。这项技术成果将美国海军寇蒂斯 N-9 型教练机成功改造为首架无线电控制的不载人飞行器。斯佩里"空中鱼雷"(Sperry aerial torpedo,见图 1.1)搭载 300 磅(约合 136 kg,1 磅≈0.454 kg)的炸弹飞行 50 英里(约合 80.5 km,1 英里≈1.61 km),但它从未参与实战。

图 1.1　斯佩里(Sperry)"空中鱼雷"(1917 年)

木质的凯特灵"空中鱼雷"被称为"凯特灵飞虫(Kettering bug,见图 1.2)",这架飞机能够载重 300 磅(约合 136 kg),在 1917 年的造价为 400 美元。通用公司的查尔斯·F. 凯特灵(Charles F. Kettering)设计的这架飞行器拥有可拆卸机翼,并且可以巧妙地从装有滚轮的手推车上起飞。

图 1.2　凯特灵(Kettering)"空中鱼雷"号(1917 年)

1935 年之前的空中飞行器飞不回起飞点,因此也就无法重复使用。"蜂王号"无人机(见图 1.3)能够飞回起飞点,才使得无人机技术更具有实际价值。"蜂王号"最高飞行高度 17 000 英尺(约合 5 182 m,1 英寸≈0.025 4 m),最高时速 100 英里/时(约合 161 km/h,1 英里≈1.61 km),在英国皇家空军服役到 1947 年。"蜂王号"无人机的问世标志着无人机时代的正式开始,"蜂王号"也成了近代无人机的"开山鼻祖",随后无

人机被应用于各大战场执行侦察任务。然而由于当时的技术比较落后,无人机无法出色地完成任务,逐渐受到冷落,甚至被军方弃用。

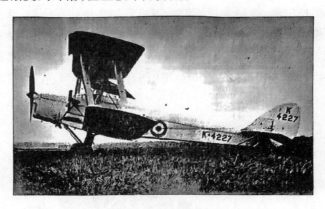

图 1.3　蜂王号(1935 年)

1944 年,德国工程师弗莱舍·福鲁则浩(Fieseler Flugzeuhau)设计了一架速度达到 470 英里/时(约合 756 kg/h)的无人机"复仇者一号"(Vergeltungswaffe,见图 1.4),是当代巡航导弹的先驱。"复仇者一号"经常搭载多达 2 000 磅(约合 908 kg)的炸弹。"复仇者一号"从弹射道发射后能按照预先程序飞行 150 英里(约合 240 km)。

图 1.4　复仇者一号(1944 年)

1951 年由瑞安航空制造的"火蜂"原型机 XQ-2(见图 1.5)在四年后进行了首次试飞,这架世界上首台喷气推动的无人机主要被美国空军所使用。"火蜂"无人机适用于情报收集以及无线电传输的监控活动。

M-21 型是"黑鸟"系列中最早的产品 A-12 型飞机的变体,它是用来搭载洛克希德 D-21 高空无人机的母机,见图 1.6。M-21 和 D-21 同属于一个 1963—1968 年进行的秘密项目,该项目直到 40 年后才为人所知晓。M-21 型的改进在于新增供发射操作员乘坐的副驾驶舱。这两型飞行器于 1969—1971 年开展了对罗布泊核试验场的四项侦察活动。在 1966 年,因为 D-21 在发射过程中和 M-21 母机之间发生撞击事故,D-21 机型的后续生产被取消。

图 1.5　火蜂号(1955 年)

图 1.6　洛克希德 M-21 和 D-21(1963 年)

2. 发展期

据美国海军介绍,于 1986 年 12 月首飞的"先锋"系列无人机(见图 1.7)为战术指挥官提供了特定目标以及战场的实时画面,执行了美国海军"侦察、监视并获取目标"等各种任务。这套无人定位系统的花销很小,满足了 20 世纪 80 年代美国在黎巴嫩、格林纳达以及利比亚以低代价开展无人获取目标信息的要求,并首次投入实战。

图 1.7　先锋 RQQ-2A(1986 年)

"先锋"号现在仍在服役,通过火箭助力起飞,起飞质量 416 磅(约合 189 kg),航速 109 英里/时(约合 174 km/h),该机能够漂浮在水面,并且通过海面降落进行回收。

通用原子公司(General Atomics)在 1994 年制造了 MQ"捕食者"无人机(见图 1.8)"捕食者"的升级版能够将完全侦察用途的飞机改造成用于携带武器并攻击目标的战机。在美国空军服役的"捕食者"已超过 125 架,另有 6 架在意大利空军服役。1995 年,"捕食者"无人机在联合国和"北约"对波斯尼亚的战役中首次使用,同时也出现在美军阿富汗和伊拉克战场上,但目前正逐步被淘汰。

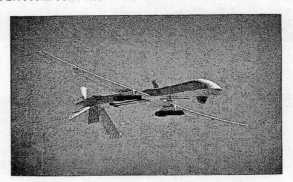

图 1.8 MQ"捕食者"无人机(1994 年)

RQ-7B 幻影(见图 1.9)是无人机家族中最小的一个,被美国陆军和海军陆战队用于伊拉克和阿富汗战场。该系统能够定位并识别战术指挥中心 125 km 之外的目标,让指挥官的观察、指挥、行动都更加敏捷。幻影-200 广泛使用于中东地区,截至 2010 年 5 月的累积飞行时间已达 500 000 h。

图 1.9 "RQ-7B 幻影"无人机(2004 年)

"火力侦察"无人直升机能够在任何可以起降飞行器的战舰上自行起飞并且在非预定地点着落,由美国军方于 21 世纪初开发。如图 1.10 所示,"火力侦察"直升机正在亚利桑那尤马试验场试射 2.75 英寸非制导火箭。

由洛克希德马丁公司附属公司臭鼬工厂(Skunk Works)设计并生产的 RQ-170"哨兵"号服役于美国空军。在阿富汗的"持久自由行动"中被初次部署,飞行高度经常达到 50 000 英尺(约合 15 000 m)的 RQ-170 成了"坎大哈之兽"。RQ-170 的基本特征是翼型设计以及 15 240 m 的作业高度,见图 1.11。

图 1.10 RQ"火力侦察"无人直升机(2005 年)

▷作业高度　▷机身材料
15 240 m　　复合材料

发动机

1.82 m

27.49 m

图 1.11 RQ-170"哨兵"(2009 年)

3. 蓬勃期

21 世纪初,由于原来的无人机个头较大,目标明显且不易于携带,研究人员研制出了迷你无人机,机型更加小巧、性能更加稳定,一个背包就可携带。同时,新型无人机具有了更加优秀的技能,催生了民用无人机。

2001 年"全球鹰"开始研制。"全球鹰"高空飞行器具有长时间飞行能力。服役于美国空军的该类无人机装备了能够开展情报收集、侦察以及监视等功能的综合传感器。2001 年开始研发的全球鹰项目成为航空历史的重大标杆。这是已知的第一架能够不经停直接飞越太平洋的无人机,该机在 2006 年 7 月获准在美国领空飞行。在东京展出的一架"全球鹰"全尺寸模型见图 1.12。

图 1.12 "全球鹰"(2001 年)

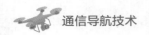

2006 年,影响世界民用无人机格局的大疆无人机公司成立,先后推出的 phantom 系列无人机在世界范围内产生了深远影响,其研制的 phantom2 vision⁺(见图 1.13)还在 2014 年入选《时代》杂志。

2009 年,美国加州 3D Robotics 无人机公司成立,这是一家最初主要制造和销售 DIY 类遥控飞行器(UAV)相关零部件的公司,该公司在 2014 年推出 X8 四轴飞行器后而名声大噪,目前已经成长为能与中国大疆相媲美的无人机公司。

图 1.13 大疆的 phantom2 vision⁺

2014 年,一款用于自拍的无人机 Zano 诞生,曾经被称为无人机市场上的 iPhone。该机在众筹平台上筹款 340 万美元,获得超过 15 000 人的支持,人们对该款产品充满期待,但由于无法解决无人机量产问题而引发的软硬件调校误差,该公司于 2015 年破产,Zano 只能活在大家的记忆中。即便如此,无人机应用在自拍领域的研究仍会继续下去。

2015 年,是无人机飞速发展的一年,各大运营商融资成功,为无人机的发展创造了十分有利的条件,还上线了第一个无人机在线社区——飞兽社区。

同年,美国 Qualcomm(高通)公司相继推出自己的无人机开发平台,作为该公司布局 IoT 生态圈的重要一环。

2018 年,大疆无人机公司发布旗舰植保无人机 T16(见图 1.14),大疆 T16 采用全新模块化设计大幅简化机身拆装,日常维护速度提升 50%,主体结构采用碳纤维复合材料一体成型,轻量化的同时保证整机强度。机身可快速折叠,折叠后空间占用减少 75%,便于运输,电池及作业箱支持快速插拔,作业补给效率大幅提升,搭载全新 DBF 成像雷达,不受环境光线及尘土影响,可全天候感知农田环境,支持前后双向避障。

图 1.14 大疆 T16 植保无人机

2019 年,在中华人民共和国成立 70 周年阅兵式上,我国亮相了无侦-8 侦察无人机(见图 1.15),无侦-8 具备极其出色的隐身性能,采用两台液体火箭发动机,拥有极强的高空高速突防能力。机上能搭载电子侦察、光电探测、合成孔径雷达等,可探测地面或海面的目标,并具备对目标进行多光谱成像分析的能力,通过高速数据链系统将其实时传输给地面指挥部。

图 1.15　无侦-8 侦查无人机

2022 年,珠海航展上无人机趋向大型化、隐身性,各类无人机百花齐放,特别是"察打无人机""多用途无人机"等在珠海航展上大放异彩。翼龙-3、彩虹-7、飞鸿-97A 等具备长航程、大载弹量和隐身性能的无人机受到国内外极大关注。

2024 年,珠海航展汇聚了各种先进的无人机。航展首次设立低空经济馆,全方位展示低空经济相关企业的技术成果及应用场景。多款具备大载荷、长航程能力的大型无人机首次在航展中亮相。我国目前最大的可灵活配置多用途重型无人机"九天"首次展出,引起国内外高度关注。航展从有人驾驶飞机进入有人机与大型无人机齐飞——这也意味着大型无人机的时代已经到来。

2024 年,"低空经济"首次写入国务院政府工作报告,标志着这一新兴领域正式进入国家战略视野。作为重要新赛道,低空经济正在全国各地蓬勃兴起。各地区立足自身禀赋,也秉承各自不同的产业基础、应用环境,因地制宜探索特色化发展路径,开始在不同方向上发力。

1.1.2　民用无人机的应用领域

无人机的高速发展使其在民用领域得到了广泛应用,如环境监测、地质勘探、森林防火、灾难救援、通信中继、电力巡线、影视拍摄、遥感测绘、快递、自拍跟拍、风景观赏等。

1. 环境监测

无人机行业的快速发展给很多行业带来了便捷,从传统的航拍、航测、电力架线、农保、交通执法、消防喊话等,到现在的环保执法、取证等,无人机已在民生的多个领域崭露头角。但是,目前的大部分环境执法主要是依靠高清摄像机或者热成像等传感器,只能定性地反映出环境污染。随着信息化程度的提高以及国家各级政府对环境保护信息的监管要求越来越高,对环保信息的时效性及精准性又提出了更高的要求,利用无人机进行监测可以达到实时高效。

相对于传统监测方法而言,无人机机载传感器应用于大气环境监测有如下优点:

(1)预警响应速度快。可以快速到达工业生产监测区域,保证在污染气体扩散事故发生时进行实时监测;可迅速开始遥测任务,并在短时间内快速准确地获取遥感数据。

(2)安全作业保障能力强。无人机遥测系统可以降低地面检测人员的风险。

（3）监测时间长、区域广。无人机能够在空中持续飞行 16 h 以上，一次飞行任务可达 100 多个监测点。

（4）机动性强。在无人机上搭载高清摄像装备，利用实时传回的视频信号清晰地辨识现场情况，可对应急救援指挥工作提供实时帮助。

2. 地质勘探

无人机的出现使得多个行业的发展方向发生了质的飞跃，其中包括地质行业。地质勘探工作通常难度大、危险系数高，地质勘探从业人员的工作压力和工作难度都相当大，但是无人机先进的航拍技术可以大力缓解这部分压力，替代人工进行一些高要求、高难度的作业（见图 1.16 和图 1.17）。

图 1.16 无人机地质勘探情景图

图 1.17 无人机地质勘探效果图

3. 森林防火

林业是全国生态建设的主体，在保持经济和社会发展中具有不可或缺的作用，在生物的进化过程中起着巨大作用。

截至 2023 年底，我国森林覆盖率超过 25%，如何解决森林防火的问题成为林业工作的重中之重。目前，国外森林防火中应用了较多的新技术和新设备，国内在此方面的应用需求也日益增加，对森林保护的投入逐渐加大，先后运用卫星进行资源普查、森林火场监视,而使用无人机系统对森林火情监测还处于初始阶段。

无人机中低空监测系统具有机动快速、使用成本低、维护操作简单等技术特点,具有对地快速实时巡察监测能力,是一种新型的中低空实时电视成像和红外成像快速获取系统。在对车、人无法到达地带的资源环境监测、森林火灾监测及救援指挥等方面具有独特的优势。无人机森林监测系统是以森林火情监测为主,将无人机技术、GPS 技术、高清数字图像传输技术等高新技术综合应用于森林资源管理中的高科技产品。无人机森林防火观察图如图 1.18 所示。

图 1.18　无人机森林防火观察图

森林防火观察无人机系统有如下特点:

(1)巡查覆盖面积大、巡查精度高和超视距自动驾驶。固定翼飞机单次起降覆盖范围为 $20 \sim 80\ km^2$,巡查航线偏移小于 5 m,高度偏移小于 10 m,超视距观测可达到 $15 \sim 60\ km$ 。

(2)快速反应,应急机动性强。无人机从展开到执行飞行任务,只需 5 min 即可按照固定航线执行巡查任务,也可以在空中临时变更飞行航线。

(3)能够高清晰度实施回传巡查图像。无人机可携带 720 P ~ 1 080 P 高清晰摄像设备,通过模拟及数字图像传输设备向地面回传高清晰图像,并实时记录、录制高清视频资料。

(4)险情现场回馈,辅助抢险救灾指挥决策。可以进行高精度火场定点盘旋,实时将火情传回控制中心,通过高精度热成像反馈,穿透烟雾发现高温火点,对指挥扑灭并阻止蔓延有着极其重要的意义。

(5)人机分离安全性高。相比有人驾驶飞机,无人机无须驾驶员,即使出现极端天气造成飞行事故,飞行对地面所造成的二次灾害几乎可降低到 0。

(6)飞机造价低,维护方便。无人机造价相对有人驾驶飞机而言,其生产成本仅为 5% ~ 15% ,飞行成本仅为 1% ~ 5% ,由于零部件使用规范化、标准化,其维护也非常简单,定期更换即可满足安全飞行要求。

1.1.3　无人机的发展趋势

无人机的飞速发展和广泛运用是在"海湾战争"以后。以美国为首的西方国家充

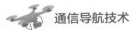

分认识到无人机在战争中的作用,竞相把高新技术应用到无人机的研制与发展上,不仅增加了续航时间,提高了图像传递速度和数字化传输速度,还使用了先进的自动驾驶仪。

1. 高空、长航时方向

老式的无人机滞空时间短、飞行高度低、侦察监视面积小,不能连续获取信息,甚至会造成情报"盲区",不适应现代战争的需要。为此,美军研制出"蒂尔"Ⅱ超高空、长航时无人机。

2. 隐形无人机方向

为了对付日益增强的地面防空火力的威胁,许多先进的隐形技术被应用到无人机的研制上:一是采用复合材料、雷达吸波材料和低噪声发动机;二是采用限制红外光反射技术,在机身表面涂上能够吸收红外光的特制油漆并在发动机燃料中注入防红外辐射的化学制剂;三是减小机身表面缝隙,减少雷达反射面;四是采用充电表面涂层,使其具有变色的特性。因而从地面向上看,无人机具有与天空一样的颜色,从空中俯瞰,无人机呈现出与大地一样的颜色。

3. 空中预警方向

美军认为,21 世纪的空中侦察系统主要由无人机组成。美军计划用预警无人机取代 E-3 和 E-8 有人驾驶预警机,使其成为 21 世纪航空侦察的主力。

4. 空中格斗方向

攻击型无人机是无人机的一个重要发展方向。由于无人机能预先靠前部署,可以在距离所防卫目标较远的距离上摧毁来袭的导弹,有效地克服"爱国者"或 C-300 等反导导弹反应时间长、拦截距离近、拦截成功后的残骸对防卫目标仍有损害的缺点。

1.1.4 无人机的主要用途及导航定位技术发展

微型无人机(micro unmanned aerial vehicle,MUAV)源于美国的一些武器设备研究部门提出的一种非常小的侦察平台方案。后来,各种先进微型制造技术、微电机系统、微电子和先进的一体化技术迅速发展,为研制实用的微型无人机奠定了一些技术基础。微型无人机与普通无人机的不同之处还在于,它们不是按照常规以大型、中型、小型、非常小型等来划分的,它除尺寸极其微小外,还是一种具有多种用途的多功能、可控的廉价飞行器,也可以认为是一种六自由度的微型空中机器人。

由于其造价低、体积小、质量小,具有良好的灵活机动性和隐蔽性,使得国内外对其研究与应用越来越广泛,微型无人机在军事和民用上有广泛的应用前景。

1. 军用方面

微型无人机主要用于低空侦察、通信、电子干扰和对地攻击等任务。这样不仅可减少部队在侦察过程中的伤亡,还可大幅提高作战效率。

另外,微型无人机还可用于目标指示及生化武器探测等。微型无人机在城市作战中的优势尤为突出。它能够在建筑物群中以缓慢的速度飞行,以便绕过障碍并避免碰撞;可以飞到大型建筑物上执行城区侦察任务,还可探测和查找建筑物内部的敌人和恐怖分子,并可窃听敌方作战计划等。同时,微型无人机也是适用于未来城市作战的一种新式武器装备。

2. 民用方面

微型无人机可用于通信中继、环境研究、自然灾害的监视与支援。微型无人机还可用于边境巡逻与控制、毒品禁运、农业勘测,并在未来大型牧场和城区监视等民用领域拥有广阔的市场和应用前景。

导航与定位系统在微型无人机自主飞行中占有重要地位。限于微型无人机对导航器件的体积、质量和成本的要求,用于大型无人机的导航方法(如多普勒测地速、雷达和惯性导航系统)因结构复杂、体积和质量大及价格昂贵等因素,无法在微型无人机上使用。

由于现有的各种导航系统都有其各自的优点和特色,但也有不足之处。惯性导航系统(INS)自主性强,功能完备,但其误差随时间积累;GPS 全球定位系统提供 24 小时、全球、全天候的高精度测速定位服务,其不足之处在于自主性和可靠性差,易受干扰,接收机数据更新率低,因而难以满足实时测量的要求。微型惯性传感器与传统的惯性传感器相比,具有体积小、质量小、成本低、功耗低、可靠性高和寿命长等优势,在车辆导航和控制、机器人、无人机导航、武器制导等领域有着广阔的应用前景。然而目前精度还比较低,导致其应用受到一定的限制。GPS 接收机与微型惯性测量单元(MIMU)的结合可以取长补短,大幅提高输出数据的更新率,防止导航定位误差随时间积累,并且提高了可靠性和抗干扰能力,为低成本、轻小型导航与制导系统提供了一个非常有吸引力的方案,成为设计者的最佳选择,也是目前导航技术发展的主要方向之一。

1.2 陆基导航技术

伴随飞机及无人机发展,导航技术也相应地发展以满足其飞行的需要。下面首先介绍陆基导航技术设备。从一般意义上讲,可以把那些将导航设施(或媒介)置于陆地上、导航信号作用范围限于电离层以下的空间、陆地和海洋上的导航行为,统称为陆基导航,这些导航信号一般沿地面传播,或沿地面与电离层之间来回反射而传播得很远。从原始的灯塔、目视地物标记、罗盘到无线电导航技术,人类已经发明和制造了各种各样的陆基导航仪器与设备。

1. 罗盘

远古就有、现代仍在使用的罗盘导航是一种古老、原始但又非常实用的陆基导航技术。它利用地磁场南北极的属性,将两极磁体做成名为罗盘的仪器,用来方便地测定客体所处方位,它在任意位置都能准确地给出某一方向或角度值。类似罗盘的仪器已有许多,它为人类带来了诸多方便。

2. 无线电信标

在第二次世界大战之前,由于飞机飞行和船舶航行的需要,尤其是战争的需要,人们发明了无线电信标(radio beacon,RB)系统。无线电信标是设立在地面固定点的连续波发射机,采用全向天线。用于航空导航的无线电信标称为航空无线电信标,又称无方向信标(nondirectional beacon,NDB)。飞机上的机载设备称为自动测向仪(automatic direction finder，ADF），又称无线电罗盘；利用天线的方向性，ADF 能测出 NDB 相对于飞机轴线的方位，它主要用于飞机着陆时寻找初始进近点。由于该系统的价格低廉，现今的民航飞机和大部分军用飞机仍装备 ADF。用于航海的称为海用无线电信标，其工作原理与航空无线电信标相同。由于 GPS 的应用，近年来许多国家将海用无线电信标改作广播 DGPS 校正信息，而未进行用途改动的将逐步停用。但是，不管无线电信标这一技术如何发展，它作为世界上第一个无线电导航系统这是被人们普遍认同的。

3. 一系列陆基无线电导航系统

自 20 世纪 20 年代末开始，在无线电信标的启迪下，各国竞相开展无线电导航技术的研究，先后推出了一批又一批的装置和系统。这些系统中，如奥米伽（omega）、微波着陆系统（microwave landing system，MLS）、仪表着陆系统（instrument landing system，ILS）、罗兰-C（Loran -C navigation system）、伏尔（very omnidirectional range，VOR）、测距器（distance measuring equipment，DME）、塔康（tactical air navigation system，TACAN）等都是较成熟的、被普遍应用的无线电导航技术成果。

1）奥米伽

奥米伽（omega）是采用双曲线定位法的超远程无线电导航系统，发射频率为 0.3 ~ 30 kHz 的连续波，在地表面与电离层之间形成绕地球传播的球形波导，使用巨型天线和特大的发射功率。

奥米伽系统原理由皮尔斯于 1947 年提出，由美国海军电子实验室负责实施，20 世纪 60 年代取得突破性进展，1966 年实验台开始发播信号，1969 年第一台奥米伽接收机诞生。随后，美国在北达科他建成了第一座奥米伽发射台，到 1985 年，建成了分布在挪威、阿根廷等地的 8 个发射台构成的奥米伽系统，第一次实现了导航信号的全球覆盖。因此，奥米伽是最早能实现全球性、全天候、连续使用的无线电导航系统。但随着 GPS 的推广应用，奥米伽系统已于 1997 年 9 月关闭。

2）伏尔

伏尔（VOR）是甚高频全向导航系统，于 20 世纪 40 年代末开始研制。它主要是为飞机提供准确的方位信息，通过发射两个 30 Hz 的正弦波，并根据此两正弦波的相对相位与飞机相对于地面台的方位成正比的原理而实现测方位的。

伏尔通常与测距器（DME）和战术航空导航设备（CTACAN）组合使用，这是因为混装的系统不仅能给出方位数据，而且还提供距离信息。

3）测距器

测距器（DME）是为飞机提供距离信息的近程航空导航系统。通过测量机载设备与地面台之间询问-应答脉冲的传播时间而测出飞机离地面台的距离。由于应答能力有限，一个地面台最多允许同时与 110 架飞机的机载设备配合工作。

DME 技术源自于二战期间广泛应用的三雷达信标系统，后经二十多年的不断改进与完善，于 1961 年正式投入使用，通常是与提供方位信息的 VOR 组合使用，该组合系统被认为是当今安全和可信赖的民用航空导航的基础。

4）塔康

塔康（TACAN）是战术航空导航系统的简称，是为军用飞机同时提供方位和距离信息的导航系统。于 1955 年研制成功,现在大多数国家仍将其应用于空军和海军的航空兵导航。塔康的工作频率、脉冲制式、测距原理、可容纳飞机容量和覆盖范围均与 DME 相同,而方位测量则与伏尔有较大差异,但方位测量精度与伏尔相当,约为 ±2.5°。由于塔康地面台天线比伏尔小,适合于机动和舰装。

5) 仪表着陆系统

仪表着陆系统(ILS)是专门用于引导飞机着陆的仪表式系统,有别于早期航海者的灯塔引导、大多数飞行着陆所依据的地物标记等目视基准,它完全用仪表控制实现飞机的着陆。20 世纪 30 年代研制成功,起初主要用于军方,在第二次世界大战中成功地帮助同盟国部队作战,20 世纪 40 年代末被用于民航,20 世纪 50 年代侧重于该系统可靠性的提高和增设监护措施,20 世纪 60 年代引入固态化技术,20 世纪 70 年代末完成了自动化仪表着陆系统的研究,主要装备于美国、英国、法国。由于 ILS 系统存在场地限制、频率通道少等缺陷,以致在 20 世纪 80 年代初美国转向支持微波着陆系统的开发。

6) 微波着陆系统

微波着陆系统(MLS)替代 ILS 的研究开始于 1967 年,于 20 世纪 80 年代研制成功并投入运行,它是为飞机提供位置信息和地空数据信息以实现准确进近与着陆的引导着陆系统。MLS 地面台发射的两个扇形波分别在覆盖空间的水平和垂直方向扫描,机载接收机测量这两个扇形波束的时间差,从而得到距地面台的方位和仰角;地面台还向机载接收机发播进场方位、进场仰角、台站识别、气象数据等引导信息。与 ILS 相比,MLS 具有一系列突出优点,例如,其信号覆盖区域大、能满足各种飞机在进近、着陆、复飞的需要,既可适应直入式,也可适应分段折线、曲线式进场,增强了在多山地区的适应能力;具有多达 200 个互不干扰的通道;天线小,大幅放宽了建台的限制。

7) 罗兰-C

Loran(罗兰)是远程导航的缩写,罗兰-C(Loran-C)是于 20 世纪 50 年代末在第二次世界大战期间成功研制罗兰-A 的基础上改进并投入使用的远程双曲线导航系统,1974 年向民用开放。罗兰-C 的地面发射系统是由至少 3 个发射台组成的台链,彼此精确同步。用户接收来自 2 个台的信号时,只要测出它们到达的时间差,便知道自己处于一条以这两个台为焦点的双曲线上;同时又测出另外两个台信号的时间差,便又得知处于另一条双曲线上;显而易见,用户必然处于这两条双曲线的交点上,从而可确定出用户的位置。在陆基无线电导航系统中,罗兰-C 的用户是最多的,大多数是用于航海,也用作航空和陆上导航。虽然 GPS 的问世对罗兰-C 的应用有较大影响,但罗兰-C 具有它的独到之处,不可能完全被 GPS 所取代;若把罗兰-C 与 GPS 组合使用,将在覆盖范围、实用性、完善性等方面得到改善。

1.3　星基导航定位系统

虽然各种各样的陆基无线电导航系统至今仍被广泛应用,而且在某些领域发挥了极其重要的作用,但它们普遍存在定位精度低、信号覆盖范围有限等问题,难以满足现

代航空、航海、军事及陆地车辆的高准确度导航定位的需要。因此,以 GPS 为代表的星基导航系统应运而生。自人造地球卫星问世以来,人类在星基导航定位技术的研究上投入了大量的人力和财力,走过了艰苦奋斗、不断创新、硕果累累的半个世纪,取得了巨大成功,翻开了导航领域崭新的一页,开创了空间技术为人类造福的新纪元。

1. 苏联的第一颗人造地球卫星

苏联于 1957 年 10 月 4 日成功发射了世界上第一颗人造地球卫星,这颗卫星的发射在证明人类在空间技术领域又取得重大突破的同时,更主要的是用于科学研究和空间考察,包括空间各类信息的采集、跟踪、定轨、通信、卫星性能考查等实验。当该卫星发播信号时,它作为一个已知的空间信号源,为人类获取相关的信息资源,开展测距、定位、导航研究搭建了一个世界共享的技术平台。可以说,它是星基导航技术的启明星。

2. 卫星多普勒导航系统

1)美国的子午仪卫星导航系统(TRANSIT)

美国霍普金斯大学应用物理实验室的韦芬巴赫等学者在苏联首颗卫星入轨不久,在地面已知坐标点上对其进行跟踪并捕获到了它发送的无线电信号,测得它的多普勒频移,进而解算出了苏联卫星的轨道参数,掌握了它在空间的实时位置。根据这一观测结果,该实验室的麦克雷等学者提出了一个"反向观测"设想:有了地面已知点可求得在轨卫星的空间坐标;反之,如果知道卫星的轨道参数,也能求解出地面观测者的点位坐标。随后通过一系列的理论计算和实验验证,证明这一设想是科学、可行的。

1958 年上半年,美国又派侦察船跟踪苏联向太平洋发射导弹时发现,如果知道导弹轨迹,就可推算出船的位置,这一发现与以上设想不谋而合。

1958 年 12 月,美国海军委托霍普金斯大学应用物理实验室开始研制基于上述"反向观测"原理的世界上第一代卫星导航系统。即把在轨卫星作为空间的动态已知点,通过测量卫星的多普勒频移,解算出观测者(舰艇)的在途坐标数据,进而实现军用舰艇等运动客体的导航定位。这一系统称为美国海军卫星导航系统(navy navigation satellite system,NNSS)。

由于该系统的卫星通过地球的南北两极上空,即卫星是沿地球的子午圈轨道运行,又称子午仪卫星导航系统(transit navigation satellite system),即子午仪卫星,简称TRANSIT。1959 年 9 月发射了第一颗子午实验卫星,到 1961 年 11 月先后将 9 颗试验性子午仪卫星送入轨道。经过反复的实验研究,攻克了卫星导航的许多关键技术,取得了一系列重大技术突破,于 1963 年 12 月发射了第一颗子午工作卫星,后又陆续发射,形成了由分布在 6 个轨道上的 6 颗工作卫星所构成的子午卫星星座。轨道离地距离为1 070 km,卫星运行周期约为 107 min。在该星座信号的覆盖下,在地球表面上任意一个观测者,一般在 2 h 的间隔内就可观测到该星座中的一颗卫星(或两颗)。子午仪卫星均以频率为 400 MHz 和 150 MHz 的微波信号作为载波向用户发送导航电文。TRANSIT 的用户设备是多普勒接收机,接收导航电文,测量该信号的多普勒频移,并从导航电文中获得在视卫星在轨道中的实时点位和时标信息,然后依此解算出观测者的坐标参数。为了提高多普勒频移的测量精度,通常不是直接测量某一时元 t 的多普勒频移,而是测量在一定时间间隔内的多普勒频移累计值,称为多普勒计数 N;N 的测量时间间隔一般选用 4.6 s 或 4.9 s,以 6~7 个间隔合成为一个半分钟的长间隔多普勒计数作为一个观测值,一颗子午仪卫星通过用户上空一次的持续时间通常为 10~18 min,所以卫星通过一次可采集到 20~40 组有效观测值。

TRANSIT 投入运行的初期只为军方和特殊用户服务,导航电文是保密的。1967 年 7 月 29 日,美国政府宣布对 TRANSIT 的导航电文进行部分解密而供民用。随之,世界上许多国家迅速开展了利用 TRANSIT 进行定位和导航技术的应用研究。

TRANSIT 在为各国的军事、民用提供有效服务的同时,人们对它的关注和全方位的投入也在很大程度上推进了这一新兴领域的快速发展,因为这是人类第一个星基导航定位系统。

2)苏联的奇卡达系统(CICADA)

在美国 TRANSIT 系统的启迪下,苏联海军于 1965 年建立了类似 TRANSIT 的 CICADA 卫星导航系统。该系统由 12 颗卫星构成星座,轨道高 1 000 km,卫星运行周期约为 107 min,卫星发送的信号频率同样为 400 MHz 和 150 MHz,但只有 150 MHz 的信号作载波来发送导航电文,而 400 MHz 的信号仅用于削弱电离层效应的影响。该系统主要服务于苏联军方和该国国内,尽管苏联没有公开这些电文的具体内容,但还是逐渐被人们破译了。

3)法国的多利斯定轨定位系统(DORIS)

法国于 20 世纪 80 年代研究建立了基于多普勒定位原理的星载多普勒定轨定位系统(DORIS),采用子午卫星导航系统导航定位的"反向"工作模式,5 天测量的定位精度可达到数十厘米。

人们把基于测量多普勒频移的 TRANSIT、CICADA 和 DORIS 系统称为卫星多普勒导航技术,该技术自 20 世纪 60 年代问世以来,随着导航电文的部分公开和逐步解密,在世界范围内得到了广泛的应用,这不仅是因为其"全球性""动态性""全天候"属性,更是因为其导航或定位的精度随卫星定轨误差的减小而显著提高。单机定位精度可达米级,多机联测定位精度达亚米级。我国于 20 世纪 80 年代引进 TRANSIT 接收机,南极考察队于 1984 年底至 1985 年初,用 LVIX1502 型多普勒接收机在南极长城站上进行定位测量,不但精确地测得了设在南极乔治岛上长城站的地理位置(南纬 62°12′59.811″±0.015″,西经 58°58′52.665″±0.119″),高程(43.58±0.67)m,而且测得了南极长城站至北京的距离为 17 501 949.51 m。在狂风暴雪的南极乔治岛上能够如此精确地进行定位测量,这在卫星多普勒导航技术出现之前是不可能实现的。

1.4　美国的 GPS

尽管 TRANSIT 在导航技术的发展中具有划时代的意义,但它存在观测时间长、定位速度慢(2 小时才有一次卫星通过,一个点的定位需要观测 2 天),不能满足连续实时三维导航的要求,尤其不能满足飞机、导弹等高速动态目标的精密导航要求等缺点。

针对 TRANSIT 的上述问题,在 20 世纪 60 年代中期,美国海军提出了"Timation"计划,美国空军提出了"621B"计划,并付诸实施。但在发射了数颗实验卫星并进行了大

量实验后发现各自都还存在一些大的缺陷。在此背景下,1973 年美国国防部决定发展各军种都能使用的全球定位系统 GPS(global positioning system),并指定由空军牵头研制。在项目的实施中,参加的单位有美国空军、陆军、海军、海军陆战队、海岸警卫队、运输部、国防地图测绘局、国防预研计划局,以及一些北大西洋公约组织和澳大利亚。历时 20 多年,耗资数百亿美元,1994 年 3 月 10 日,24 颗工作卫星全部进入预定轨道,GPS 系统全面投入运行,技术性能达到了预期目的,其中粗码(C/A 码)的定位精度高达 20 m 远超设计指标。GPS 是现代科学的结晶,它的推广应用有力地促进了人类社会进步。

GPS 是一个中距离圆形轨道卫星导航系统。GPS 具有全天候,全球覆盖高达 90%,高精度和自动测量的特点,是目前应用最为广泛的导航系统。

1.5 俄罗斯的 GLONASS

各国不但在 GPS 的应用研究和 GPS 信息资源开发方面给予了巨大投入,许多国家和地区还正在积极地研制自己的卫星导航系统。苏联在总结第一代卫星导航系统 CICADA 的基础上,吸收了美国 GPS 系统的经验,研制了 GLONASS(Global Navigation Satellite System)全球导航卫星系统。1982 年 10 月 12 日发射第一颗 GLONASS 卫星。苏联解体后,俄罗斯继续发展 GLONASS 全球导航卫星系统,于 1996 年 1 月 18 日完成了 24 颗卫星的入轨工作。

GLONASS 的主要作用是实现全球、全天候的实时导航与定位以及各种等级和种类的测量,单点定位精度水平方向为 16 m,垂直方向为 25 m。

GLONASS 与 GPS 类似,也由星座、地面控制和用户设备三部分组成。空间星座由 24 颗 GLONASS 卫星组成,其中 21 颗工作卫星,3 颗在轨备用卫星,分布在 3 个近似为圆的轨道面上,每个轨道上均匀分布 8 颗卫星,卫星运行周期为 11 小时 15 分钟,轨道面互成 120°夹角,轨道偏心率为 0.01,轨道离地高度约 19 390 km,每颗卫星的质量为 1 400 kg,这样的分布可以保证地球上任何地方任一时刻都能收到至少 4 颗卫星的导航信息。GLONASS 卫星上装备有高稳定度的铯原子钟,星载设备接收地面站的导航信息和指令,对其进行处理,生成导航电文向用户广播和控制卫星在轨的运行。地面监控部分包括位于莫斯科的控制中心和分散在俄罗斯整个领土的跟踪控制站网,负责搜集、处理 GLONASS 卫星的轨道参量和相关信息,向每颗卫星发射控制指令和导航信息,实现对 GLONASS 卫星的整体维护和控制。用户设备通过接收 GLONASS 卫星信号,测量其伪距或载波相位,结合卫星星历进行必要的处理,便可得到用户的三维坐标、速度和时间。

GLONASS 与 GPS 除了采用不同的时间系统和坐标系统以外,最大区别是 GLONASS 系统采用频分多址,即发射的伪随机噪声码是相同的,发射的频率是不同的,根据载波频率来区分不同卫星,每颗卫星发播的两种载波频率分别为 $L_1 = 1\ 602 + 0.562\ 5k$(MHz)和 $L_2 = 1\ 246 + 0.437\ 5k$(MHz),其中 $k = 1 \sim 24$,为卫星的频率编号。而 GPS 是码分多址,即发射的频率相同,均为 $L_1 = 1\ 575.42$ MHz 和 $L_2 = 1\ 227.6$ MHz,而伪随机噪声码是不同的,根据调制码来区分卫星。

笔记栏

现由俄罗斯国防部控制的 GLONASS 系统是一种星基定位、导航和授时的全球导航卫星系统,耗资 40 多亿美元,历时 20 多年,截至目前,已先后发射了 80 余颗 GLONASS 卫星,由于其工作寿命仅为 3～5 年,绝大部分卫星已退役。由于苏联的解体造成经济衰退,致使发射补网卫星出现困难,较长时间的在轨卫星不到 10 颗,所以 GLONASS 系统一直处于降效运行状态。近几年加快了补网发射,目前的在轨卫星仍有 16 颗。GLONASS 系统面临的最大问题是资金短缺,正在寻求对外合作以弥补经费不足,2004 年,与印度签订了合作协议。同时,在 20 世纪 90 年代俄罗斯制定了 GLONASS 渐进增强计划并付诸实施,即将 GLONASS 更新为 Glonass M 系统,改进地面测控设施,延长卫星在轨寿命至 8 年,将定位精度提高到 10～15 m,授时精度提高到 20～30 ns,速度精度达到 0.01 m/s,将发播频率改为 GPS 的频率,已得到美国的技术支援;轻便的、工作寿命在 10 年以上的第三代 GLONASS-K 卫星也已经完成研制并发射成功,截至 2019 年,其服务范围已拓展到全球。

俄罗斯对 GLONASS 系统采用军民合用、不加密的开放政策,不像 GPS 那样采取人为降低精度的措施,已先后两次公开 GLONASS 的接口控制文件,向全球用户提供民用服务,以致人们把 GLONASS 视为从技术水平、应用范围、战略意义到领域发展都可与美国 GPS 抗衡的星基导航系统,从而打破了美国对卫星导航独家垄断经营的局面。欧洲方面也表示,将投入运行的伽利略系统不仅与 GPS,而且要与 GLONASS 兼容。因此,尽管 GLONASS 的发展面临许多困难和不利,但它仍然是世界星基导航领域的主角之一。

1.6　我国的北斗卫星导航系统

1. 北斗卫星导航系统概述

GPS 是美国军方控制的军民共用系统,目前对世界开放,中国也可以免费接收 GPS 信号,但美国并不承诺保证他国的使用,他可以随时收费和对别国关闭系统,尤其是在战时。因此,"中国也必须要有自己的卫星定位系统"。我国于"九五"立项,其工程代号为"北斗一号"。2003 年 5 月 25 日,我国在西昌将第三颗"北斗一号"送入太空,与 2000 年发射的前两颗一起构成了我国完备的卫星导航定位系统,即北斗卫星导航系统,简称 BDS(BeiDou Navigation Satellite System),这是我国自行研制的区域性卫星定位与通信系统,它标志着我国成为继美国 GPS 和俄罗斯 GLONASS 后,在世界上第三个建立了完备的卫星导航系统的国家,该系统的建立将对我国国防现代化和国民经济建设发挥重要作用。

北斗卫星导航系统与 GPS 和 GLONASS 类似,由星座(两颗地球同步卫星、一颗在轨备份卫星)、地面控制系统(控制中心和标校系统)和用户设备等三部分组成。卫星定点于东经 80°和 140°的离地高 36 000 km 的地球同步轨道上,覆盖范围为北纬 5°～55°,东经 70°～140°,定位精度 100 m,设立标校站之后为 20 m,授时精度约 100 ns,用户容量为每小时 54 万户。采用主动式有源双向询问-应答定位,即首先由地面控制中心向两颗卫星发送询问信号,经卫星转发器向服务区内的用户广播;用户响应其中一颗卫星的询问信号,并同时向两颗卫星发送响应信号,再经卫星转发回控制中心;控制中心接收并解调用户发来的信号,根据用户的申请服务内容进行相应的数据处理,解算出用户所在点的三维坐标,再经加密后发送给用户。确定用户三维坐标的原理是:以2颗在轨卫星的已知坐标为圆心,以测定的卫星至用户的距离为半径,形成2个球面,用户将位于这2个球面交线的圆弧上;控制中心的电子高程地图提供一个以地心为原点、以球心至地球表面高度为半径的非均匀球面,求解圆弧与非均匀球面的交点即可获得用户的位置。由于在定位时需要用户向卫星发送定位信号,根据传播信号的时间差计算用户位置,被称为"有源定位"。

北斗卫星导航系统和 GPS 的主要区别是技术体制,GPS 是一个接收型的定位系统,用户只要接收就可以做定位了,不受容量的限制。而北斗系统的最大优势是具有导航定位和通信的双重功能,虽然容量有限,但它的通信功能让它拥有巨大的应用前景,有专家称北斗系统是一个生命线工程,配有北斗接收设备的求救者可在一秒内发出呼救信号并随即能得到控制中心的响应和施救,例如,大地震后所有有线系统都可能瘫痪,而北斗系统作为一个空中监视系统则可及时报告灾情位置和发送相关信息;在战时北斗系统可为中国军队提供精确制导,为战场上的士兵提供准确的战场环境资料。

2. 北斗卫星导航系统发展历程

我国早在20世纪60年代末就开展了卫星导航系统的研制,20世纪70年代后期以来先后提出过单星、双星、三星和3~5星的区域性系统方案,以及多星的全球系统的设想。2000年,由2颗地球静止轨道卫星构成的北斗一号系统建成使用,为中国用户提供定位、授时、广域差分和短报文通信服务;2012年,由14颗卫星组网的北斗二号系统建成使用,为亚太地区用户提供定位、测速、授时和短报文通信服务;2020年,西昌卫星发射中心成功发射北斗系统第55颗导航卫星,暨北斗三号系统最后一颗全球组网卫星,标志着北斗三号全球卫星导航系统建成;2023年,我国成功发射第56颗、第57颗、58颗北斗导航卫星,入轨并完成在轨测试后,将接入北斗卫星导航系统,入网工作后将进一步提升北斗系统可靠性和服务性能,对支撑系统稳定运行和规模化应用具有重要意义,为下一代北斗卫星的设计奠定基础。

北斗卫星导航系统由空间段、地面段和用户段三部分组成,可在全球范围内全天候、全天时为各类用户提供高精度、高可靠定位、导航、授时服务,并且具备短报文通信能力,已经初步具备区域导航、定位和授时能力,定位精度为分米、厘米级别,测速精度 0.2 m/s,授时精度 10 ns。当前,全球范围内已经有137个国家与北斗卫星导航系统签下了合作协议。随着全球组网的成功,北斗卫星导航系统未来的国际应用空间将会不断扩展。

3. 北斗卫星导航系统应用领域

北斗卫星导航系统提供服务以来,已在基础产品、交通运输、农林渔业、水文监测、气象测报、通信系统、电力调度、救灾减灾、公共安全等领域得到广泛应用,融入国家核心基础设施,产生了显著的社会效益和经济效益。

(1)基础产品:北斗卫星导航芯片、模块、天线、板卡等基础产品,是北斗系统应用的基础。通过卫星导航专项的集智攻关,我国实现了卫星导航基础产品的自主可控,形成了完整的产业链,逐步应用到国民经济和社会发展的各个领域。伴随着互联网、大数据、云计算、物联网等技术的发展,北斗基础产品的嵌入式、融合性应用逐步加强,产生了显著的融合效益。

（2）交通运输领域:北斗卫星导航系统是助力实现交通运输信息化和现代化的重要手段,对建立畅通、高效、安全、绿色的现代交通运输体系具有十分重要的意义。陆地应用,如车辆自主导航、车辆跟踪监控、车辆智能信息系统、车联网应用、铁路运营监控等;航海应用,如远洋运输、内河航运、船舶停泊与入坞等;航空应用,如航路导航、机场场面监控、精密进近等。随着交通的发展,高精度应用需求加速释放。

（3）农业领域:北斗卫星导航技术结合遥感、地理信息等技术,使得传统农业向智慧农业加快发展,显著降低了生产成本,提升了劳动生产率,提高了劳动收益。主要包括农田信息采集、土壤养分及分布调查、农作物施肥、农作物病虫害防治、特种作物种植区监控,以及农业机械无人驾驶、农田起垄播种、无人机植保等应用,其中农业机械无人驾驶、农田起垄播种、无人机植保等应用对高精度北斗服务需求强烈。

（4）林业领域:林业是北斗系统应用较早的行业之一。林业管理部门利用北斗卫星导航系统进行林业资源清查、林地管理与巡查等,大大降低了管理成本,提升了工作效率。主要包括林区面积测算、木材量估算、巡林员巡林、森林防火、测定地区界线等应用。其中巡林员巡林、森林防火等使用了北斗特有的短报文功能。特别是在国家森林资源普查中,北斗卫星导航技术结合遥感等技术,发挥了重要作用。而随着中国林区实行集体林权改革,北斗系统也在勘界确权上得到广泛应用。

（5）渔业领域:渔业领域是北斗短报文特色服务普及较早应用广泛的行业。我国是渔业大国,海洋渔业水域面积 300 多万平方千米,从事海洋渔业的渔船与渔民众多。主要包括渔船出海导航、渔政监管、渔船出入港管理、海洋灾害预警、渔民短报文通信等应用。特别是在没有移动通信信号的海域,使用北斗系统短报文功能,渔民能够通过北斗终端向家人报平安,有力保障了渔民生命安全、国家海洋经济安全、海洋资源保护和海上主权维护。

（6）公安领域:反恐、维稳、警卫、安保等大量公安业务,具有高度敏感性和保密性要求,推广应用北斗系统势在必行。基于北斗的公安信息化系统,实现了警力资源动态调度、一体化指挥,提高了响应速度与执行效率。主要包括公安车辆指挥调度、民警现场执法、应急事件信息传输、公安授时服务等应用。其中,应急事件信息传输使用了北斗特有的短报文功能。

（7）防灾减灾领域:防灾减灾领域是北斗应用较为突出的行业应用之一。通过北斗系统的短报文与位置报告功能,实现灾害预警速报、救灾指挥调度、快速应急通信等,可极大提高灾害应急救援反应速度和决策能力。主要包括灾情上报、灾害预警、救灾指挥、灾情通信、楼宇桥梁水库等监测等应用。其中,救灾指挥、灾情通信使用了北斗特有的短报文功能,楼宇桥梁水库等应用利用了高精度北斗服务。

（8）特殊关爱领域:近年来,北斗特殊人群关爱应用逐步兴起。通过北斗系统导航、定位、短报文等功能,为老人、儿童、残疾人等特殊人群提供相关服务,保障安全。主要包括电子围栏、紧急呼救等应用,其中电子围栏,实现了相关人群走出设定的电子围

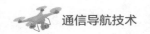

栏范围,设置人手机就能收到及时提醒。

(9)大众应用领域:手机、可穿戴设备等北斗大众应用,逐步成为近年来北斗应用的新亮点。利用北斗定位功能,实现手机导航、路线规划等一系列位置服务功能,使人民生活更加便捷。主要包括手机应用、车载导航设备、可穿戴设备等应用,通过与信息通信、物联网、云计算等技术深度融合,实现了众多的位置服务功能。

(10)电力领域:电力传输时间同步涉及国家经济民生安全。电力管理部门通过使用北斗系统的授时功能,实现电力全网时间基准统一,保障电网安全稳定运行。主要包括电网时间基准统一、电站环境监测、电力车辆监控等应用,其中电网时间基准统一等迫切需要高精度北斗服务。

1.7 //// 欧盟的伽利略系统(Galileo)

由于美国发展 GPS 技术的实质是以军用为主、民用为辅。一旦出现战事等紧急情况,美国将采取相应措施限制或终止外国使用 GPS,海湾战争和科索沃战争期间,美国对外限制 GPS 的使用进一步给欧洲人敲响了警钟,增强了欧盟建立自己的、不受美国控制的卫星导航定位系统的决心。同时,随着 GPS 逐步向民间开放,它已逐渐成为一个年产值达千亿美元的大产业。欧洲发展卫星导航系统,涉及重大的政治与经济利益,一方面是不"受制于人",另一方面可为欧盟各国带来巨大的商机,大幅提高欧盟的经济竞争力。因此,从 20 世纪 90 年代起,欧盟就开始酝酿建立自己的全球卫星导航系统,1998 年欧盟各国决定制定一个卫星导航系统的建设计划,1999 年初名为 Galileo(伽利略)的卫星导航系统计划出台。该系统的星座由均匀分布在三个轨道中的 30 颗卫星组成,每个轨道上 9 颗工作卫星和 1 颗备用卫星,轨道离地高约 24 000 km,计划总投资 35 亿欧元,所需资金中近三分之二是来自私营公司及投资者。Galileo 系统是欧洲计划建设的新一代民用全球卫星导航系统,多用于民用,也用于防务,它可提供三种服务信号:对普通用户的免费基本服务,加密且需注册付费的服务,供友好国家的防务等需要的高精度加密服务,其精度依次提高,用户可根据需要进行选择。

Galileo 与 GPS 比较具有一些明显的优势:一是工作卫星多 6 颗,在同一地点可观测到的卫星比 GPS 多,能解决 GPS 系统解决不了的"城市森林"现象;二是它能与 GPS、GLONASS 系统相互兼容,Galileo 接收机可以采集各个系统的数据或者通过各个系统数据的组合实现定位导航的要求。

按原计划 Galileo 系统的所有 30 颗正式卫星将于 2006—2010 年分批发射升空,定位服务将最早于 2008 年开始展开。但由于技术、经济等问题,直至 2016 年,具有 18 颗在轨卫星的 Galileo 系统进入全球性定位服务的测试阶段,2023 年,欧空局宣布由 28 颗卫星组成的 Galileo 系统已启用高精度定位服务。

1.8 //// 其他导航系统

对于卫星导航定位系统来说,无论是 GPS、GLONASS,还是 Galileo,它无疑是维护一个国家安全的重要体系,这种安全绝对不仅仅是指军事安全,也包括经济、政治、文化等方面的安全。不少国家和地区都在策划建立自己的卫星导航定位系统,以争取在这一领域的自主权和主动性。例如,印度开发了印度区域导航卫星系统(IRNSS),IRNSS 系统由 7 颗印度自产地球同步轨道导航卫星组成,可实现全天候昼夜覆盖印度及其周边约 1 500 km 范围的较为精确的卫星定位、导航和授时服务;日本已建成由 4 颗卫星组成的"准天顶卫星系统(QZSS)",该系统可以和 GPS 并用,定位精度高达十几厘米。

　　综上所述,随着人类文明的不断进步和科学技术的快速发展,从原始时期的找方向、领路,发展到后来的陆基导航,再到现在的全球卫星导航定位系统,可以说这是几千年人类社会进步的一个缩影,它是伴随着人们生产、生活的需要而发展起来的。目前,世界上有四大卫星导航定位系统,包括我国的北斗系统、美国的 GPS、俄罗斯的 GLONASS 和欧盟的 Galileo。另外,区域导航定位系统有日本的 QZSS、印度的 IRNSS。这些卫星导航系统在给人们带来极大的方便、造福于人类的同时,已成为一个新兴产业并成为 21 世纪最热门的投资领域之一,它是继通信、互联网之后的第三个高新技术的经济增长点,已在北美、欧洲以及其他地区得到广泛应用并产生了巨大的经济效益。显而易见,建设卫星导航定位系统不仅经济效益显著,而且更是一个国家国防能力和综合实力的重要体现。展望未来,不断完善现有的系统,设计和建设能满足社会进步所提出的新的要求、全世界和平共享的新一代又一代的全球卫星导航定位系统应是人们永远追求的目标。

习　题

1. 无人机发展分哪几个阶段,代表机型是什么?
2. 无人机导航定位技术涉及哪些方面,发展趋势如何?
3. 导航对于日常生活有什么意义? 导航工具有哪些?
4. 什么是陆基导航? 哪些导航系统属于陆基导航?
5. 目前主流的星基导航系统有哪些?

笔记栏

第 2 章　无人机通信技术分类

🏵 知识目标

（1）了解无人机通信技术的一般分类。

（2）掌握不同通信技术的工作原理及特点，增强对通信技术在无人机上应用的认识。

📖 素质目标

（1）具备基本的通信知识，能将所学内容与生活应用结合。

（2）具备查找、区分信息和资料的能力。

无人机通信是指无人机与地面站或其他无人机之间进行信息交互的过程。无人机通信主要包括遥测、遥控功能。无人机遥测是指通过无线通信技术以及各种传感器和仪器，对无人机进行实时监测和数据收集的能力。无人机遥测可以实现对无人机的位置、姿态、速度、高度等状态参数的监测和记录，同时也可以获取无人机周围环境的信息，如气象数据、空气质量等。除此之外可以实现对无人机的远程控制、飞行状态监测、故障诊断和数据分析等功能。无人机遥控是将地面控制站发送的控制命令（如飞行控制命令、任务控制命令）转换成指令，并通过无线电上行信道发送到无人机的机载遥控遥测设备。机载设备通过一系列变换和指令解码，将这些指令转换成开关指令或连续指令信号。这些信号会送到无人机的自动驾驶仪或任务执行机构，以控制无人机的飞行或执行相应的任务。在无人机通信中，遥控指令的构成直接取决于无人机的飞行原理和控制方式。一般来说，遥控指令包括实时开关命令帧和串行注入数据帧两种类型。每帧的内容包括数据头定义、飞控指令、导航数据和校验字等。遥控指令通常以一定的频率发送，每隔一定时间发送一帧，确保及时传输控制信息。

无人机通信系统主要考虑以下几个方面：

通信技术：无人机通信使用无线电通信技术，包括无线电频段的选择、调制解调、编解码等。常见的无线电通信技术包括频率调制、脉冲编码调制（PCM）、频分多址（FDMA）、时分多址（TDMA）、码分多址（CDMA）等。

通信协议：无人机通信需要使用特定的通信协议来规定通信的格式、数据流量和传输速率等。常见的通信协议包括 UART、SBUS、DSM 等。这些协议可以保证通信的可靠性和实时性。

控制命令和数据传输：无人机通信需要传输控制命令和传感器数据。控制命令包括飞行控制命令、任务控制命令等，用于实现对无人机的操作和控制；传感器数据包括图像、视频、地理位置等，用于地面操作员进行监测和分析。

安全性和可靠性：无人机通信需要确保通信的安全性和可靠性。因为无人机通信可能面临来自第三方的干扰和攻击，所以需要采取加密和认证等措施来保护通信的安全。

无人机通信方式可以根据不同的标准进行分类,下面介绍几种常见的无人机通信方式分类。

2.1　按通信频段分类

无人机通信技术按照通信频段通常分为微波通信和红外通信两种。

2.1.1　微波通信

无人机微波通信是指利用微波信号进行无人机之间或无人机与地面控制站之间的通信传输,通常是在 1 ~ 300 GHz。无人机微波通信主要包括以下几个方面:

信号编码。无人机微波通信中常用的信号编码方式有 PCM 波形编码、PPM 编码、SBUS 编码、DSM 编码等。其中,PCM 波形编码是目前主流的编码方式,它通过将模拟信号进行采样并转换为数字信号,在传输过程中可以有效地减少信号失真。而 PPM 编码则由于易失真而较少使用,而 SBUS 和 DSM 编码则适用于一些特定的无人机系统。

信号频段。无人机微波通信中常用的信号频段包括 1.4 GHz、2.4 GHz 和 5.8 GHz。其中,5.8 GHz 是目前航拍领域使用最广泛的无线微波视频传输器的频段。它具有体积轻盈、低热量、距离远等优点,并且在工信部信号限制中是消费级开放频段,可以在航拍器的传图作业中使用。然而 5.8 GHz 信号的波长问题导致其穿透力较差,易受到外界因素干扰。

发射与接收。无人机微波通信中,无人机通过发射器将信号传输到空中,地面控制站或其他无人机通过接收器接收到信号。发射器和接收器需要在相同的频段上进行通信,并通过信号编码进行匹配,以确保信号的正确传输和解码。

信号传输距离和功率。无人机微波通信的传输距离受到频段和功率的影响。一般而言,5.8 GHz 频段的微波信号传输距离较远,可以达到几百米甚至数千米。而功率方面,实际功率一般不超过 2 W。

1. 无人机微波通信特点

无人机微波通信是通过微波频段进行的无人机间或无人机与地面站之间的通信。微波通信具有以下几个特点:

(1)高频率:微波通信使用的频率通常在 1 ~ 300 GHz,相较于低频通信,高频率能够提供更大的带宽和更快的数据传输速度。这使得无人机能够实现高速、高效的数据传输和通信。

(2)大带宽:微波通信系统具有较大的带宽,可以同时传输多个信息流或频道。这使得无人机可以同时传输多种类型的数据,如图像、视频和传感器数据等。

(3)高可靠性:微波通信系统采用高频率波段,相对于低频通信,微波信号的传播受大气和环境影响较小,具有更好的信号传输质量和抗干扰能力,可以在复杂的环境中保持稳定的通信连接。

(4)长距离传输:微波通信具有较远的传输距离。相比于其他通信方式,如红外线或激光通信,微波通信能够在更远的距离上进行稳定的数据传输。

（5）多路径传输：微波信号在传输过程中会经历多次反射、折射和散射，产生多条路径，这种现象称为多路径传输。多路径传输可以提高信号的可靠性和覆盖范围，并且能够通过信号处理技术减小多径干扰。

（6）小型化：微波通信设备可以实现小型化和轻量化，适应无人机的体积和质量限制。这使得无人机可以携带更小、更轻的通信设备，提高其续航能力和飞行性能。

（7）安全性：微波通信具有较高的安全性，可以通过加密和认证等技术来保护通信内容的安全性和隐私性。这对于无人机的敏感任务和数据保护至关重要。

2. 无人机微波通信应用

无人机微波通信主要应用在航拍领域，可以将航拍器上的视频图像传输到地面控制站或其他设备上进行实时观看和录制。此外，无人机微波通信也可以用于其他需要远距离图像传输的领域，如安防监控、农业植保等。其优点包括轻便、低热量、传输距离远等，能够满足这些领域对实时图像传输的需求。但需要注意的是，由于信号波长和环境因素的影响，使用者应该注意选择合适的频段和设备，以提高传输质量和稳定性。

2.1.2 红外通信

无人机红外通信是一种无线通信技术，通过红外辐射和接收器之间的光信号传输数据。无人机红外通信原理如下：

（1）发射器：无人机上搭载有红外发射器，发射器会将要传输的数据转换成红外光信号。

（2）数据编码：要传输的数据首先需要进行编码处理，将数字信号转换成红外脉冲信号。编码可以使用脉冲宽度调制（PWM）或脉冲位置调制（PPM）等方式。

（3）红外辐射：发射器会产生红外光信号，并通过发射器的镜头将红外光束集中成一个窄束。这个窄束会向周围环境辐射出去，传输的距离取决于发射功率和环境条件。

（4）接收器：接收器用来接收红外辐射，并将其转换成电信号。接收器通常包括红外接收器和解调器。

（5）红外接收器：接收器通过红外接收组件接收到来自发射器的红外辐射。红外接收组件通常由红外光敏电阻、滤光片和透镜组成，可以将特定波长的红外光信号转换成电信号。

（6）解调器：接收器中的解调器会对接收到的红外信号进行解调，将其转换成原始数据信号。解调器通常使用特定的算法来解码和恢复原始数据。

（7）数据处理：解调出的原始数据信号会进一步经过处理和解码，以还原原始信息。

（8）数据传输：最后，还原出的数据会被传输给无人机的控制系统或其他设备进行处理和应用。

1. 无人机红外通信特点

无人机红外通信是一种基于红外线技术实现的通信方式，具有以下特点：

（1）高速传输：无人机红外通信可以实现高速的数据传输。由于无人机通常需要传输大量的数据，如图像、视频等，红外通信可以提供较高的传输速率，满足无人机对大带宽需求的要求。

（2）隐蔽性强：红外通信在信号传输过程中不会产生电磁辐射，相比传统无线通信技术具有较低的电磁辐射水平。这使得无人机在进行红外通信时更加隐蔽，减少了被敌方侦测的可能性。

（3）适应性广泛：红外通信技术适用于不同的环境和天气条件。与无线电频谱相比，红外线在大气中的传播损耗较小，不容易受到干扰。因此，在恶劣的气候条件下，如雨、雪等，红外通信技术仍然可以提供可靠的通信连接。

（4）点对点通信：红外通信通常采用点对点的方式进行传输。这意味着每个无人机都需要与其他无人机建立单独的通信连接。虽然这种方式可能增加了通信的复杂性和成本，但也能够提供更高的安全性和可靠性，减少了被干扰的可能性。

（5）距离受限：红外通信的传输距离相对较短，受到物理障碍物的影响较大。因此，在无人机应用中，红外通信通常用于近距离通信，如无人机与地面控制站之间的通信。

（6）安全性高：由于红外通信是基于光的传输方式，相比无线电波，红外线的传输难以被窃听和干扰。这使得无人机红外通信在军事和安全领域具有一定的优势，可以提供更高的保密性和安全性。

（7）能耗低：红外通信技术相对于其他无线通信技术具有较低的功耗。这对于无人机来说非常重要，可以延长其飞行时间，并提高整体的续航能力。

2. 无人机红外通信应用

无人机红外通信在军事、安防和无人机应用等领域具有广泛的应用前景。在军事方面，红外通信可以提供隐蔽的通信手段，用于无人机与指挥中心之间的数据传输和指挥控制。在安防方面，红外通信可以用于无人机与地面监控系统之间的实时视频传输和数据共享。此外，红外通信还可以用于无人机与其他设备之间的协同工作，如与无人车、无人船等无人系统之间的通信与协同操作。

2.2　按通信方式分类

无人机按照通信方式可以分为直接通信、网络通信、卫星通信和中继通信。

2.2.1　直接通信

无人机直接通信是指无人机之间无须通过中介设备的直接通信方式进行信息传输和交互的技术。在传统的无人机系统中，通常需要通过地面控制站或卫星中继站等设备来指挥控制和数据传输。而无人机直接通信技术的出现，使得无人机之间可以直接进行数据传输和通信，具有更快的响应速度、更高的可靠性和更强的抗干扰能力。

无人机直接通信可以通过无线电波、红外线、激光等方式进行信息传输。其中，无线电波是最常用的通信方式，可以通过调频、调相、调幅等调制技术实现不同类型的数据传输，如语音、图像、视频等。红外线通信适用于短距离通信，具有较高的安全性和抗干扰能力，但受天气条件和可见性限制较大。激光通信具有较高的传输速率和抗干扰

能力,适用于长距离通信,但对目标的精确定位和对准度要求较高。

无人机直接通信技术的应用范围广泛。一方面,它可以用于多架无人机之间的协同任务,如编队飞行、空中搜救、目标追踪等。通过直接通信,无人机可以实时共享位置信息、任务状态和感知数据,实现更高效的任务协同和分工合作。另一方面,无人机直接通信也可以用于与地面设备的通信,如与移动设备、车辆、传感器等进行数据交互。这样可以实现无人机的远程操控、数据采集和监测等功能。

1. 无人机直接通信特点

无人机直接通信的优点包括:可以实现无线的点对点通信,无须依赖基础设施;具有较高的数据传输速率和较低的延迟;通信距离相对较远,可以扩展通信范围;通信过程中无须占用网络带宽,减少了网络拥塞的可能性。然而,无人机直接通信也存在一些缺点,包括通信距离受限、易受干扰影响、安全性较低等。

2. 无人机直接通信应用

无人机直接通信在实际应用中有多个案例。例如,在消防救援领域,无人机可以通过直接通信方式与救援人员进行实时的图像传输和指令传递,提高救援效率。在农业领域,无人机可以通过直接通信方式与农民进行数据交流,提供实时的农作物监测和管理服务。在物流配送领域,无人机可以通过直接通信方式与仓库和交通指挥中心进行数据交互,实现智能化的配送调度。这些应用案例都充分发挥了无人机直接通信的优势,为不同领域的工作提供了便利和效率。

2.2.2　网络通信

在一些复杂的任务中,多个无人机可能需要进行大范围的协同工作,这就需要建立一个无人机网络。通过无线通信技术,可以实现无人机之间的数据交换、任务分配和协同控制。无人机网络通信主要使用无线通信技术进行数据传输。常见的无线通信技术包括蜂窝网络、Ad hoc 网络和卫星通信等。蜂窝网络是指利用基站与无人机进行通信,基站负责控制和调度无人机,实现数据的传输和接收。Ad hoc 网络是指无人机之间通过无线链路进行点对点或多对多的通信,实现数据的传输和共享。卫星通信是指利用卫星进行数据传输,通过卫星接收地面控制中心的指令并将数据传输回来。

在无人机网络通信中,网络协议起到了重要的作用。常见的网络协议有 TCP/IP 和 UDP。TCP/IP 是一种可靠的传输协议,能够保证数据的完整性和可靠性,适用于对数据传输要求较高的应用场景。UDP 是一种不可靠的传输协议,适用于对数据实时性要求较高的应用场景。

数据传输方式是无人机网络通信的关键。常见的数据传输方式包括单播、广播和组播。单播是指将数据从一个源节点传输到一个目的节点,适用于点对点通信。广播是指将数据从一个源节点传输到网络中的所有节点,适用于数据共享和广播通知等场景。组播是指将数据从一个源节点传输到一组预定的目的节点,适用于多对多通信。

无人机网络通信中还需要考虑网络拓扑结构和路由选择等问题。网络拓扑结构是指无人机网络中各节点之间的连接方式,常见的拓扑结构有星形、网状和混合结构等。路由选择是指决定数据从源节点到目的节点所经过的路径,常见的路由选择算法有最短路径算法、动态路由算法和自适应路由算法等。

1. 无人机网络通信特点

无人机网络通信的特点主要包括以下几点：

（1）高速通信：无人机网络通信需要实现高速的数据传输和接收，以支持无人机的飞行控制、图像传输、传感器数据收集等应用。为了满足这一需求，常常采用高频段的无线通信技术，如 5G、Wi-Fi 等。

（2）多跳中继：由于无人机的通信范围有限，无法直接进行远距离通信。因此，在无人机网络中常常采用多跳中继的方式实现数据传输。即通过相邻的无人机作为中继节点，将数据从源节点传递到目标节点。这样可以扩大通信范围，提高网络的覆盖率和可靠性。

（3）自组织网络：无人机网络通信需要具备自组织网络的能力，即无人机之间可以自动地建立连接、协调通信和调整网络拓扑结构。这种自组织特性可以使得无人机网络具备较强的适应性和灵活性，能够应对复杂的环境和任务需求。

（4）异构网络：无人机网络通信往往是一个异构网络，即包含不同类型的通信链路和节点。例如，无人机之间可以通过无线链路进行通信，同时也可以通过地面控制站和卫星链路与外部网络进行连接。这种异构网络结构可以提供更广泛的通信覆盖和更多样化的通信方式。

（5）安全性和可靠性：无人机网络通信的安全性和可靠性是非常重要的。在无人机网络中，数据传输涉及飞行控制、图像传输等关键任务，需要保证通信的安全和可靠。因此，无人机网络通信常常采用加密技术、认证机制和容错机制等手段来保障数据的安全传输和可靠接收。

2. 无人机网络通信应用

无人机网络通信可以实现无人机之间的协同工作、数据传输和指令下达等功能。以下是关于无人机网络通信应用的一些内容。

首先，无人机网络通信在军事领域具有重要意义。在军事作战中，通过无人机网络通信可以实现一系列任务，如侦察、目标导航、目标打击等。多架无人机之间可以进行信息共享与协同作战，并通过网络传输指令进行统一指挥控制，提高作战效率和精确度。

其次，无人机网络通信在应急救援领域也有广泛应用。在自然灾害或紧急情况下，无人机可以通过网络通信与地面救援指挥中心保持实时联系。无人机可以用于搜寻和救援任务，提供灾区图像和数据传输，帮助指挥中心制定救援方案并指导救援人员行动。

此外，无人机网络通信在物流配送领域也有应用前景。通过搭载网络通信设备，无人机可以与地面物流中心进行数据传输，实现无人机物流配送系统的自动化管理。无人机网络通信可以提供实时的物流信息反馈和路径规划，提高物流配送效率和准确性。

另外，无人机网络通信还可以用于农业领域。农业无人机通过网络通信可以与农场管理系统进行连接，实现农田巡查、作物生长监测、灌溉控制等功能。通过实时传输农场数据和影像信息，农场管理者可以及时了解农田状况并做出相应调整，提高农业生产效率和作物品质。

笔记栏

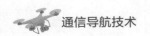

2.2.3 卫星通信

　　无人机卫星通信是通过连接到卫星系统,实现与地面通信的过程。无人机通过接收和发送信号与卫星进行通信,从而实现数据传输和控制指令的交互。卫星通信系统可以提供广域覆盖和稳定的通信能力,使得无人机在远距离、无人区等特殊场景下依然能够保持通信连接。

　　在无人机卫星通信中,主要涉及以下几个方面的内容:

　　(1)卫星信号接收:无人机通过搭载接收器,接收卫星发射的信号。这些信号可以包括导航信号、数据信号等。

　　(2)信号解码与处理:接收到的信号经过解码和处理,将其转化为可理解的数据和指令。这一过程包括信号解调、解码、差错校验等步骤。

　　(3)数据传输:解码后的数据通过无线通信的方式传输给地面控制中心或其他终端设备。这可以通过卫星链路或其他通信网络实现。

　　(4)控制指令发送:无人机可以通过与卫星通信系统连接,接收来自地面控制中心的指令。这些指令可以包括飞行轨迹的调整、任务指派等。

　　(5)遥测数据回传:无人机可以通过卫星通信将飞行过程中的遥测数据回传给地面控制中心。这些数据可以包括飞行参数、传感器数据等。

　　1. 无人机卫星通信特点

　　无人机卫星通信具有以下特点:

　　(1)高度灵活性:无人机卫星通信可以通过无人机在空中移动实现与地面站、其他无人机或卫星之间的通信。无人机可以根据需要在不同位置和高度进行部署,以实现更好的信号传输和覆盖范围。

　　(2)广阔的覆盖范围:无人机卫星通信可以利用卫星的广域覆盖能力和无人机的灵活性,实现对广大地区的通信覆盖。这种技术可以应用于偏远地区、灾区等通信困难的地方,提供及时可靠的通信支持。

　　(3)高速、高带宽通信:无人机卫星通信可以利用卫星的高速、高带宽特性,实现大容量数据的传输。相比传统的地面通信方式,无人机卫星通信可以提供更大的带宽,支持高清视频、大型文件传输等应用需求。

　　(4)高效能耗比:无人机卫星通信系统具有较高的能源利用效率。通过合理设计无人机和卫星的通信设备,可以降低能耗并提高通信效率,延长无人机的续航时间。

　　(5)自组网能力:无人机卫星通信系统可以实现无人机之间的自组网通信,形成一个动态的通信网络。这种网络可以根据通信需求和无人机位置自主选择最优的通信路径,提供更可靠、稳定的通信服务。

　　(6)多样化的应用场景:无人机卫星通信技术可以应用于多个领域,如应急救援、军事侦察、物流配送等。无人机可以在灾难发生时进行迅速部署,提供紧急通信支持;在军事侦察中可以实现实时高清图像传输;在物流配送中可以提供远程指导和数据传输等。

（7）弥补传统通信不足：传统的地面通信网络存在覆盖范围受限、固定设备部署困难等问题。而无人机卫星通信可以弥补这些不足，提供更广阔的通信覆盖范围和更灵活的设备部署方式。

2. 无人机卫星通信应用

无人机卫星通信应用场景主要包括军事侦察与通信、灾害监测与救援、交通管理与监控、边境巡逻与航海安全等。

（1）军事侦察与通信：无人机通过卫星通信系统，可以进行军事侦察和情报收集，并实时将数据传输回指挥中心。同时，无人机可以作为中继器，提供战场上的无线通信支持，增强指挥系统的信息传递能力。

（2）灾害监测与救援：无人机配备卫星通信系统可以用于灾害监测和救援任务。在灾害发生后，无人机可以利用卫星通信系统与救援指挥中心保持实时联系，传输救援现场的图像、视频和传感器数据，提供灾害情况的实时反馈和决策支持。

（3）交通管理与监控：无人机通过卫星通信系统可以用于交通管理和监控。无人机可以在城市交通拥堵或突发交通事故时，通过卫星通信系统获取实时的交通信息，并将信息传输给交通管理部门，从而实现交通流分析和调度优化。

（4）边境巡逻与航海安全：无人机配备卫星通信系统可以用于边境巡逻和航海安全任务。无人机可以通过卫星通信系统与边防指挥中心或海事管理部门保持实时联系，及时掌握边境或海域的情况，并提供实时的监视和预警。

2.2.4　中继通信

无人机中继通信是指通过无人机作为中继节点实现通信信号的传输和覆盖。它可以解决传统通信网络中由于地理环境限制而无法实现的通信问题，提供更广泛的覆盖范围和更稳定的通信质量。无人机中继通信技术主要包括网络拓扑、通信链路、信号传输、路由选择、通信调度。

（1）网络拓扑：无人机中继通信网络采用多跳网络拓扑结构，即无人机之间通过多次中继传输数据。通过在合适的位置部署无人机，可以形成一个覆盖范围广、节点之间距离适中的通信网络。

（2）通信链路：无人机中继通信使用无线电波作为通信媒介。无人机与地面终端或其他无人机之间通过无线电频段进行通信。常用的频段包括 2.4 GHz 和 5.8 GHz，也可以使用其他频段，如 900 MHz 或 2.4 GHz 以外的 ISM 频段。

（3）信号传输：无人机中继通信中，无人机作为消息的传输媒介，接收来自发送方的信号并将其中继给接收方。发送方将待传输的数据转化为电信号，通过天线将信号发送给指定的无人机中继节点。中继节点接收到信号后，对信号进行处理和放大，然后再通过天线将信号发送给下一个中继节点，直到信号到达目标接收方。

（4）路由选择：无人机中继通信网络中，需要选择合适的路径进行数据传输。路由选择算法需要考虑无人机的位置、通信链路的质量、网络拓扑等因素，以保证数据能够快速、稳定地传输。

（5）通信调度：无人机中继通信需要对多个无人机进行调度和管理，以保证网络的

笔记栏

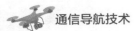

笔记栏

稳定性和效率。通信调度算法需要考虑无人机的移动性、能量消耗、通信质量等因素，对无人机的行动进行规划和调度。

1. 无人机中继通信特点

无人机中继通信主要具有以下特点：

（1）高灵活性：无人机中继通信可以通过自主飞行控制实现对通信节点的即时调度和部署，具有较高的灵活性。无人机可以根据通信需求在不同的地理位置进行移动，适应不同的通信场景。

（2）高可靠性：由于无人机具备自主驾驶和避障功能，可以在复杂的环境中自主飞行，避免地面设备易受干扰或受限制的问题。同时，无人机中继通信可以构建多跳通信网络，提高通信的可靠性和覆盖范围。

（3）高带宽和大容量：无人机中继通信可以利用高频率的无线信号进行传输，提供较高的带宽和较大的数据传输容量，满足对高速数据传输的需求。这对于需要传输实时视频、大容量文件等应用场景非常重要。

（4）快速部署和移动性：无人机中继通信不需要建设大规模的基础设施，只需要通过控制中心对无人机进行指令控制即可实现快速部署和移动性。这使得无人机中继通信在突发事件、紧急救援等场景中具有很大的优势。

（5）网络拓扑灵活：无人机中继通信可以根据通信需求进行灵活的网络拓扑调整，实现点对点、点对多点、多跳等不同的通信方式。这样可以根据实际情况进行灵活的组网，提高通信效率和质量。

（6）低成本：相比传统通信基站的建设和维护成本，无人机中继通信具有较低的成本。无人机技术的成熟和成本的下降，使得无人机中继通信有望成为一种经济有效的通信解决方案。

2. 无人机中继通信应用

无人机中继通信是指利用无人机作为中继节点，实现远程通信的一种技术。它在许多应用场景中具有重要的作用，以下是其中一些常见的应用场景：

（1）灾害救援：在自然灾害或紧急情况下，通信基础设施往往会受到破坏或无法正常使用。无人机中继通信可以通过搭载通信设备的无人机，提供可靠的通信服务，帮助救援人员与指挥中心之间保持联络，协调救援行动。

（2）农业监测：农田的广阔面积使得农作物的监测和管理变得困难。利用无人机中继通信，农民可以实时获取农田数据，并传输给地面分析系统进行处理。这样可以及时发现病虫害、土壤水分、施肥等问题，提高农作物的产量和质量。

（3）通信覆盖增强：在偏远地区或人口稀少的地方，通信基础设施可能不完善或无法实现全面覆盖。通过悬停在高空中的无人机作为中继节点，可以扩大通信覆盖范围，使得这些地区的居民也能够享受到通信服务。

（4）战场通信：在军事行动中，无人机中继通信可以提供可靠的、实时的通信支持。它可以为部队提供战场态势感知、指挥调度等功能，提高作战效率和安全性。

（5）电力巡检：电网设备的巡检工作一直是一项危险和费时的任务。利用无人机中继通信，可以实现对电力设备的远程监控和巡检，快速发现故障并及时采取措施，提高电网的可靠性和安全性。

（6）边境巡逻：对于边境地区的巡逻监测来说，无人机中继通信可以提供更广阔的视野和更高的效率。它可以实时传输图像和视频数据，帮助边防人员及时发现和应对潜在的安全威胁。

（7）通过无人机中继通信，可以在远程或复杂环境下实现可靠的通信服务，拓展了各个领域的应用。未来随着技术的进一步发展，无人机中继通信将会有更广泛的应用。

习　题

1. 无人机通信系统主要包含哪些因素？
2. 无人机按通信方式分为哪几类，主要应用于哪些方面？
3. 简述无人机中继通信方式的特点。

笔记栏

第 3 章　视距链路通信技术

知识目标

（1）了解视距链路通信特点、基本构成和工作原理。

（2）掌握常见视距链路消息标准、通信协议和性能指标，增强对视距链路通信技术的认识。

素质目标

（1）具备通信链路基础知识，能辨识日常生活中常见的通信设备。

（2）具备对新设备的功能性能等自主查询和信息获取能力。

视距链路通信技术是一种在无人机（或其他移动设备）与地面站（或其他设备）之间建立直接可见（视距）通信连接的技术。在视距链路通信中，无人机与地面站之间没有阻挡物，信号可以直接在空中传播，因此通信链路质量通常比非视距链路更好。

视距链路通信技术通常使用无线电波进行通信，常用的频段包括 2.4 GHz 和 5.8 GHz。无人机上搭载有发射器和天线，地面站或其他设备上也配备有接收器和天线。无人机通过发射器将通信信号转换为无线电波并发射，地面站则通过接收器接收到这些无线电波，并通过解码和处理来接收和发送数据。

3.1　视距链路通信技术特点

视距链路通信技术有以下一些特点：

（1）高速传输：由于无人机与地面站之间没有阻挡物，信号传输的距离较短，因此通信速率通常较高，可以达到较快的传输速度。

（2）低延迟：由于直接可见的通信路径较短，视距链路通信具有较低的延迟，适用于需要实时响应和快速交互的应用场景。

（3）高可靠性：视距链路通信的信号传输质量通常较好，稳定性较高，容易建立和维持通信连接。

（4）适用范围受限：视距链路通信的传输距离受限于直线视野范围，一般为几千米到几十千米。超出视野范围后，通信链路会丧失连接。

视距链路通信技术在航拍、无人机操控、数据传输等领域有广泛的应用。然而，它也存在距离限制和干扰问题，需要根据实际情况进行链路规划和优化。

3.2　视距链路通信链路工作过程及性能指标

1. 基本构成

视距链路的构成主要包括以下几部分：

（1）无人机发射器和天线：无人机上搭载有发射器和天线，发射器将通信信号转换为无线电波并将其发送出去。天线用于将发射的无线电波传输到空中。

（2）地面站接收器和天线：地面站上配备有接收器和天线，接收器用于接收无人机发射的无线电信号。天线用于接收从无人机发射的无线电波。

（3）数据传输设备：数据传输设备负责将无人机采集到的各种数据通过通信链路传输到地面站。数据传输设备可以包括编码器、解码器、调制解调器等。

（4）控制信号转换器：控制信号转换器负责将来自地面站的控制指令转换为无人机所需的格式和协议。这使得地面站能够远程控制无人机的飞行。

（5）遥测设备：遥测设备负责收集无人机的状态信息和监测数据，并将其通过视距链路传输到地面站。这些信息可以包括电池状态、高度、速度、位置等。

（6）控制站：控制站是地面端的设备，用于远程操控、监测和数据传输。控制站可以包括控制主机、显示器、遥控器和计算机等。

以上是构成视距链路通信的部分，是基本的组成元素，它们相互协作，使无人机能够与地面站进行直接可见的通信。这种通信方式通常用于近距离的应用，具有较快的传输速度、低延迟和较高的可靠性。但是，视距链路通信的传输距离受限于直线视野范围，容易受遮挡物和干扰影响。

2. 工作过程

视距链路通信是指在无人机和地面站之间建立直接可见的通信连接。视距链路通信过程如下：

（1）准备工作：在通信之前，需要确保无人机和地面站的相应设备（如发射器、接收器）已经准备就绪，并正确配置和调整。

（2）信号发射：无人机使用发射器将通信信号转换为无线电波，并以合适的频率和调制方式进行发射。发射的信号携带特定的数据或指令。

（3）信号传播：发射的无线电波在空中传播，沿直线路径传输到地面站。这里的前提是在无人机和地面站之间没有任何阻挡物，确保视距通信的可行性。

（4）信号接收：地面站使用接收器接收无人机发射的无线电信号。接收器将接收到的信号转换为电信号，并进行解码和处理。

（5）数据处理与反馈：地面站对接收到的数据进行解码和处理，可以根据应用场景进行进一步的数据处理和分析。地面站还可以生成相应的控制指令、状态反馈或其他反馈信息。

（6）控制指令传输：如果需要，地面站可以通过视距链路将控制指令传输回无人机。这些指令可以包含飞行方向、高度、速度调整等信息。

（7）数据传输：视距链路通信也可以用于传输无人机采集到的各种数据，如图像、视频、传感器数据等。相关数据通过信号传输过程中的数据处理步骤进行传输。

（8）反馈和回应：无人机接收到地面站发出的指令或数据后，可以相应地做出回应或执行相应的动作。这可以通过视距链路通信进行实时反馈和交互。

视距链路通信的过程是一个双向的、实时的数据传输和控制过程，以满足无人机与地面站之间的通信需求。该过程中的数据传输速率相对较高，延迟相对较低，适合需要

快速传输和实时反馈的应用场景。

3. 视距链路通信设备

视距链路通信设备是指用于实现无人机与地面站之间直接可见通信连接的硬件设备。以下是视距链路通信中常用的设备：

（1）发射器和接收器：发射器用于将通信信号转换为无线电波并发射，接收器用于接收无人机发射的无线电信号并将其转换为可处理的电信号。发射器和接收器通常以一对形式存在，构成了视距链路通信的双向通信链路。

（2）天线：天线用于接收和发射无线电信号，将信号在空中进行传输。合适的天线设计和选型可以提高通信的可靠性和覆盖范围。

（3）控制台或地面站：地面站是用于与无人机进行通信和控制的设备。它通常包括显示屏、控制器、通信接口等，用于接收和发送数据、发送控制指令并监测无人机的状态。

（4）数据处理设备：数据处理设备用于对接收到的数据进行解码、处理和存储。这可以是一台计算机、服务器或其他嵌入式设备，具体取决于应用需求和数据处理的复杂性。

（5）电源和电池：为了保证设备的运行，视距链路通信设备通常需要稳定的供电。这可以是电网供电或电池供电，特别在无人机和地面站上，电池是常见的供电方式。

（6）其他辅助设备：根据具体应用需求，视距链路通信设备可能还需要其他辅助设备，如摄像头、传感器、数据存储设备等。这些设备可以进一步增强和扩展视距链路通信的功能和应用。

上述设备是视距链路通信中最基本的组成部分，具体的选择和配置取决于应用场景和需求。无论使用哪种设备，关键是确保设备的互操作性、可靠性和适应性，以满足无人机与地面站之间的通信需求。

4. 性能指标

在视距链路通信中，有一些常见的性能指标用于评估通信质量和效果。通常视距链路通信性能指标有以下方面：

（1）传输距离：传输距离是指无人机与地面站之间的直线距离。视距链路通信的传输距离通常受限于视野范围，大约在几千米到几十千米。

（2）传输速率：传输速率是指在视距链路中的数据传输速度。它通常以比特率或字节率表示，表示在单位时间内传输的数据量。

（3）延迟：延迟是指从发送数据到接收数据所需的时间。在视距链路通信中，延迟通常较低，可以在毫秒级或亚毫秒级达到实时性。

（4）信号强度：信号强度表示无人机与地面站之间的信号强度。它通常以信号功率或接收信号强度指标（RSSI）表示。

（5）信号质量：信号质量表示无人机与地面站之间的通信质量。它可以通过衡量信号误码率（BER）或帧错误率（FER）等指标来评估。

（6）频谱效率：频谱效率表示在视距链路中有效利用可用频谱的能力，通常以比特/Hz 表示。

（7）抗干扰性能：抗干扰性能是指在视距链路中受到外部干扰（如同频或异频干扰）时，通信系统维持通信质量的能力。

（8）连接可靠性：连接可靠性指在视距链路通信中建立和维持通信连接的稳定性和可靠性。

这些性能指标对于评估视距链路通信的质量和性能非常重要。在设计和优化视距链路通信系统时，需要考虑这些指标，并根据不同应用的需求进行适当的权衡和调整。

3.3 视距链路消息标准和通信协议

1. 通信工作模式

视距链路通信是指无人机与地面站之间建立直接可见的通信连接。视距链路通信可以采用以下几种常见的工作模式：

（1）点对点模式：点对点模式是最基本的视距链路通信工作模式，无人机与地面站之间建立一对一的通信连接。地面站发送指令或数据给无人机，无人机回应或执行相应的动作。

（2）广播模式：广播模式中，无人机广播通信信号，由周围的地面站接收和处理。这种模式适用于广泛的数据传输和信息广播，无须特定的目标地面站。

（3）多播模式：多播模式是指无人机向特定的一组地面站发送通信信号，这组地面站可以同时接收和处理这些信号。多播模式适用于需要特定地面站接收数据或需要进行多方交流的场景。

（4）自组织网络模式：自组织网络模式是指无人机在形成动态的网络连接，通过互相协作、中继和传输数据实现通信。无人机可以相互之间直接通信，在无地面站或基础设施的情况下建立自组织通信网络。

（5）群组通信模式：群组通信模式是指在一个无人机群组内进行通信和协作。无人机可以组成群组，通过群组通信模式实现数据传输、任务分配和协同工作。

这些工作模式根据具体应用需求和通信环境的不同灵活选择和配置。视距链路通信工作模式的选择取决于通信的目的、网络拓扑、数据传输要求和应用场景等因素。

2. 视距链路消息标准

在视距链路通信中，消息标准是指在无人机和地面站之间进行通信时使用的具体消息格式和协议。常用的视距链路消息标准如下：

（1）MAVLink：MAVLink（micro air vehicle link）是一种轻量级的通信协议，用于在无人机和地面站之间传输消息和数据。它包含了一组定义好的消息格式，用于交换飞行参数、飞行状态、控制指令、传感器数据等。MAVLink 被广泛应用于各种开源无人机项目中。

（2）STANAG 4586：STANAG 4586 是北约（NATO）为军事无人机通信制定的标准。它定义了一系列消息规范，包括飞行计划、任务更新、无人机状态、图像和视频传输等。STANAG 4586 为军用无人机提供了一个统一的消息通信框架。

（3）RTPS/DDS：RTPS（real-time publish-subscribe）和 DDS（data distribution service）

是实时数据发布-订阅模型的通信协议。它们可以用于视距链路通信中的数据传输和消息交换。RTPS/DDS 协议支持可扩展性、实时性和可靠性的数据发布和订阅。

（4）RESTful API：RESTful（representational state transfer）是一种用于设计分布式网络应用程序的架构风格。通过 RESTful API，无人机和地面站可以通过 HTTP 协议发送和接收可读性良好的消息。RESTful API 常用于无人机和地面站之间的数据交互和远程控制。

这些消息标准提供了一套规范和协议，用于在视距链路通信中进行消息的传输、解码和处理。具体使用哪种消息标准取决于无人机和地面站之间的通信需求和应用场景。此外，还可以根据特定的需求和协议要求定制自己的消息标准。

3. 视距链路通信协议

在视距链路通信中，有一些常用的通信协议用于实现消息传输、数据交换和远程控制。常用的视距链路通信协议如下：

（1）Wi-Fi：Wi-Fi 是一种常用的无线局域网通信协议，它在 2.4 GHz 或 5 GHz 频段工作。通过 Wi-Fi 协议，无人机可以与地面站或其他设备建立直接可见的视距通信连接。

（2）Zigbee：Zigbee 是一种低功耗、近距离通信的无线协议，适用于需要简单、经济和低速数据传输的应用。它常用于无人机与地面站之间的短距离控制和数据交换。

（3）Bluetooth：Bluetooth 是一种短距离无线通信协议，可用于实现无人机与地面站之间的数据传输和控制。具有低功耗和较高的数据传输速率。

（4）LTE/4G/5G：蜂窝网络技术（如 LTE/4G/5G）可以用于无人机与地面站之间的通信。通过连接移动网络，可以实现远程控制、数据传输和实时视频传输等功能。

（5）MAVLink：MAVLink 是一种轻量级的无人机通信协议，用于无人机与地面站之间的数据交换和控制指令传输。它提供了一组定义好的消息格式和协议，使得不同品牌和类型的无人机能够互相通信和兼容。

（6）H.264/H.265：H.264 和 H.265 是常用的视频编码标准，用于无人机与地面站之间的视频传输。它们提供高效的压缩算法，可以在有限的带宽条件下实现高质量的视频传输。

（7）RTP/RTSP：RTP（real-time transport protocol）和 RTSP（real-time streaming protocol）是用于实时音视频传输的通信协议。它们常用于无人机与地面站之间的实时视频传输。

这些视距链路通信协议提供了不同的功能和灵活性，可以根据具体应用需求选择合适的通信协议。在实际使用中，通常会采用多种通信协议的组合，以实现不同类型的数据传输、控制和交互。

3.4 视距链路通信的用途及发展

1. 日常应用

视距链路通信由于其直接可见的特性和相对较高的数据传输速率，广泛应用于多个领域。典型的视距链路通信应用如下：

（1）航拍和摄影：无人机通过视距链路通信将航拍所采集到的图像和视频传输到地面站，用于航拍摄影、电影制作、广告宣传等应用。

（2）航空监测：视距链路通信被用于航空监测和飞行控制系统中，将飞机或无人机所采集到的飞行数据和状态信息传输到地面站，以实现飞行监控和飞行调整。

（3）灾害响应和救援：无人机通过视距链路通信将灾害现场的图像、视频和传感器数据传输到指挥中心或救援队，用于灾情评估、救援指导和决策。

（4）基础设施巡检：视距链路通信可用于无人机对各类基础设施（如电力线路、铁路、管道等）的巡检和检测，将巡检数据传输到地面站进行分析和后续处理。

（5）安全监控和边界保护：无人机通过视距链路通信将监控区域的图像、视频和移动侦测数据传输到地面站，用于安全监控、边界保护和入侵检测。

（6）农业和环境监测：无人机通过视距链路通信将农田或环境监测数据传输到地面站，用于农田管理、环境监测和病虫害预警。

（7）科学研究和测量：无人机通过视距链路通信传输科学研究所需的数据，如地质测量、气象观测、生态研究等领域。

这些应用领域展示了视距链路通信在各个行业中的实际应用价值，无人机通过视距链路通信实现了数据传输、监测和操控的功能，拓宽了无人机的应用范围和潜力。

2. 视距链路通信新技术

视距链路通信的新技术不断涌现，为无人机通信带来了更好的性能和功能。视距链路通信中应用的新技术如下：

（1）毫米波通信：毫米波通信是一种高频率通信技术，可以提供更大的带宽和更高的数据传输速率。它可以应用于视距链路通信中，实现更高质量的视频传输和大容量数据传输。

（2）多天线技术：利用多天线技术，如 MIMO（multiple-input multiple-output），可以在视距链路通信中实现更高的传输速率和更好的信号覆盖。多天线技术可以提高信号的可靠性和容错能力。

（3）卫星通信：利用卫星通信，可以将视距链路通信扩展到更大的距离范围。通过与卫星通信网络连接，无人机可以在更广阔的区域内进行通信和数据传输。

（4）5G 技术：5G 技术提供了更高的传输速率、更低的延迟和更多的连接密度，可用于视距链路通信中，支持更多的数据传输和实时交互。

（5）可见光通信：可见光通信利用可见光范围内的光波进行通信，可以提供更安全、更高速率的数据传输。在无人机与地面站之间的视距链路通信中，可见光通信可以作为一种选择，突破无线电频谱的限制。

（6）基于机器学习的自适应通信：通过机器学习算法，无人机可以根据通信环境的变化和无线信道特性进行自适应调制和编码，提高通信质量和性能。

这些新技术不断推动视距链路通信的发展，提供更高的数据传输速率、更好的信号覆盖和更低的延迟。随着技术的不断进步，视距链路通信将能够支持更多的应用场景和需求。

笔记栏

笔记栏

3. 发展趋势

视距链路通信的发展趋势受到技术进步、应用需求和市场变化等多种因素的影响。以下是一些视距链路通信发展的重要趋势：

（1）提高传输速率和容量：随着数据需求的增长，视距链路通信将朝着更高的传输速率和更大的容量发展。新的通信技术和协议的应用，如毫米波通信、多 antenna 技术、5G 等，将提供更大的带宽和更高的传输速率。

（2）更可靠的信号传输：视距链路通信要求信号的可靠传输，以确保数据的完整性和准确性。未来的发展将聚焦于改进信道质量的管理、错误修正和干扰抑制等技术，以提供更可靠的通信连接。

（3）自动化和机器学习：视距链路通信中的自动化和机器学习将变得更加重要。利用自动化和机器学习算法，无人机和地面站能够根据实时通信环境和条件，自适应地调整通信参数和策略，提高通信质量和性能。

（4）安全和隐私保护：随着视距链路通信的增加，对于安全和隐私的关注也越来越重要。未来的发展将加强通信链路的加密和身份验证机制，确保数据传输的安全和隐私保护。

（5）多模态通信：未来，视距链路通信将通过多个通信模式进行扩展。例如，通过将无线电通信与光学通信、声学通信等其他技术进行结合，实现更多样化和多样性的通信方式。

（6）网络智能化和互联性：在网络智能化和互联性的推动下，视距链路通信将能够与其他通信网络无缝集成。例如，与移动通信网络、卫星网络等进行连接，实现跨越更大范围的通信。

这些发展趋势将使视距链路通信能够满足日益增长的需求，并在航空、安全、农业、灾害响应等领域持续发挥作用。通过技术创新和应用拓展，视距链路通信将进一步提高性能、提供更多功能，并适应更多应用需求。

习 题

1. 视距链路通信链路由哪几部分组成，作用是什么？
2. 视距链路通信协议有哪些？性能指标包括什么？
3. 视距链路通信有哪些？日常生活中有哪些应用？

 # 第4章 移动互联通信系统/局域网

知识目标

（1）了解移动通信互联发展现状和趋势。

（2）掌握移动互联通信和局域网的技术特点，增强对移动互联网和局域网在无人机应用的认识。

素质目标

（1）具备区分各种互联网络的能力，了解其优缺点。

（2）在虚拟空间中能遵守相关法律法规，信守信息社会的道德与伦理准则。

移动通信是移动体之间的通信，主要由空间系统和地面系统组成。首先，网络实际上分为两大类，即有线网络和无线网络。

有线网络，顾名思义，就是通过线来连接的网络，通过这根网络线进行上网。常见的比如家里台式机连接的网线，这就是一种有线网络。

以前的网络大多是通过电话线接入，现在家里基本都是使用光纤接入网络（光纤入户），然后再通过网线接入计算机或者路由设备等。

无线网络，就是不用线连接的网络，包括蜂窝网络和 Wi-Fi 网络。无线网络通过设备发出射频信号传输。

无线网络比起有线网络要方便很多，随时随地只要能够连接上，有信号，就可以上网，但是这里也说了，前提是有信号，能连上，所以其缺点就是可能不稳定，有的地方可能信号很弱，导致上网速度很慢。

蜂窝网络（cellular network），又称移动网络（mobile network），是一种移动通信硬件架构，分为模拟蜂窝网络和数字蜂窝网络。由于构成网络覆盖的各通信基地台的信号覆盖呈六边形，从而使整个网络像一个蜂窝而得名，每一个六边形实际上就是一个基站。

当前，我们使用的 Wi-Fi（如在家里上网），大部分是家里的无线路由器发送信号，现在有 2.4 GHz 和 5 GHz 的频段。2.4 GHz 拥有 3 个互不干扰的信道，而 5 GHz 有 9 个互不干扰的信道（信道规划更容易）。

4.1 移动通信发展历程

移动通信是指在无线电技术支持下，通过移动通信设备进行语音、数据和视频传输的通信方式。

4.1.1　移动通信出现契机和需求

通信的最终目标是实现随时随地实时地与任何人或物进行通信。在无线电技术没有普及前,古人使用旗语或狼烟等传递各类信息,算是比较早期的实时远距离通信。在人类进入电气化时代以前,各朝代建立的驿站通信是当时最成熟的通信系统。将文字写在纸上然后通过驿站传输的方式将消息进行远距离传递,相比狼烟传递等原始方式通信的稳定性及可靠性都得到很大的提升,但是不能做到实时通信的缺点也十分明显。人类最早的电气化实时通信是通过电报的方式传递基本信息,后来出现了固定电话。由于电报需要编解码过程,具有一定的滞后性,电话就逐渐取代了电报。电话可以通过铜线或者光缆直接传递信息,但是固定电话的使用受到场景使用的限制,并不能实现移动中进行通信。1973 年日本使用 AMPS 技术建立了一个真正意义上的商用移动通信网络,人类从此开始了移动通信时代。

1987 年我国使用 TACS 技术在广东省建成第一代模拟移动电话。1G 时代实现了语音传输,当时的手机比较笨重,功能也仅限于语音通话。第一代移动通信主要用的技术是模拟通信。其技术原理是将声音转化成电波,通过电波传输,再将电波还原成声音。模拟通信存在通信品质差、保密性差、易受干扰等缺陷。在商用过程中出现容量小、手机盗号猖獗,无法进一步满足人们对价格、质量、异地和跨国漫游等要求。1999 年我国模拟通信网全部关闭,进入下一代数字通信网络。

4.1.2　移动通信的演变

G 全称是 Generation,中文是一代、时代的意思。1G 就表示第一代移动通信技术。

设备通信需要有标准,要有一套彼此都认可的信息编码规范。比如人类交流用的文字,各种语言的规范有所不同。又比如打仗时用的电报,使用着标准的电报码。

移动通信发展过程中,通信标准也在不断更新,周期十年左右。每当新一代通信标准出现时,都会把这些标准的制定者推向行业的制高点。

1)从 1G 到 2G

20 世纪 70 年代,摩托罗拉为主的公司制定了 1G 标准。进入 20 世纪 90 年代,诺基亚研制了新一代移动通信标准,也就是 2G。

从 1G 到 2G 的改进见表 4.1。

表 4.1　1G 到 2G 的改进

移动通信标准	特点	主导公司
1G	模拟电路	摩托罗拉
2G	数字电路:体积小,省电,收发短信方便	诺基亚

从 1G 到 2G,单位能量处理信息的能力提升百倍。

2)从 2G 到 3G

从 2G 到 3G 的改进见表 4.2。

表4.2　2G到3G的改进

移动通信标准	特点	主导公司
2G	语音通信:只能打电话、发短信,上网困难	诺基亚
3G	数据通信:信息传输率数量级提升,上网容易,移动互联网出现	苹果、谷歌、高通

从2G到3G,单位能量处理信息的能力提升了一个数量级。但上网用的移动通信网络和打电话用的通信网络依然彼此独立。由于中间转发次数较多,实际网速并不快。

3)从3G到4G

从3G到4G的改进见表4.3。

表4.3　3G到4G的改进

移动通信标准	特点	主导公司
3G	信息传输率高,上网容易,移动互联网出现	苹果、谷歌、高通
4G	移动通信网络和传统电信网络开始融合,扁平的网络结构,减少了端到端通信时信息转发的次数,增加了基站之间光纤的带宽,存在会场拥堵的问题	苹果、谷歌、高通

在4G时代,网络已经相对比较快,人们可以相对顺畅地浏览视频,但有个问题,就是在一个地方同时使用网络的人变多,网速就会受到限制,这又称会场拥堵。

比如上万人的大会中,无论信号采用Wi-Fi还是4G,网络都会受到影响,可能连微信消息都没办法发送成功。因为信息的流通量超过了网络的带宽。

4)从4G到5G

4G对于人们日常上网的需求是可以满足的,但随着科技进步,很多智能设备要同时上网,就会出现会场拥堵问题。

研究人员想通过增加基站的方式来解决会场拥堵的问题,在这种思路的指引下,5G概念就被提出来了。最终的效果就是设备和基站距离变得很近,增加设备分享到的带宽的同时,减少了设备的通信范围。

4G和5G的改进见表4.4。

表4.4　4G到5G的改进

移动通信标准	特点	主导公司
4G	扁平的网络结构,减少了端到端通信时信息转发的次数,增加了基站之间光纤的带宽,存在会场拥堵的问题	苹果、谷歌、高通
5G	移动互联网和有线互联网彻底融合;网络基站密度高,基站功率小;单位能耗传递信息的效率升高	华为

从1G到5G的变化过程:

(1)1G诞生,人类开始进入移动电话通信时代。

(2)从1G到2G,是模拟电路到数字电路的升级,单位能量传输和处理信息的能力数量级提高。

(3)从2G到3G,实现了从语音通信到数据通信的飞跃,移动互联网出现。

（4）从 3G 到 4G，实现移动通信网络和传统电信网络的融合，将云计算等互联网技术用于移动通信，提高了带宽使用率。

（5）从 4G 到 5G，实现移动互联网和有线互联网的彻底融合，成为万物互联的先决条件。

纵观 1G 到 5G 的发展过程，都是沿着网络大融合的趋势行进。网速极大的提升，实时性敏感的互联网应用便得以开展和普及，如车联网和无人驾驶。设备辐射的减少，也让人类能以更为健康的方式享受高科技的成果。

4.1.3 移动通信的发展阶段

现代移动通信技术大致经历了五个发展阶段。

1. 移动通信早期发展阶段

第一阶段从 20 世纪 20 年代至 40 年代初期，为早期发展阶段。在这期间，首先在短波几个频段上开发出专用移动通信系统，其代表是美国底特律市警察使用的车载无线电系统。该系统工作频率为 2 MHz，到 20 世纪 40 年代提高到 30~40 MHz，可以认为这个阶段是现代移动通信的起步阶段，特点是专用系统开发，工作频率较低。

2. 移动通信过渡阶段

第二阶段从 20 世纪 40 年代中期至 60 年代初期。在此期间，公用移动通信业务开始问世。1946 年，根据美国联邦通信委员会（FCC）的计划，贝尔系统在圣路易斯城建立了世界上第一个公用汽车电话网，称为"城市系统"。当时使用三个频道，间隔为120 kHz，通信方式为单工，随后，联邦德国（1950 年）、法国（1956 年）、英国（1959 年）等国相继研制了公用移动电话系统。美国贝尔实验室完成了人工交换系统的接续问题。这一阶段的特点是从专用移动网向公用移动网过渡，接续方式为人工，网的容量较小。

3. 移动通信改进与完善阶段

第三阶段从 20 世纪 60 年代中期至 70 年代中期。在此期间，美国推出了改进型移动电话系统（IMTS），使用 150 MHz 和 450 MHz 频段，采用大区制、中小容量，实现了无线频道自动选择并能够自动接续到公用电话网。德国也推出了具有相同技术水平的B 网。可以说，这一阶段是移动通信系统改进与完善的阶段，其特点是采用大区制、中小容量，使用 450 MHz 频段，实现了自动选频与自动接续。

4. 移动通信蓬勃发展阶段

第四阶段从 20 世纪 70 年代中期至 80 年代中期。这是移动通信蓬勃发展时期。1978 年底，美国贝尔试验室研制成功先进移动电话系统（AMPS），建成了蜂窝状移动通信网，大大提高了系统容量。1983 年，首次在芝加哥投入商用。同年 12 月，在华盛顿也开始启用。之后，服务区域在美国逐渐扩大。到 1985 年 3 月已扩展到 47 个地区，约10 万移动用户。其他工业化国家也相继开发出蜂窝式公用移动通信网。日本于 1979 年推出 800 MHz 汽车电话系统（HAMTS），在东京、神户等地投入商用。

联邦德国于 1984 年完成 C 网，频段为 450 MHz。英国在 1985 年开发出全地址通信系统（TACS），首先在伦敦投入使用，以后覆盖了全国，频段为 900 MHz。法国开发出450 系统。加拿大推出 450 MHz 移动电话系统 MTS。瑞典等北欧四国于 1980 年开发出 NMT-450 移动通信网,并投入使用,频段为 450 MHz。

这一阶段的特点是蜂窝状移动通信网成为实用系统,并在世界各地迅速发展。移动通信大发展的原因,除了用户要求迅猛增加这一主要推动力之外,还有几方面技术进展所提供的条件。首先,微电子技术在这一时期得到长足发展,这使得通信设备的小型化、微型化有了可能性,各种轻便电台被不断地推出。

其次,提出并形成了移动通信新体制。随着用户数量增加,大区制所能提供的容量很快饱和,这就必须探索新体制。在这方面最重要的突破是贝尔试验室在 20 世纪 70 年代提出的蜂窝网的概念。蜂窝网,即所谓小区制,由于实现了频率再用,大大提高了系统容量。可以说,蜂窝概念真正解决了公用移动通信系统要求容量大与频率资源有限的矛盾。第三方面进展是随着大规模集成电路的发展而出现的微处理器技术日趋成熟以及计算机技术的迅猛发展,从而为大型通信网的管理与控制提供了技术手段。

5. 数字移动通信成熟阶段

第五阶段从 20 世纪 80 年代中期开始。这是数字移动通信系统发展和成熟时期。

以 AMPS 和 TACS 为代表的第一代蜂窝移动通信网是模拟系统。模拟蜂窝网虽然取得了很大成功,但也暴露了一些问题。例如,频谱利用率低,移动设备复杂,费用较贵,业务种类受限制以及通话易被窃听等,最主要的问题是其容量已不能满足日益增长的移动用户需求。解决这些问题的方法是开发新一代数字蜂窝移动通信系统。数字无线传输的频谱利用率高,可大大提高系统容量。

另外,数字网能提供语音、数据多种业务服务,并与 ISDN 等兼容。实际上,早在 20 世纪 70 年代末期,当模拟蜂窝系统还处于开发阶段时,一些发达国家就接手数字蜂窝移动通信系统的研究。到 20 世纪 80 年代中期,欧洲首先推出了泛欧数字移动通信网(GSM)的体系。随后,美国和日本也制定了各自的数字移动通信体制。

与其他现代技术的发展一样,移动通信技术的发展也呈现加快趋势,目前,当数字蜂窝网刚刚进入实用阶段,正方兴未艾之时,关于未来移动通信的讨论已如火如荼地展开。各种方案纷纷出台,其中最热门的是所谓个人移动通信网。关于这种系统的概念和结构,各家解释并未一致。但有一点是肯定的,即未来移动通信系统将提供全球性优质服务,真正实现在任何时间、任何地点、向任何人提供通信服务这一移动通信的最高目标。

4.2　移动互联通信技术

随着移动通信和移动计算技术的融合,移动技术的逐步成熟,移动技术的应用与发展带来的移动交互,为普适计算(ubiquitous computing)、随时随地(anytime, anywhere)在线连接、通信联络和信息交换提供了可能,为移动工作提供了新的机遇和挑战。

4.2.1　移动通信网络的组成

移动通信网是现代通信网中的一个重要组成部分。而现代通信网主要是由终端机、信道、变换设施和信令与协议四部分组成。

1. 终端机

终端机的主要功能是将待传送的信息转换成电信号并送入网内,同时从网上提取所需的信息,如电话机、手机、传真机、数传机、视频终端摄像机与显示器等。

2. 信道

信道是载荷信息的信号所传送的通道,它主要包含固体介质的传输线、电缆、光缆;空气介质的无线信道等。从特性上可以分为恒参量非时变信道与变参量的时变信道,移动信道属于后者。

3. 变换设施

将简单的点对点的通信组成多点对多点的通信网就必须有交换设备。

4. 信令与协议

仅有硬件设备还不能在通信网内高效地互相交换信息,尤其是对自动化程度高,使用的环境条件(如信源、业务、信道、用户等方面)复杂时,必须有一些规范性的约定。这些约定在电话网中称为信令,而在计算机与数据网中称为协议。其实它就是网内使用的专用"语言",用来协调网内、网间、运行以达到互通互控的目的。

4.2.2　5G 的关键技术

1. 高频段传输

移动通信传统工作频段主要集中在 3 GHz 以下,这使得频谱资源十分拥挤,而在高频段(如毫米波、厘米波频段)可用频谱资源丰富,能够有效缓解频谱资源紧张的现状,可以实现极高速、短距离通信,支持 5G 容量和传输速率等方面的需求。

高频段在移动通信中的应用是未来的发展趋势,业界对此高度关注。

2. 新型多天线传输技术

多天线技术经历了从无源到有源,从二维(2D)到三维(3D),从高阶 MIMO 到大规模阵列的发展,将有望实现频谱效率提升数十倍甚至更高,是目前 5G 技术重要的研究方向之一。

3. 同时同频全双工技术

现有的无线通信系统中,由于技术条件的限制,不能实现同时同频的双向通信,双向链路都是通过时间或频率进行区分的,对应于 TDD 和 FDD 方式,由于不能进行同时、同频双向通信,理论上浪费了一半的无线资源(频率和时间)。

4. D2D 技术

Device-to-Device(D2D)通信是一种在系统的控制下,允许终端之间通过复用小区资源直接进行通信的新型技术,它能够增加蜂窝通信系统频谱效率,降低终端发射功率,在一定程度上解决无线通信系统频谱资源匮乏的问题。

5. 密集和超密集组网技术

在 5G 通信中,无线通信网络正朝着网络多元化、宽带化、综合化、智能化的方向演进。随着各种智能终端的普及,数据流量将出现井喷式的增长。未来数据业务将主要分布在室内和热点地区,这使得超密集网络成为实现 5G 的 1 000 倍流量需求的主要手段之一。

6. 新型网络架构

目前,LTE 接入网采用网络扁平化架构,减小了系统时延,降低了建网成本和维护成本。例如,5G 采用 C-RAN 接入网架构。C-RAN 是基于集中化处理、协作式无线电和实时云计算构架的绿色无线接入网构架。

4.2.3　移动互联网在无人机的应用

随着无人机产业的飞速发展,无人机的创新应用与通信产业呈现出紧密结合的发展趋势。无人机可以实现设备监管、航线规范,促进空域的合理利用,产生巨大的经济价值。同时,5G 技术具备的超高带宽、低时延、高可靠、广覆盖、大连接等特性如果进一步与无人机特性相结合,将构建出强大的低空数字化技术领域,促使通信生产效率大幅提升。江苏联通网优中心协同网建部、南京分公司,携手华为在南京眼进行无人机无线网络测试应用研究,重点测试传统路测无法到达的区域,记录不同高度的 5G 覆盖、质量、速率、时延、误码等关键指标参数,开展水域、空间立体覆盖网络研究分析,为国内各家运营商中首次应用。

对南京眼大桥中心半径 400 m 范围内不同高度空域进行测试,分别在 20 m、40 m、60 m、80 m、100 m 五种不同高度的空域进行无人机覆盖评估。从 3D 覆盖图可以直观地看出不同高度的网络信号覆盖情况,不仅为 4G 网络提供研究数据,还为 5G 业务空域信号分析提供了很高的参考意义。无人机测试组网和 3D 覆盖效果图如图 4.1 所示。

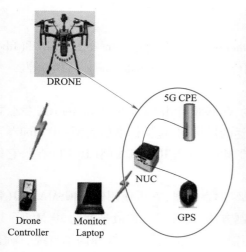
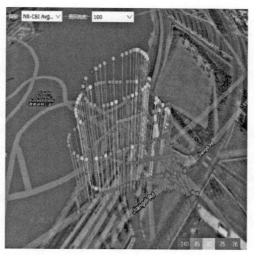

图 4.1　无人机测试组网和 3D 覆盖效果图

采用 5G 网络进行 VR 现场直播无人机灯光秀是"VR 直播"业务的又一次成功应用,让部分员工可以足不出户就能欣赏青奥灯光秀的壮美。

5G 网络以用户为中心,通过 CoMP、Massive MIMO、网络切片等技术,保证用户随处体验 100 Mbit/s,5G 大带宽、低时延、大连接的特性使能万物互联的同时,将推动智慧生活的进一步发展,VR 业务将在互动教学、远程医疗等方面具有较大的应用空间。

4.3 局域网通信技术

局域网是将一个较小地理范围内的各种计算机、通信设备等互相连接起来组成的一个计算机通信网络,其跨度一般在方圆几千米、几十千米以内,覆盖一栋办公楼、一个学校乃至一个城市。

4.3.1 无线网络与移动网络的区别

在生活中,人们用手机拨打电话、在网页上浏览资讯,借助的都是公网。所谓公网,是指由网络服务提供商建设,供公共用户使用的通信网络,它与我们日常生活最为密切。

专网是指在特定区域实现网络信号覆盖,为特定用户在组织、指挥、管理、生产、调度等环节提供通信服务的专业网络。专网就是为专业用户提供网络通信服务的专用网络。

5G 网络有三大特点:高带宽、低延迟、多接入,但很多时候,企业并不是同时需要这些业务特性。另外,有的企业希望可以获得对 5G 网络的所有控制权、高度的可靠性、安全性、隐私性等,公网无法完全满足这些特定需求。

5G 专网提供了企业定制化网络的自由度,可以根据使用场所、工作类型提供不同的配置,在隐私和安全方面都有明显的优势。

4.3.2 局域网的分类

目前在局域网中常见的有:以太网(ethernet)、令牌网(token ring)、FDDI(fiber distributed data interface)网、异步传输模式网(asynchronous transfer mode,ATM)等。

1. 以太网

以太网最早是由 Xerox(施乐)公司创建的,在 1980 年由 DEC、Intel 和 Xerox 三家公司联合开发为一个标准。以太网是应用最为广泛的局域网,包括标准以太网(10 Mbit/s)、快速以太网(100 Mbit/s)、千兆以太网(1 000 Mbit/s)和 10G 以太网(10 Gbit/s),它们都符合 IEEE 802.3 系列标准规范。

标准以太网:最开始以太网只有 10 Mbit/s 的吞吐量,它所使用的是 CSMA/CD(带有冲突检测的载波侦听多路访问)的访问控制方法,通常把这种最早期的 10 Mbit/s 以太网称为标准以太网。以太网主要有两种传输介质,那就是双绞线和同轴电缆。所有的以太网都遵循 IEEE 802.3 标准,下面列出的是 IEEE 802.3 的一些以太网络标准,在这些标准中前面的数字表示传输速度,单位是 Mbit/s,最后的一个数字表示单段网线长度(基准单位是 100 m),Base 表示"基带"的意思,Broad 代表"宽带"。

10Base-5 使用粗同轴电缆,最大网段长度为 500 m,基带传输方法。

10Base-2 使用细同轴电缆,最大网段长度为 185 m,基带传输方法。

10Base-T 使用双绞线电缆,最大网段长度为 100 m。

1Base-5 使用双绞线电缆,最大网段长度为 500 m,传输速度为 1 Mbit/s。

笔记栏

10Broad-36 使用同轴电缆（RG-59/UCATV），最大网段长度为 3 600 m，是一种宽带传输方式。

10Base-F 使用光纤传输介质，传输速率为 10 Mbit/s。

快速以太网（fast ethernet）：随着网络的发展，传统标准的以太网技术已难以满足日益增长的网络数据流量速度需求。在 1993 年 10 月以前，对于要求 10 Mbit/s 以上数据流量的 LAN 应用，只有光纤分布式数据接口（FDDI）可供选择，但它是一种价格非常昂贵的、基于 100 Mbit/s 光缆的 LAN。1993 年 10 月，Grand Junction 公司推出了世界上第一台快速以太网集线器 FastSwitch10/100 和网络接口卡 FastNIC100，快速以太网技术正式得以应用。随后 Intel、SynOptics、3COM、BayNetworks 等公司亦相继推出自己的快速以太网装置。与此同时，IEEE 802 工程组亦对 100 Mbit/s 以太网的各种标准，如 100BASE-TX、100BASE-T4、MII、中继器、全双工等标准进行了研究。1995 年 3 月 IEEE 宣布了 IEEE 802.3u 100BASE-T 快速以太网标准，就这样开始了快速以太网的时代。

快速以太网与原来在 100 Mbit/s 带宽下工作的 FDDI 相比，它具有许多的优点，最主要体现在快速以太网技术可以有效地保障用户在布线基础实施上的投资，它支持 3、4、5 类双绞线以及光纤的连接，能有效利用现有的设施。

快速以太网的不足其实也是以太网技术的不足，那就是快速以太网仍是基于载波侦听多路访问和冲突检测（CSMA/CD）技术，当网络负载较重时，会造成效率的降低，当然这可以使用交换技术来弥补。

100 Mbit/s 快速以太网标准又分为：100BASE-TX、100BASE-FX、100BASE-T4 三个子类。

（1）100BASE-TX：是一种使用 5 类数据级无屏蔽双绞线或屏蔽双绞线的快速以太网技术。它使用两对双绞线，一对用于发送，一对用于接收数据。在传输中使用 4B/5B 编码方式，信号频率为 125 MHz。符合 EIA 586 的 5 类布线标准和 IBM 的 SPT 1 类布线标准。使用同 10BASE-T 相同的 RJ-45 连接器。它的最大网段长度为 100 m。它支持全双工的数据传输。

（2）100BASE-FX：是一种使用光缆的快速以太网技术，可使用单模和多模光纤（62.5 μm 和 125 μm）多模光纤连接的最大距离为 550 m。单模光纤连接的最大距离为 3 000 m。在传输中使用 4B/5B 编码方式，信号频率为 125 MHz。它使用 MIC/FDDI 连接器、ST 连接器或 SC 连接器。它的最大网段长度为 150 m、412 m、2 000 m 或更长至 10 km，这与所使用的光纤类型和工作模式有关，它支持全双工的数据传输。100BASE-FX 特别适合于有电气干扰的环境、较大距离连接、或高保密环境等情况下。

（3）100BASE-T4：是一种可使用 3、4、5 类无屏蔽双绞线或屏蔽双绞线的快速以太网技术。它使用 4 对双绞线，3 对用于传送数据，1 对用于检测冲突信号。在传输中使用 8B/6T 编码方式，信号频率为 25 MHz，符合 EIA 586 结构化布线标准。它使用与 10BASE-T 相同的 RJ-45 连接器，最大网段长度为 100 m。

（4）千兆以太网：随着以太网技术的深入应用和发展，企业用户对网络连接速度的要求越来越高，1995 年 11 月，IEEE 802.3 工作组委任了一个高速研究组（higher speed study group），研究将快速以太网速度增至更高。该研究组研究了将快速以太网速度增

至 1 000 Mbit/s 的可行性和方法。1996 年 6 月,IEEE 标准委员会批准了千兆位以太网方案授权申请(gigabit ethernet project authorization request)。随后 IEEE 802.3 工作组成立了 802.3z 工作委员会。IEEE 802.3z 委员会的目的是建立千兆位以太网标准:包括在 1 000 Mbit/s 通信速率的情况下的全双工和半双工操作、802.3 以太网帧格式、载波侦听多路访问和冲突检测(CSMA/CD)技术、在一个冲突域中支持一个中继器(repeater)、10BASE-T 和 100BASE-T 向下兼容技术千兆位以太网具有以太网的易移植和易管理特性。千兆以太网在处理新应用和新数据类型方面具有灵活性,它是在赢得了巨大成功的 10 Mbit/s 和 100 Mbit/s IEEE 802.3 以太网标准的基础上的延伸,提供了 1 000 Mbit/s 的数据带宽。这使得千兆位以太网成为高速、宽带网络应用的战略性选择。

1 000 Mbit/s 千兆位以太网目前主要有以下三种技术版本:1000BASE-SX、1000BASE-LX 和 1000BASE-CX 版本。1000BASE-SX 系列采用低成本短波的 CD(compact disc,光盘激光器)或者 VCSEL(vertical cavity surface emitting laser,垂直腔体表面发光激光器)发送器;而 1000BASE-LX 系列则使用相对昂贵的长波激光器;1000BASE-CX 系列则打算在配线间使用短跳线电缆把高性能服务器和高速外围设备连接起来。

10 Gbit/s 以太网:现在 10 Gbit/s 的以太网标准已经由 IEEE 802.3 工作组于 2000 年正式制定,10 Gbit/s 以太网仍使用与以往 10 Mbit/s 和 100 Mbit/s 以太网相同的形式,它允许直接升级到高速网络。同样使用 IEEE 802.3 标准的帧格式、全双工业务和流量控制方式。在半双工方式下,10 Gbit/s 以太网使用基本的 CSMA/CD 访问方式来解决共享介质的冲突问题。此外,10 Gbit/s 以太网使用由 IEEE 802.3 小组定义了和以太网相同的管理对象。总之,10 Gbit/s 以太网仍然是以太网,只不过更快。但由于 10 Gbit/s 以太网技术的复杂性及原来传输介质的兼容性问题(目前只能在光纤上传输,与原来企业常用的双绞线不兼容了),还有这类设备造价太高,所以这类以太网技术目前还处于研发的初级阶段,还没有得到实质应用。

2. 令牌环网

令牌环网是 IBM 公司于 20 世纪 70 年代发展的,现在这种网络比较少见。在老式的令牌环网中,数据传输速度为 4 Mbit/s 或 16 Mbit/s,新型的快速令牌环网速度可达 100 Mbit/s。令牌环网的传输方法在物理上采用了星状拓扑结构,但逻辑上仍是环状拓扑结构。节点间采用多站访问部件(multistation access unit,MAU)连接在一起。MAU 是一种专业化集线器,它是用来围绕工作站计算机的环路进行传输。由于数据包看起来像在环中传输,所以在工作站和 MAU 中没有终结器。

在这种网络中,有一种专门的帧称为"令牌",在环路上持续地传输来确定一个节点何时可以发送包。令牌为 24 位长,有 3 个 8 位的域,分别是首定界符(start delimiter,SD)、访问控制(access control,AC)和终定界符(end delimiter,ED)。首定界符是一种与众不同的信号模式,作为一种非数据信号表现出来,用途是防止它被解释成其他东西。这种独特的 8 位组合只能被识别为帧首标识符(SOF)。由于目前以太网技术发展迅速,令牌网存在固有缺点,令牌在整个计算机局域网已不多见,原来提供令牌网设备的厂商多数也退出了市场。

3. FDDI 网

FDDI 的中文名为"光纤分布式数据接口",它是于 20 世纪 80 年代中期发展起来一项局域网技术,它提供的高速数据通信能力要高于当时的以太网(10 Mbit/s)和令牌网(4 或 16 Mbit/s)的能力。FDDI 标准由 ANSI X3T9.5 标准委员会制定,为繁忙网络上的高容量输入输出提供了一种访问方法。FDDI 技术同 IBM 的 Tokenring 技术相似,并具有 LAN 和 Tokenring 所缺乏的管理、控制和可靠性措施,FDDI 支持长达 2 km 的多模光纤。FDDI 网络的主要缺点是价格同前面所介绍的"快速以太网"相比贵许多,且因为它只支持光缆和 5 类电缆,所以使用环境受到限制、从以太网升级更是面临大量移植问题。

当数据以 100 Mbit/s 的速度输入输出时,在当时 FDDI 与 10 Mbit/s 的以太网和令牌环网相比性能有相当大的改进。但是随着快速以太网和千兆以太网技术的发展,用 FDDI 的人就越来越少了。因为 FDDI 使用的通信介质是光纤,这一点它比快速以太网及 100 Mbit/s 令牌网传输介质要贵许多,然而 FDDI 最常见的应用只是提供对网络服务器的快速访问,所以在目前 FDDI 技术并没有得到充分的认可和广泛应用。

FDDI 的访问方法与令牌环网的访问方法类似,在网络通信中均采用"令牌"传递。它与标准的令牌环又有所不同,主要在于 FDDI 使用定时的令牌访问方法。FDDI 令牌沿网络环路从一个节点向另一个节点移动,如果某节点不需要传输数据,FDDI 将获取令牌并将其发送到下一个节点中。如果处理令牌的节点需要传输,那么在指定的称为"目标令牌循环时间"(target token rotation time,TTRT)的时间内,它可以按照用户的需求来发送尽可能多的帧。因为 FDDI 采用的是定时的令牌方法,所以在给定时间中,来自多个节点的多个帧可能都在网络上,以为用户提供高容量的通信。

FDDI 可以发送两种类型的包:同步的和异步的。同步通信用于要求连续进行且对时间敏感的传输(如音频、视频和多媒体通信);异步通信用于不要求连续脉冲串的普通的数据传输。在给定的网络中,TTRT 等于某节点同步传输需要的总时间加上最大的帧在网络上沿环路进行传输的时间。FDDI 使用两条环路,所以当其中一条出现故障时,数据可以从另一条环路上到达目的地。连接到 FDDI 的节点主要有两类,即 A 类和 B 类。A 类节点与两个环路都有连接,由网络设备(如集线器等)组成,并具备重新配置环路结构以在网络崩溃时使用单个环路的能力;B 类节点通过 A 类节点的设备连接在 FDDI 网络上,B 类节点包括服务器或工作站等。

4. ATM 网

ATM 的中文名为"异步传输模式",它的开发始于 20 世纪 70 年代后期。ATM 是一种较新型的单元交换技术,同以太网、令牌环网、FDDI 网络等使用可变长度包技术不同,ATM 使用 53 字节固定长度的单元进行交换。它是一种交换技术,它没有共享介质或包传递带来的延时,非常适合音频和视频数据的传输。ATM 主要具有以下优点:

(1)ATM 使用相同的数据单元,可实现广域网和局域网的无缝连接。

(2)ATM 支持 VLAN(虚拟局域网)功能,可以对网络进行灵活的管理和配置。

(3)ATM 具有不同的速率,分别为 25、51、155、622 Mbit/s,从而为不同的应用提供

笔记栏

不同的速率。

ATM 是采用"信元交换"来替代"包交换"进行实验,发现信元交换的速度是非常快的。信元交换将一个简短的指示器称为虚拟通道标识符,并将其放在 TDM 时间片的开始。这使得设备能够将它的比特流异步地放在一个 ATM 通信通道上,使得通信变得能够预知且持续,这样就为时间敏感的通信提供了一个预 QoS,这种方式主要用在视频和音频上。通信可以预知的另一个原因是 ATM 采用的是固定的信元尺寸。ATM 通道是虚拟的电路,并且 MAN 传输速度能够达到 10 Gbit/s。

5. 无线局域网

无线局域网(wireless local area network,WLAN)是目前最新,也是最为热门的一种局域网,特别是自 Intel 推出首款自带无线网络模块的迅驰笔记本处理器以来。无线局域网与传统的局域网主要不同之处就是传输介质不同,传统局域网都是通过有形的传输介质进行连接的,如同轴电缆、双绞线和光纤等,而无线局域网则是采用空气作为传输介质的。正因为它摆脱了有形传输介质的束缚,所以这种局域网的最大特点就是自由,只要在网络的覆盖范围内,可以在任何一个地方与服务器及其他工作站连接,而不需要重新铺设电缆。这一特点非常适合那些移动办公族,有时在机场、宾馆、酒店等(通常把这些地方称为"热点"),只要无线网络能够覆盖到,它都可以随时随地连接上无线网络,甚至 Internet。

无线局域网所采用的是 802.11 系列标准,它也是由 IEEE 802 标准委员会制定的。目前这一系列主要有 4 个标准,分别为:802.11b(ISM 2.4 GHz)、802.11a (5 GHz)、802.11g(ISM 2.4 GHz) 和 802.11z,前三个标准都是针对传输速度进行的改进,最开始推出的是 802.11b,它的传输速度为 11 Mbit/s,因为它的连接速度比较低,随后推出了 802.11a 标准,它的连接速度可达 54 Mbit/s。但由于两者不互相兼容,致使一些早已购买 802.11b 标准的无线网络设备在新的 802.11a 网络中不能用,所以正式推出了兼容 802.11b 与 802.11a 两种标准的 802.11g,这样原有的 802.11b 和 802.11a 两种标准的设备都可以在同一网络中使用。802.11z 是一种专门用于加强无线局域网安全的标准。因为无线局域网的"无线"特点,致使任何进入此网络覆盖区的用户都可以轻松以临时用户身份进入网络,给网络带来了极大的不安全因素(常见的安全漏洞有:SSID 广播、数据以明文传输及未采取任何认证或加密措施等)。为此 802.11z 标准专门就无线网络的安全性方面作了明确规定,加强了用户身份认证制度,并对传输的数据进行加密。所使用的方法/算法有:WEP(RC4-128 预共享密钥)、WPA/WPA2(802.11 RADIUS 集中式身份认证,使用 TKIP 与/或 AES 加密算法)与 WPA(预共享密钥)。

4.3.3 局域网络在无人机的应用

市场上现有的无人机大都通过 Wi-Fi 进行视频传输,需要通过手机连接遥控器并登录相应的 App,或者使用配套的飞行眼镜观看实时拍摄视频。随着通信技术的更新迭代,使用 5G 进行无人机的信息传输,信息吞吐量极为巨大,传输画质大幅上升、响应时间大幅缩短。

无人机可以用于航拍,极大地拓宽了摄像的空间范围。在无人机应用之前,一般使用直升机来执行此类任务,有一定的安全风险,并且单次飞行价格昂贵,不够灵活。而无人机体积小、造价便宜、操作性能好并且起飞和降落受到的外部环境限制小,能够应对各种危险环境,对险峻地势进行侦察。此外,无人机还可以抵达人类难以到达的位置,从各种角度对事物进行拍摄,在满足了人们视觉享受的同时,也有利于人们观察事物的全貌。

Wi-Fi 是无人机通信中常用的一种通信方式。它通常被用来充当无人机数据信号向地面传输的传输媒介。代淑娴等人利用 Wi-Fi 进行实时的、稳定的大数据传输,与卫星通信互补,实现了更为准确的无人机目标跟踪定位算法。张燕使用大疆公司研发的 Wi-Fi 无人机无线图传模块,搭建了一个航拍无人机直播平台,实现了拍摄画面几乎零延迟的 720P 高清传输和显示。赵红杏等人将 Wi-Fi 模块搭载在无人机上,实现了一个无人机 Wi-Fi 室内定位系统。

另外,一种在无人机通信中常使用到的技术是 Bluetooth。Bluetooth 适用于近距离无线通信,它可以充当高空飞行无人机系统中的一个地面数据中转通道,也可以充当地面与飞行高度较低的无人机的通信通道。例如,为了让无人机上的数据能够传输到 Android 手机上,施洪平等人设计了一个基于 Bluetooth 和数传模块的无人机通信系统,数据信号从无人机直接传输到数传模块,然后数传模块将数据转发给 Bluetooth,再通过 Bluetooth 将数据传输给 Android 手机。此外,唐旭等人在手机上开发了一个无人机控制应用,通过 Bluetooth 来控制小型近地无人机测量空中 PM2.5 浓度。

习　题

1. 移动互联通信发展过程中,各个阶段有什么区别?
2. 移动通信技术对无人机行业的影响有哪些?

第5章 卫星通信技术

知识目标

(1)了解卫星通信技术发展历程和技术特点。

(2)掌握典型卫星通信系统结构组成和分类,理解卫星通信技术模型与参数指标。

素质目标

(1)具备卫星定位系统的理论知识。

(2)了解北斗精神,树立民族自豪感。

本章主要讲述卫星通信系统,介绍卫星通信系统的发展简史、系统组成、分类及特点,并详细讲解卫星通信相关技术。

5.1 卫星通信简介

卫星通信是利用人造地球卫星作为中继站来转发或反射无线电信号,在卫星地面站(服务端)及各通信设备终端(用户端)之间传递信息的通信,卫星通信与我们熟知的移动通信最大的区别在于转发无线电信号的中继站上,卫星通信是通过部署在太空中的人造地球卫星来转发无线电信号,而移动通信则主要是通过部署在地表上的通信基站来转发无线电信号。

5.1.1 卫星通信发展简史

1. 设想的提出:1945 年

1945 年,第二次世界大战的硝烟尚未完全散去,在英国空军雷达部队服役的时年28 岁的亚瑟·克拉克,在英国杂志《无线电世界》(*Wireless World*)第 10 期上发表了一篇论文《地球外的中继》(*Extra-terrestrial Relay*),在这篇论文中,年轻的克拉克为解决无线电信号受地球曲率和地形影响无法远距离传输的问题,提出了在地球赤道上空放置无线电中继站来转播无线电信号的方案,并通过计算得出该中继站能够与地球同步运转,稳定工作的理想高度是地表上空 35 786.03 km,也就是我们熟知的地球同步轨道。为表彰克拉克的贡献,该轨道被国际天文协会命名为克拉克轨道。克拉克同时计算得出只要有三个中继站就能覆盖除地球南北极外所有地区的通信。

2. 卫星通信的试验阶段:1954—1965 年

然而在人造地球卫星问世之前,克拉克的设想也只能停留在纸面上。从 1954 年开始,美国先后利用月球、无源气球卫星、铜针无源偶极子带作为中继站,进行了电话、电视传输等无源卫星通信试验,但事实证明并无很大实用价值。随着人造地球卫星技术的进步,1957 年 10 月 4 日,苏联成功发射了世界上第一颗人造地球卫星——"斯普特尼克 1 号",由此地球上首次收到了人造卫星发来的无线电信号。紧随其后,美国于 1958 年 1 月成功将一颗名为"探险者 1 号"的人造地球卫星送入地球预定轨道,但是此时的卫星通信不够稳定,传输距离也不够远,此后为继续验证卫星通信技术,各军事强国均进行了一系列试验,这其中以美国开展的试验最有代表性。

1958 年 12 月,美国用阿特拉斯火箭将一颗重 150 磅(约 68.1 kg,1 磅≈0.454 kg)的"斯科尔"低轨道卫星射入椭圆轨道(近地点 200 km,远地点 1 700 km),卫星上发射机输出功率为 8 W,频率为 150 MHz。卫星利用磁带录音,将甲站发出的信息(电话、电报)延迟转发到乙站。

1960 年 8 月,美国把覆有铝膜的直径 30 m 的气球卫星"回声 1 号"发射到约 1 600 km 高度的圆轨道上进行通信试验。这是世界上最早的不使用放大器的无源中继试验。

1960 年 10 月,美国国防部又将"信使"卫星发射到高度 1 000 km、倾角为 28.3°的轨道上,使用 2 GHz 频率,进行了与上述类似的低轨道迟延通信试验。

1962 年 6 月,美国航空宇航局用德尔它火箭把"电星"卫星送入 1 060～4 500 km 的椭圆轨道;同年 12 月又发射了"中继"卫星,进入 1 270～8 300 km 的椭圆轨道,在美国、欧洲、南美洲之间进行了多次电话、电视、传真数据的传输试验,并对卫星通信的频率、姿态控制、遥测跟踪、通信方式等技术问题进行了试验。

1962 年 12 月 13 日,美国发射了低轨道卫星"中继 1 号"。1963 年 11 月 23 日该卫星首次实现了横跨太平洋的日美间的电视转播。此时恰逢美国总统 J. F. 肯尼迪被刺,此消息经卫星传至日本,在电视新闻上播出,卫星的远距离实时传输给人们留下深刻印象,人造卫星在通信中的地位大为提高。

世界上第一颗同步通信卫星是 1963 年 7 月美国宇航局发射的"同步 2 号"卫星,它与赤道平面有 30°的倾角,相对于地面作 8 字形移动,因而尚不能叫地球同步轨道卫星,在大西洋上首次用于通信业务。1964 年 8 月发射的"同步 3 号"卫星,定点于太平洋赤道上空国际日期变更线附近,为世界上第一颗地球同步轨道卫星。1964 年 10 月经该卫星转播了第 18 届奥林匹克运动会的实况。1965 年 4 月 6 日发射了最初的半试验、半实用的地球同步轨道卫星"晨鸟",用于欧美间的商用卫星通信,至此,卫星通信已逐步进入实用阶段。

3. 卫星通信系统的实用阶段:1965 年至今

在卫星通信技术发展的同时,承担卫星通信业务和管理的组织机构也逐渐完备, 1964 年 8 月 20 日,美国、日本等 11 个国家为了建立单一的世界性商业卫星网,在美国华盛顿成立了世界性商业卫星临时组织,并于 1965 年 11 月正式定名为 INTELSAT (international telecommunication satellite organization,国际通信卫星组织)。该组织在 1965 年 4 月把第一代"国际通信卫星"(INTELSAT-I,简称 IS-I,原名"晨鸟")射入了静止同步轨道,正式承担国际通信业务。这标志着卫星通信开始进入实用与发展的新阶段。此后于 1976 年,随着美国成功发射第一代移动通信卫星 MARISAT,标志着全球卫星通信开始进入卫星移动业务。2005 年,卫星通信中首次引入了宽带个人通信业务,此时用户的可用速率仅有 256 kbit/s～5 Mbit/s;到了 2010 年,卫星通信中的宽带业务进入新时期,明显的标志为用户的可用速率提升到了 25 Mbit/s～50 Mbit/s;从 2013 年

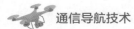

开始,宽带卫星业务逐步由区域向全球拓展,用户可用速率进一步提升到 500 Mbit/s,信息传输速率已经可以跟光纤媲美;至 2019 年,美国太空探索公司开始启动星链项目,计划在太空中近地轨道布设约 1.2 万颗通信卫星,实现全球无死角高速通信覆盖,并以此为基础为全球客户提供优质的互联网服务,这表明卫星通信系统已逐步成为社会生活中不可或缺的一部分,正在为人类社会的进步发挥愈发重要的作用。

5.1.2 我国卫星通信的发展简史

1. 起步阶段:1958—1986 年

这一阶段我国经历了人造地球卫星的研发,以及卫星通信的实验阶段,卫星通信业务主要通过租借外国通信卫星构建卫星通信系统来实现。

我国十分重视人造地球卫星技术的发展,于 1958 年提出了人造地球卫星的预研计划,并于 1965 年正式开始研制,同年,我国中央专委批准了建立中国自己的卫星通信系统的任务。1970 年 4 月 24 日 21 时 35 分,我国成功发射了"东方红"一号卫星,该卫星除肩负探测地球电离层和大气密度的任务外,还安装了电子乐音发生器,该部件利用 20 MHz 短波发射系统反复向地面播送"东方红"乐曲的前八小节,这表明我国已经具备了卫星通信能力的基础。

1976 年,我国建成了第一个全数字化综合卫星通信地球站,1984 年 4 月 8 日,我国第一颗静止轨道实验通信卫星——"东方红"二号发射成功。携带 2 个 C 频段转发器,开展 1 路彩色电视和 15 路广播节目的传输试验。1985 年,先后建设北京、拉萨、乌鲁木齐、呼和浩特、广州五个公用网地球站,正式传送中央电视台节目。1986 年 2 月 1日,"东方红"二号甲实用通信广播卫星(用于国内通信、广播、电视、传真和数据传输)发射成功,结束了我国只能租用国外通信卫星看电视、听广播的历史,开启自主卫星通信时代。

2. 自主卫星通信阶段:1986—1994 年

1986 年 3 月 31 日,经历通信卫星发展方向和前途命运的"买星还是造星"之争后,国务院正式批准航天部研制"东方红"三号卫星的方案,正式启动第二代通信卫星——"东方红"三号的研制工作。1986 年 7 月 8 日,我国卫星通信网正式建成,由租用和购买国际卫星通信组织在印度洋上空的卫星转发器组成,将北京、拉萨、乌鲁木齐、呼和浩特、广州五个地球站联结起来,覆盖我国的全部版图。1988 年 3 月 7 日,中国第一代实用通信卫星——"东方红"二号甲(中星 1 号)卫星发射成功。4 个 C 波段转发器,传输 4 路彩色电视信号和 3 000 路的电话传输能力。1988 年,中国通信广播卫星公司引进国外通信设备,建成我国第一个 VSAT(甚小型口径天线终端)通信网,为铁道部、能源部、地震局、海洋局、民航局、海关总署、经济信息中心和农业银行等 8 个行业部门提供通信服务。

3. 全系统独立自主研制阶段:1994 年至今

1994 年,我国开始独立自主研制北斗卫星导航系统;1997 年 5 月 12 日,"东方红"三号卫星发射成功。该卫星具有 24 个 C 频段转发器,设计工作寿命达 8 年以上,主要用于电话、数据传输、电视传输等;2000 年 1 月 26 日,中星 22 号(通信卫星)(东 3A)发射成功。2000 年,"广播电视直播卫星系统"列入国家"十五"计划 12 项重点高新技术产业发展项目,及《广播电视科技"十五"计划和 2010 年远景规划》。2001 年 3 月,国务院会议批准中国的直播卫星项目。2001 年 10 月,国家正式批准"东方红"四号卫星平台立项。2004 年,启动北斗二号系统工程建设;2007 年 4 月 14 日,第一颗北斗卫星发射成功,距离频率失效最后时限不到 4 个小时,中国北斗拿到进军全球卫星导航系统俱乐部的"入场券"。2007 年 6 月 1 日,鑫诺 3 号(中星 5C,通信中继卫星)发射成功。该卫星主要肩负通信、广播和数据传输功能,在轨寿命 8 年。2008 年 4 月 25 日,我国首颗数据中继卫星"天链一号 01 星"发射成功,该卫星多次完成以神舟、天宫载人航天及地面舰船、运载火箭等非航天器类用户的数据中继任务,标志着我国成为继美国之后第二个拥有对中、低轨航天器具备全球覆盖能力的中继卫星系统的国家。2009 年,启动北斗三号系统建设,2012 年年底,完成 14 颗北斗二号卫星发射组网。2016 年 8 月 6 日,中国第一颗移动通信卫星"天通一号 01 星"发射成功,标志着我国具备了独立开展卫星通信移动业务的能力。2016 年 8 月 16 日,"墨子号"量子科学实验卫星发射成功。2017 年 4 月 12 日,我国发射第一颗 Ka 频段的高通量通信卫星"实践十三号"(中星 16 号),总容量 20 Gbit/s。2018 年 5 月 25 日,我国成功发射了"嫦娥四号"任务月球中继星"鹊桥"号,该卫星是世界上首颗地球轨道外专用中继通信卫星。2018 年 10 月 29 日,"天启一号"卫星发射成功,开展物联网数据业务。2018 年 11 月,工信部颁发首张卫星移动终端电信设备进网试用批文,我国国产卫星终端实现零的突破。我国卫星移动通信打破国外垄断,完整产业链正式形成。

2024 年 2 月 3 日我国首颗用于验证 6G 通信技术的通信卫星"星核"发射成功,标志着我国在卫星通信技术方面已经走到了世界前列。

5.2 卫星通信系统组成、分类及特点

5.2.1　卫星通信系统组成及工作流程

卫星通信系统一般由卫星端、地面端和用户端三大部分组成,如图 5.1 所示。其中,卫星端的主要用途是接收地面站信息并将其转发给另一地面站或用户端,起到中继无线电信号的作用,根据其对无线电信号处理方式的不同,可将卫星端分为有源人造地球卫星和无源人造地球卫星两类。有源人造地球卫星能够对无线电信号进行放大、变频转发;无源人造地球卫星则只能反射无线电信号,由于无线电信号在传输过程中存在信号的衰减,因此利用无源人造地球卫星反射下来的信号相对较弱,甚至会导致信息的失真,因此无源人造地球卫星已被逐步淘汰,目前应用最多的是有源人造地球卫星。地面端一般是指地面站,主要用于处理用户端发来或卫星转发的无线电信号,同时还具有监控卫星运行状态的功能。用户端一般指各类用户终端,如卫星电话、卫星通信终端、卫星电视接收器等,根据其使用场景可分为手持、车载、机载和舰载等不同类型。

卫星通信系统的工作流程:首先由用户通过地面通信网络向地面站发送需要传输的信息,地面站在接收到信息后会按照无线接口标准要求,采用特定的通信体制(如通

信编码、载波调制、多址技术等)对信号进一步进行处理,之后利用上变频技术,将该信息改换成具有更高频率更加适合传播的输出信号,随后经过功率放大后经由天线发射出去,通信卫星利用星载接收天线接收空间中符合既定标准的信息,并将该信息通过转发器进行变频处理后,通过星载发射天线发射到目标地面站,目标地面站对收到的信息进行相应的处理,恢复成原始有用信息后转发给目标用户。

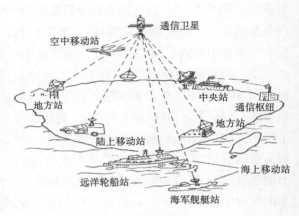

图 5.1　卫星通信系统组成

5.2.2　卫星通信系统分类

按照卫星通信系统中通信卫星的工作轨道区分,卫星通信系统一般分为以下三类:

1. 低轨道卫星通信系统(LEO)

距地面 500～2 000 km,传输时延和功耗都比较小,但每颗卫星的覆盖范围也比较小,典型系统有 Motorola 的铱星系统。低轨道卫星通信系统由于卫星轨道低,信号传播时延短,所以可支持多条通信;其链路损耗小,可以降低对卫星和用户终端的要求,可以采用微型/小型卫星和手持用户终端。但是低轨道卫星系统也为这些优势付出了较大的代价:由于轨道低,每颗卫星所能覆盖的范围比较小,要构成全球系统需要数十颗卫星,如铱星系统有 66 颗卫星、Global star 有 48 颗卫星、Tele disc 有 288 颗卫星。同时,由于低轨道卫星的运动速度快,对于单一用户来说,卫星从地平线升起到再次落到地平线以下的时间较短,所以卫星间或载波间切换频繁。因此,低轨系统的系统构成和控制复杂、技术风险大、建设成本也相对较高。

2. 中轨道卫星通信系统(MEO)

距地面 2 000～20 000 km,传输时延要大于低轨道卫星,但覆盖范围也更大,典型系统是国际海事卫星系统。中轨道卫星通信系统可以说是同步卫星系统和低轨道卫星系统的折中,中轨道卫星系统兼有这两种方案的优点,同时又在一定程度上克服了这两种方案的不足之处。中轨道卫星的链路损耗和传播时延都比较小,仍然可采用简单的小型卫星。如果中轨道和低轨道卫星系统均采用星际链路,当用户进行远距离通信时,中轨道系统信息通过卫星星际链路子网的时延将比低轨道系统低。而且由于其轨道比低轨道卫星系统高许多,每颗卫星所能覆盖的范围比低轨道系统大得多,当轨道高度为10 000 km 时,每颗卫星可以覆盖地球表面的 23.5%,因而只要几颗卫星就可以覆盖全球。若有十几颗卫星就可以提供对全球大部分地区的双重覆盖,这样可以利用分集接收来提高系统的可靠性,同时系统投资要低于低轨道系统。因此,从一定意义上说,中轨道系统可能是建立全球或区域性卫星移动通信系统较为优越的方案。当然,如果需要为地面终端提供宽带业务,中轨道系统将存在一定困难,而利用低轨道卫星系统作为高速的多媒体卫星通信系统的性能要优于中轨道卫星系统。

3. 高轨道卫星通信系统（GEO）

距地面 35 800 km，即同步静止轨道。理论上，用三颗高轨道卫星即可以实现全球覆盖。传统的同步轨道卫星通信系统的技术最为成熟，自从同步卫星被用于通信业务以来，用同步卫星来建立全球卫星通信系统已经成为建立卫星通信系统的传统模式。但是，同步卫星有一个不可克服的障碍，就是较长的传播时延和较大的链路损耗，严重影响到它在某些通信领域的应用，特别是在卫星移动通信方面的应用。首先，同步卫星轨道高，链路损耗大，对用户终端接收机性能要求较高。这种系统难以支持手持机直接通过卫星进行通信，或者需要采用 12 m 以上的星载天线（L 波段），这就对卫星星载通信有效载荷提出了较高的要求，不利于小卫星技术在移动通信中的使用。其次，由于链路距离长、传播延时大，单跳的传播时延就会达到数百毫秒，加上语音编码器等的处理时间，则单跳时延将进一步增加，当移动用户通过卫星进行双跳通信时，时延甚至将达到秒级，这是用户（特别是话音通信用户）所难以忍受的。为了避免这种双跳通信就必须采用星上处理，使得卫星具有交换功能，但这必将增加卫星的复杂度，不但增加系统成本，也有一定的技术风险。

目前，同步轨道卫星通信系统主要用于 VSAT 系统、电视信号转发等，较少用于个人通信。

5.2.3　卫星通信系统的特点及发展趋势

卫星通信系统的特点：

1. 下行广播覆盖范围广，通信成本不受通信距离限制

卫星通信系统中由于通信卫星的天然高度优势，使其对地面信息不敏感，如地表的高山和海洋都不会影响卫星通信系统的下行广播，因此该系统适用于在业务量比较稀少的地区提供大范围的覆盖，在覆盖区内的任意点均可以进行通信。此外，由于卫星通信的成本仅受制于系统本身的成本，与相关设备的布设位置无关，因此卫星通信的成本不受通信距离的限制。

2. 工作频带宽

目前卫星通信系统主要使用的频段范围包括 HF、VHF、UHF、L、S、C、X、Ku、K、Ka、V、W 等频段，频率覆盖 3 MHz ~ 300 GHz，频率覆盖广，可开发空间大。

3. 通信质量好

卫星通信中无线电波主要在大气层以外传播，电波传播非常稳定。虽然在大气层内的传播会受到天气的影响，但仍然是一种可靠性很高的通信系统。

4. 网络建设速度快、成本低

卫星通信系统的建设成本中，最贵的是通信卫星的费用，一旦通信卫星发射成功后，除建地面站外，无须地面施工，运行维护费用低。

5. 信号传输时延大

卫星通信系统由于通信卫星的位置较高，距离地面较远，因此在带来覆盖范围广等优势的同时也会带来传输效率的问题，较远的通信距离导致高轨道卫星的双向传输时延达到秒级，因此将高轨道通信卫星用于话音业务时会有非常明显的通话中断现象。

6. 控制复杂

由于卫星通信系统中所有链路均是无线链路,而且卫星的位置还可能处于不断变化中,因此控制系统也较为复杂,控制方式有星间协商和地面集中控制两种。

卫星通信系统的发展趋势:

(1)地球同步轨道通信卫星向多波束、大容量、智能化发展。

(2)低轨卫星群与蜂窝通信技术相结合,实现全球个人通信。

(3)小型卫星通信地面站将得到广泛应用。

(4)通过卫星通信系统承载数字视频直播(DVB)和数字音频广播(DAB)。

(5)微小卫星和纳卫星将广泛应用于数据存储转发通信以及星间组网通信。

5.3 ║║║║ 卫星通信系统

卫星通信系统中涉及的技术主要包含卫星通信频段、卫星通信链路、卫星通信体制和卫星通信网络等。

5.3.1 卫星通信频段

卫星通信频段一般可覆盖 3 MHz ~ 300 GHz,根据国际电信联盟(ITU)制定的《无线电规则》,各种无线电台(站)使用频率和对地静止卫星轨道的协调、通知和登入国际频率总表的程序以及这些台(站)的技术和操作标准都有相应的要求,而且针对 9 kHz ~ 400 GHz 频率范围内的无线电波也按照地域和业务划分频带。其中按地域将全球划分成三个区域:第一区域主要包括欧洲和非洲区域,第二区域主要包括美洲区域,第三区域主要包括亚洲和大洋洲区域。频率分带主要是根据频率的范围制定相应的字母代号划分了几个区域,见表5.1。

表 5.1　无线电通信频段频率划分

序号	字母代码	频率范围/GHz
1	HF	< 0.003
2	VHF	0.003 ~ 0.3
3	UHF	0.3 ~ 1
4	L	1 ~ 2
5	S	2 ~ 4
6	C	4 ~ 8
7	X	8 ~ 12
8	Ku	12 ~ 18
9	K	18 ~ 27
10	Ka	27 ~ 40
11	Q	40 ~ 60
12	V	60 ~ 80
13	W	80 ~ 100

5.3.2 卫星通信链路

1. 星地链路基本模型

图 5.2 给出了卫星通信系统星地链路的基本模型。以地球站向卫星发送信号的上行链路为例,用户信号经功率放大器后,天线入口处实际发射功率为 $p_t(\mathrm{W})$,发射天线增益为 g_t,卫星与地球站的距离为 $r(\mathrm{m})$,卫星端通过星载天线接收信号,接收天线增益为 g_r,接收到的信号功率为 $p_r(\mathrm{W})$。下面具体介绍卫星通信链路计算的相关内容。

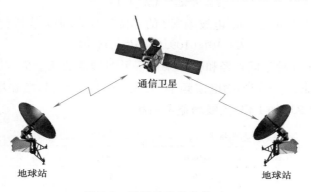

通信卫星

地球站　　　　　　　　地球站

图 5.2　星地链路基本模型

2. 天线增益

考虑物理口径面积为 $A(\mathrm{m}^2)$ 的无损耗(理想)天线,其天线增益定义为

$$g_{id} = \frac{4\pi A}{\lambda^2} \tag{5.1}$$

式中,λ 为无线电波的波长。

实际中,天线的结构会反射掉部分能量,有损耗组件(如馈源、支撑组件、副反射器)也会吸收部分能量,综合考虑这些因素,根据天线效率 η_A 定义有效口径面积 A_e 为

$$A_e = A\eta_A \tag{5.2}$$

定义天线实际增益 g_{re} 为

$$g_{re} = g_r = \frac{4\pi A_e}{\lambda^2} \tag{5.3}$$

或

$$g_r = \eta_A \frac{4\pi A}{\lambda^2} \tag{5.4}$$

在卫星通信系统中,天线增益一般采用分贝形式表示,其含义为高出全向辐射增益的分贝值,一般记为 dBi。因此,式(5.4)可改写为

$$G = 10\lg\left(\eta_A \frac{4\pi A}{\lambda^2}\right)(\mathrm{dBi}) \tag{5.5}$$

根据式(5.5),天线的有效口径面积也可以表示为

$$A_e = \frac{g_r \lambda^2}{4\pi} \tag{5.6}$$

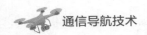

笔记栏

圆口抛物面反射天线是地球站和卫星最常用的天线类型,该天线易于建造,且对于大多数应用来说具有良好的增益和波束宽度。物理直径为 d 的圆口抛物面反射天线口径面积为

$$A = \frac{\pi d^2}{4} \tag{5.7}$$

根据式(5.7),天线增益可表示为

$$G = 10\lg\left[\eta_A \left(\frac{\pi d}{\lambda}\right)^2\right] (\text{dBi}) \tag{5.8}$$

取天线直径 d 的单位为 m,电波频率 f 的单位为 GHz,则天线增益可表示为

$$G = 10\lg(109.66 f^2 d^2 \eta_A) (\text{dBi}) \tag{5.9}$$

表5.2给出了几种不同直径和频率条件下天线增益的典型值,其中天线效率统一取0.55。可以看出,对于相同的电波频率,天线直径增加1倍,增益增加6 dB;对于同样的天线,电波频率增加1倍,天线增益增加6 dB。

表5.2　圆口抛物面天线增益与直径和频率的对应关系

d/m	f/GHz	G/dBi	d/m	f/GHz	G/dBi
1	12	39	1	24	45
3	12	49	3	24	55
6	12	55	6	24	61
9	12	59	9	24	65

3. 等效全向辐射功率

等效全向辐射功率(equivalent isotropic radiated power, eirp 或 EIRP)是进行链路功率预算的一个重要参数,其定义为发射功率 p_t 与发射天线增益 g_t 的乘积,即

$$\text{eirp} = p_t g_t \tag{5.10}$$

用 dB 表示,则有

$$\text{EIRP} = P_t + G_t \tag{5.11}$$

式中, P_t 和 G_t 分别为 dB 形式的发射功率和天线增益。

EIRP 表示与全向天线相比,发射端在最大天线增益方向上可获得的发射功率。通常,卫星通信地球站和通信卫星的发射功率都采用 EIRP 表示,它代表着发射系统的发射能力。

4. 功率通量密度

对于功率通量密度(power flux density, pfd 或 PFD),pfd_r 是指距发射天线(增益为 g_t)距离为 r 处的功率密度,其单位为 W/m^2。因此,pfd_r 为

$$\text{pfd}_r = \frac{p_t g_t}{4\pi r^2} \tag{5.12}$$

用 eirp 可表示为

$$\text{pfd}_r = \frac{\text{eirp}}{4\pi r^2} \tag{5.13}$$

以 dB 表示的功率通量密度为

$$\text{PFD}_r = 10\lg\left(\frac{p_t g_t}{4\pi r^2}\right) \tag{5.14}$$

$$= 10\lg p_t + 10\lg g_t - 20\lg r - 10\lg 4\pi$$

当距离 r 的单位为 m 时：

$$\text{PFD}_r = P_t + G_t - 20\lg r - 10.99 \tag{5.15}$$

或

$$\text{PFD}_r = \text{EIRP} - 20\lg r - 10.99 \tag{5.16}$$

式中，P_t、G_t、EIRP 分别为分贝形式的发射功率、发射天线增益和等效全向辐射功率。$(\text{PFD})_r$ 是评估卫星通信网络功率需求和干扰程度的一个重要参数。卫星上行载波将转发器推到饱和时，对应接收天线口径所达到的通量密度称为饱和通量密度(saturation flux density，SFD)。饱和通量密度是链路预算中的一个特定物理量，它不是一个固定值，可通过改变转发器增益进行调整。当饱和通量密度已知时，可根据式(5.16)计算地球站所的 EIRP。

5. 传输损耗

1）自由空间损耗

对于图 5.1 中所示的星地链路基本模型，接收天线所接收的功率 p_r(W)为接收天线处功率通量密度与天线有效口径面积的乘积，即

$$p_r = (\text{pfd})_r A_e = \frac{p_t g_t}{4\pi r^2} A_e \tag{5.17}$$

将式(5.6)代入可得：

$$p_r = \frac{p_t g_t}{4\pi r^2} \cdot \frac{g_r \lambda^2}{4\pi} \tag{5.18}$$

重新整理式(5.18)可得：

$$p_r = p_t g_t g_r \left(\frac{\lambda}{4\pi r}\right)^2 \tag{5.19}$$

式中，$\left(\frac{\lambda}{4\pi r}\right)^2$ 表示平方反比损耗，通常使用该项的倒数，定义为自由空间路径损耗，记作 l_{FS}：

$$l_{\text{FS}} = \left(\frac{4\pi r}{\lambda}\right)^2 \tag{5.20}$$

其 dB 形式为

$$L_{\text{FS}} = 20\lg\left(\frac{4\pi r}{\lambda}\right) \tag{5.21}$$

采用倒数是"工程约定"，以使 l_{FS}(dB)为一个正数值，即 $l_{\text{FS}} > 1$。同时，以分贝表示自由空间路径损耗可以简化通信链路计算。在自由空间或其特性近似于自由空间(如地球大气层)中传播的所有无线电波都存在自由空间路径损耗。

将式(5.20)改写为以频率为变量的形式：

$$l_{\text{FS}} = \left(\frac{4\pi r}{\lambda}\right)^2 = \left(\frac{4\pi r f}{c}\right)^2 \tag{5.22}$$

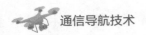

笔记栏

对于以 m 为单位的距离 r 和以 GHz 为单位的频率 f，则有

$$l_{\mathrm{FS}} = \left(\frac{4\pi r f \times 10^9}{3 \times 10^8}\right)^2 = \left(\frac{40\pi r f}{3}\right)^2$$

$$l_{\mathrm{FS}} = 20\lg f + 20\lg r + 20\lg\left(\frac{40\pi}{3}\right) \qquad (5.23)$$

$$= 20\lg f + 20\lg r + 32.44(\mathrm{dB})$$

对于以 km 为单位的距离 r，则有

$$l_{\mathrm{FS}} = 20\lg f + 20\lg r + 92.44(\mathrm{dB}) \qquad (5.24)$$

表 5.3 给出了几种典型 GSO 轨道和 NGSO 轨道的卫星链路频率及其路径损耗。对于 GSO 轨道，预计路径损耗接近 200 dB；对于 NGSO 轨道，预计路径损耗接近 150 dB。在链路设计中，必须加以考虑。

表 5.3　典型卫星链路的自由空间损耗

r/km	f/GHz	L_{FS}/dB
35 900	6	199
	12	205
	20	209
	30	213
	44	216
1 000	2	158
	6	168
	12	174
	24	181
100	2	138
	6	148
	12	154
	24	160

2）馈线损耗

接收天线和接收机之间的连接部分也会产生损耗，称为馈线损耗，一般用 L_{RF} 表示。该损耗常发生在连接波导和耦合器上，会直接影响进入接收机的功率，通常附加在 L_{FS} 上进行计算。

3）大气吸收损耗

所谓大气吸收损耗，一般指信号穿过大气层时，受到对流层中的氧分子水蒸气分子以及电离层中自由离子、离子等的吸收而产生的损耗，用 L_{A} 表示。图 5.3 给出了晴天时不同仰角情况下，大气吸收损耗与频率之间的关系。由图 5.3 可以看出，对于不同频率的信号，大气吸收损耗是不同的。在几个衰减峰之间，形成了几个损耗低谷，如 0.3～10 GHz 和 30 GHz 附近，大气吸收损耗相对较少，利于无线电传播，故称这些频段为"无线电窗口"。

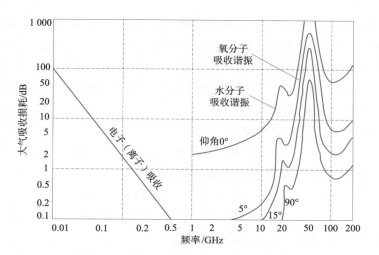

图 5.3　大气中电子、氧分子、水分子对电波的吸收

当出现雨、雾、云天气时,信号衰减会明显增大,在卫星通信系统设计时必须予以考虑。图 5.4 给出了云、雨、雾天气对电波的吸收作用,实线是降雨衰减,虚线是云、雾引起的衰减,其中,A-0.25 mm/h(细雨)、B-1 mm/h(小雨)、C-4 mm/h(中雨)、D-16 mm/h(大雨)、E-100 mm/h(暴雨)、F-0.032 g/m(能见度约 600 m)、G-032 g/m(能见度约 120 m)、H-2.3 g/m(能见度约 30 m)。可见,当信号频段越高时,雨、雾、云引起的衰减越大。当频率大于 30 GHz 时,即使小雨,造成的损耗也不可忽略。为保证通信可靠性,通常先以晴天为基础进行链路预算,然后再留一定余量,保证雨雪天气时仍能正常通信。

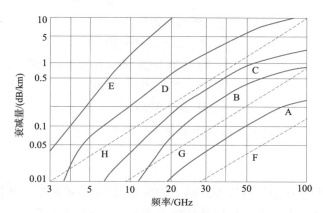

图 5.4　云、雨、雾引起的衰减

6. 链路功率预算方程

将 EIRP 作为链路的输入功率,链路损耗已知,则接收机的接收功率可表示为

$$P_r = \text{EIRP} + G_r - \text{LOSSES} \tag{5.25}$$

式中,LOSSES 表示传输损耗,其主要损耗是自由空间路径损耗 L_{FS},同时考虑其他损耗,并累加到 L_{FS} 上。晴天时的传输损耗为

$$\text{LOSSES} = L_{FS} + L_{RF} + L_A \tag{5.26}$$

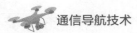

这里给出一个典型 Ku 频段卫星链路的接收功率计算示例。假设卫星上行链路发射功率为 10 W,发射和接收抛物面天线的直径均为 3 m,天线效率都为 55%。卫星处于距离为 35 900 km 的 GSO 轨道,工作频率为 12 GHz,大气吸收损耗为 0.5 dB,接收机馈线损耗为 0.5 dB。这是一个中速率网络 VSAT 上行链路的典型参数,计算该链路的接收功率 P_r 以及功率通量密度(PFD)$_r$。

首先由式(5.9)计算天线增益为

$$G_t = G_r = 10\lg(109.66 \times 12^2 \times 3^2 \times 0.55) = 48.93(\text{dBi})$$

由式(5.11)可以求得等效全向辐射功率为

$$\text{EIRP} = P_t = G_t = 10\lg 10 + 48.93$$
$$= 10 + 48.93 = 58.93(\text{dBW})$$

由式(5.11)可以求得自由空间路径损耗为

$$L_{FS} = 20\lg f + 20\lg r + 32.44$$
$$= 20\lg 12 + 20\lg(3.59 \times 10^7) + 32.44$$
$$= 21.58 + 151.10 + 32.44$$
$$= 205.12(\text{dB})$$

根据链路预算方程式(5.25)、式(5.26),可以求得接收功率为

$$P_r = \text{EIRP} + G_r - L_{FS} - L_{RF} - L_A$$
$$= 58.93 + 48.93 - 205.12 - 0.5 - 0.5$$
$$= -98.26(\text{dBW})$$

根据上述结果,可以得到以 W 为单位的接收功率为

$$p_r = 10^{-98.26/10} = 1.49 \times 10^{-10}(\text{W})$$

那么,根据式(5.16)可以求得功率通量密度为

$$(\text{PFD})_r = \text{EIRP} - 20\lg r - 10.99$$
$$= 58.93 - 20\lg(3.59 \times 10^7) - 10.99$$
$$= 58.93 - 151.10 - 10.99$$
$$= -103.16(\text{dBW/m}^2)$$

由计算结果可以看出,卫星接收功率非常小。

5.3.3 卫星通信体制

卫星通信体制是指卫星通信系统的工作方式,即所采用的信号传输方式。通信体制的先进性主要体现在节省射频信号处理方式和信号交换方式等。当今卫星通信体制标准主要是卫星运营商或产品生产商制定的企业标准或行业标准,国际组织制定的标准至今仅有 DVB-S、DVB-RCS 和 DVB-S2 标准。

1. 信道编码

信号经过信道传输会引入干扰和噪声。卫星通信信号经长距离传输容易受大气衰减影响,造成接收端信号严重畸变,信噪比下降,进一步反映为接收端信息比特错误。信息比特错误的多少用误比特率(bit error rate,BER)表示,其代表了系统的信息传输可靠性。为了提高通信系统的可靠性,通信中需加入信道编码。发送端在信息进行发送

前主动添加一些冗余,在接收端发生错误时则可以利用冗余及时准确地发现错误并予以纠正,这就是信道编码的基本做法。卫星通信属于带宽受限和功率受限的系统,其信道为典型的无记忆高斯白噪声信道,为了使系统传输可靠有效,需要有高性能的信道编码技术来满足误比特率要求。

信道编码技术是适应数字通信抗噪声干扰的需要而诞生和发展起来的,它始于信息论创始人香农 1948 年发表的《通信的数学理论》一文。香农在该文中指出:一个通信信道有其确定的信道容量 C,在要求的传输速率 R 低于信道容量 C 条件下,则总存在一种编码方法,当码长 N 充分大时,采用最大似然(maximum likelihood,ML)译码时信息的错误概率 e 可达到任意小。香农指出通信系统所能获得的性能(即保护能力或编码增益)与信道编码的码长 N 成正比,但 ML 译码的实现复杂度随 N 的增加呈指数增加,当 N 充分大时,ML 译码在物理上是不可实现的。所以,研究人员一直努力寻求高效可行的编解码方法来达到可靠通信。

1)分组码

最早的前向纠错技术是基于线生分组码的。一个 (n,k) 线性分组码,是把信息划成 k 个码元为一组(称为作息组),通过编码器变为长度为 n 的一组码字 $C(n,k,d)$,其中 n 表示码字长度,k 表示信息长度,d 表示分组码的最小汉明距离,即在一个码字集合中任意两个码字之间不同比特数的最小值。这样,在分组码中,小于或等于 $d-1$ 的错误码字可以不被译成另一个码字,即分组码可以检测出任何小于或等于 $d-1$ 的错误码型。最小汉明距离为 d 的分组码不仅能够检测出错误码型,而且能多纠正一个码字中小于或等于 $t=(d-1)/2$ 的错误码型。常用的分组码有汉明码、格雷码、BCH 码、RS 码等。

2)卷积码

由于分组码是将序列切割成分组后孤立地进行编译码,分组与分组之间没有任何联系,忽略了各信息分组之间的联系,丢失了一部分相关信息。为利用这些相关信息,人们提出了卷积码的概念。卷积码的输出序列是输入序列和编码器冲击响应的离散时间卷积,故名卷积码。卷积码是一个有限的记忆系统,它将信息序列切割成长度为 k 的一个个分组。与一般的分组码不同的是:当某一分组进行编码时,不仅根据本时刻的分组,而且根据本时刻以前的 L 个分组共同来决定输出码字。由于码字的产生一共受到 $L+1$ 个信息分组的制约,因此,称 $L+1$ 为约束长度(constraint length)。约束长度是卷积码的一个基本参数,常用 (n,k,L) 表示卷积码。这个卷积码的码字长度是 n,信息位是 k,约束长度是 $L+1$。

图 5.5 给出了一个 $(2,1,3)$ 卷积码编码器示意图。初始状态时,寄存器全部为 0,输入数据比特以 R_b 的比特率连续进入,并逐步移入移位寄存器;在信息流的末端总是附加 3 个 0,以使编码器恢复到初始状态,随时准备进行下一组编码。编码输出为寄存器中数据的异或输出,每移入一位输入比特对应两位编码输出。

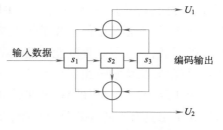

图 5.5　卷积码编码器

自 1955 年 P. Elias 提出卷积码的概念以来,卷积码的研究有了很大的进展。与分组码不同的是,目前卷积码的大多数"好码"是通过用计算机对大量的码字进行搜索找到的。卷积码的译码算法可以分为代数译码和概率译码两大类。代数译码算法完全依赖于卷积码的代数结构,其中最重要的是大数逻辑译码。概率译码则不仅根据码的结构,而且还利用了信道的统计特性。目前普遍采用的是维特比译码算法,主要通过寻找最小路径并使输出概率达到最大。由于卷积码的优异性能,它已经广泛应用于卫星通信中。

3)级联码

从理论上讲,只要增加码字长度以增大随机化,几乎所有的码都可以是渐进好码。但是由传统的代数方法构造的长码,译码部分通常很复杂,工程实现难度很大,因此长码实现最佳译码几乎是不可能的。

1966 年,Forney 提出了一种构造长码的有效方法,就是利用两个短码串接构成一个长码,称为级联码。级联码在发送端是两级编码,在接收端是两级译码,属于两级纠错。连接信息源的称为外编码器,连接信道的称为内编码器,一般在分组码与分组码级联的方案中,外编码器通常采用 RS 码,用于进行突发纠错,内编码器一般是一个二进制线性分组码(如 BCH 码),用于进行随机纠错;类似地,在分组码与卷积码级联的方案中,外编码器通常采用 RS 码,内编码器采用卷积码且用维特比译码。级联编码可以在不增加编译码复杂度的前提下,得到与长码相同的纠错能力和编码增益。目前,级联码已经广泛应用于通信系统中,特别是卫星通信系统中。

图 5.6 给出了级联码的编译码示意图,外码为 RS 码,内码为卷积码。交织器的作用是将编码输出按一定规律重排,这样在接收方通过去交织处理,可以有效地将突发错误转换为随机错误。

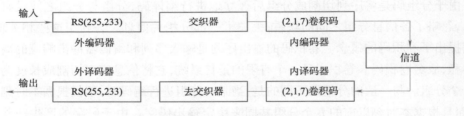

图 5.6　级联码的编译码示意图

4)Turbo 码

由于最大似然译码复杂度太高,所以人们普遍认为随机性编译码仅仅是为证明定理存在性而引入的一种数学方法和手段,在实际好码构造中是不能实现的。在过去的几十年内,编码领域中的研究工作主要围绕两个关键问题,即寻求不同长度下具有良好性能的码类,以及复杂程度能够接受条件下的能实现码的固有性能的译码算法。香农理论已经指出,增加分组码的长度或增加卷积码的约束长度可以提高码的纠错性能。但是由于最大似然译码的复杂度随 n 增加而增加,以至于物理上不可实现,这样人们就试图构造出具有大的等效分组长度、性能强大、译码算法又不至于过于复杂的码,如乘积码、级联码、大约束长度的卷积码等,采用随机编译码的思想一直未给予足够的重视。

上述几种编码方案的译码性能与信道的极限之间还有着很大差距。

　　直到 1993 年 Turbo 码的提出,随机编译码的思想才在构造长码中得到应用。Turbo 码是法国不列颠通信大学的两位教授 C. Berrou 和 A. Glavieux 以及该校博士生 P. Thitimajshima 在 ICC'93 上提交的论文中提出的。Turbo 码编码器将待编码的信息序列经交织器产生两路不相关子序列,两路子序列分别送入两个独立的分量码编码器进行独立编码,然后经删除、复用产生最终编码后的码字序列。由于交织器的存在,使交织后的信息比特能够近似随机分布。这种分量码编码器产生的码字码重较高,经删除、复用后也具有较高的码重,对 Turbo 码的性能有了较大提高。因此,交织器的设计在 Turbo 编码中起到重要的作用,良好的交织器有助于 Turbo 码获得更好的码字性能。由于 Turbo 码的工作方式,它也被称为并行级联卷积码。Turbo 码的性能更接近香农极限,在地面移动通信系统中已获得广泛应用,同时,Turbo 码也被多次提议为卫星通信系统的备选编码方案。

　　Turbo 码也存在一些不足之处。首先,编码时为了获得优异性能引入了交织器,在译码时需加入相应的去交织模块,使译码器结构相对复杂、实现难度增加,且译码输出时延长;其次,大量仿真表明,在较高信噪比情况下,进一步提升信噪比,其误码率无明显下降,基本保持在同一水平上,即存在所谓的"误码平层"。

　　5) LDPC 码

　　早在 1962 年,Gallager 就首先提出了 LDPC(low density parity check)码,即低密度奇偶校验码。它是一种可以用非常稀疏的奇偶校验矩阵或二分图定义的线性分组码,具有逼近香农极限的特性。但限于当时计算机水平和理论知识,一直没得到重视,直到 1996 年,LDPC 码才被 MacKay 和 Neal 等人重新发现,并迅速成为人们研究的焦点,经过几年的研究与发展,在许多方面都取得突破性进展。LDPC 码是一种线性分组码,它通过一个生成矩阵 G 将信息序列映射成发送序列(即码字序列)。对于生成矩阵 G,完全等效地存在一个奇偶校验矩阵 H,使所有的码字序列 V 构成了 H 的零空间。

　　LDPC 码的奇偶校验矩阵 H 是个稀疏矩阵,相对于行与列的长度(N,M),奇偶校验矩阵每行、每列中非零元素(即行重、列重)的数目非常小(即低密度)。由于奇偶校验矩阵 H 的稀疏性以及构造时所使用的不同规则,不同 LDPC 码的编码二分图具有不同的闭合环路分布。而二分图中闭合环路是影响 LDPC 码性能的重要因素,它使得 LDPC 码在类似可信度传播算法的一类迭代译码算法下,表现出完全不同的译码性能。当 H 的列重和行重保持不变或尽可能保持均匀时,则称为正则 LDP 码,当 H 的列重、行重变化差异较大时,则称为非正则 LDPC 码,正确设计的非正则 LDPC 码性能要优于正则 LDPC 码。

　　尽管 LDPC 码属于分组码,但相对于 Turbo 码它仍有很多优势:采用迭代译码算法,使译码相对简单、易于工程实现;同时,还可采用部分并行或全并行的译码结构。最为可贵的是,其在较高信噪比时,误码率比 Turbo 码更低,更接近香农极限。目前,最好的 LDPC 码离香农极限仅 0.004 5 dB。正是由于 LDPC 码具有这些特别的优势,使其获得更广泛的应用,部分卫星通信和深空通信已采用 LDPC 码为其信道编码方案。经多年发展与完善,LDPC 码在构造、编译码、工程实现等方面都取得了令人骄傲的成果,正在日常应用中发挥着巨大作用。

2. 载波调制

所谓调制,就是信号的变换,即在发送端将传输的信号(模拟或数字)变换成适合信道传输的高频信号;而解调是调制的逆过程,即在接收端将已调信号还原成原始信号。调制方式分为模拟调制和数字调制两种。目前,卫星通信系统中普遍应用数字调制,主要有幅移键控(ASK)、相移键控(PSK)和频移键控(FSK)三种基本方式。针对卫星通信系统功率受限和频率受限的特点,一般对于数字调制有如下要求:

(1)不主张采用 ASK 技术(抗干扰性差,误码率高)。选择尽可能少地占用射频频带,而又能高效利用有限频带资源,抗衰落和干扰性能强的调制技术。

(2)采用的调制信号的旁瓣应较小,以减少相邻通道之间的干扰。为适应以上要求,在卫星系统中所使用的调制方式是 PSK、FSK,以及以此角度常用的以四相相移键控(QPSK)为基础的其他调制方式。从功率角度有交偏置四相相移键控(OQPSK)、π/4-DQPSK、最小频移键控(MSK)和高斯滤波的最小频移键控(GMSK)。从谱有效角度来看,常用的有多进制相移键控(MPSK)和多进制正交振幅调制(MQAM)。此外,还有格型编码调制(TCM)、多载波调制(MCM)等新技术也正在卫星系统中得到应用。

1)QPSK

PSK 是用数字基带信号控制载波相位来传递数字信息的。在模拟通信中相位调制和频率调制相近。而在数字通信中,相位调制则和振幅调制相近。可以证明:一个码元等概率的二相相移键控信号,实际上相当于一个抑制载波的双边带调幅信号。BPSK(或2PSK)与 QPSK 和 8PSK 等 MPSK 相比,其相位模糊度低,便于解调,至今仍在很多场合中使用,但其频谱利用率低;而 MPSK 具有比 BPSK 高的频谱利用率,由于调制技术水平的提高,MPSK 得以实际应用,从而获得高的频谱利用率。

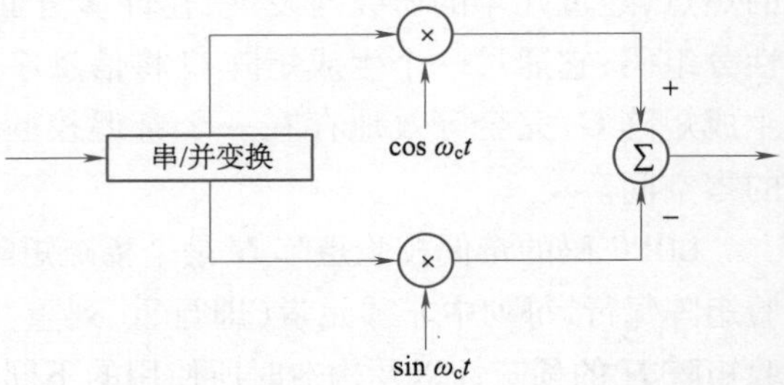

图 5.7 QPSK 的调制原理

QPSK 的调制原理如图 5.7 所示,假定输入二进制序列为 $l\{a_n\}$,$a_n = \pm 1$,则在 $kT_s \le t \le (k+1)T_s(T_s = 2T_b)$ 区间内[T_s 为符号周期(时延),T_b 为比特周期(时延)],QPSK 调制器的输出为(令 $n = 2k+1$)

$$S(t) = \begin{cases} A\cos(\omega_c t + \pi/4), & a_n a_{n-1} = +1 +1 \\ A\cos(\omega_c t - \pi/4), & a_n a_{n-1} = +1 -1 \\ A\cos(\omega_c t + 3\pi/4), & a_n a_{n-1} = -1 +1 \\ A\cos(\omega_c t - 3\pi/4), & a_n a_{n-1} = -1 -1 \end{cases} \tag{5.27}$$

$$= A\cos(\omega_c t - \theta_k)$$

式中, $\theta_k = \pm\pi/4$, $\pm 3\pi/4$ 。其相位的星座图如图 5.8 所示。在实际中,也可以产生 $\theta_k = 0$、$\pm\pi/2$、π 的 QPSK 信号,即将图 5.8 的星座旋转 45°。在 QPSK 的码元速率与 BPSK 信号的比特速率相等的情况下,QPSK 信号是两个 BPSK 信号之和,因而它具有与 BPSK 信号相同的频谱特征和误比特率性能。

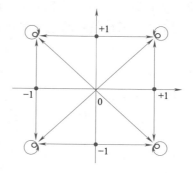

图 5.8　QPSK 星座图和相位转移图

2) $\pi/4$-DQPSK

$\pi/4$-DQPSK 调制是对 QPSK 信号的特性进行改进的一种调制方式,改进之一是将 QPSK 的最大相位跳变 $\pm\pi$ 降为 $\pm 3\pi/4$,从而改善了 $\pi/4$-DQPSK 的频谱特性。改进之二是解调方式, QPSK 只能用相干解调,而 $\pi/4$-DQPSK 既可以采用相干解调,也可以采用非相干解调。

$\pi/4$-DQPSK 调制器的原理如图 5.9 所示,输入数据经串/并变换之后得到同相支路 I 和正交支路 Q 的两种非归零脉冲序列 S_I 和 S_Q。通过差分相位编码,使在 $kT_s \leqslant t \leqslant (k+1)T_s$ 时间内(这里 T_s 是 S_I 和 S_Q 的码宽), $T_s = 2T_b$, T_b 为一个比特的时延, I 支路的信号 U_k 和 Q 支路的信号 V_k 发生相应的变化,再分别进行正交调制之后合成为 $\pi/4$ -DQPSK 信号。

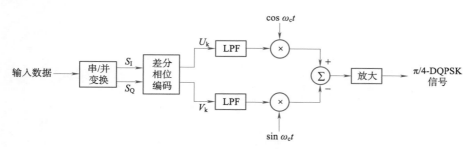

图 5.9　$\pi/4$-DQPSK 调制器的原理图

$$\begin{cases} U_k = U_{k-1}\cos\Delta\theta_k - V_{k-1}\sin\Delta\theta_k \\ V_k = V_{k-1}\cos\Delta\theta_k - U_{k-1}\sin\Delta\theta_k \end{cases} \tag{5.28}$$

这是 $\pi/4$-DQPSK 的一个基本关系式。它表明了前一码元两正交信号 U_{k-1}、V_{k-1} 与当前码元两正交信号 U_k、V_k 之间的关系。它取决于当前码元的相位跳变量 $\Delta\theta_k$,而当前码元的相位跳变量 $\Delta\theta_k$ 又取决于差分相位编码器的输入码组 S_I、S_Q。

上述规则决定了在码元转换时刻的相位跳变量只有 $\pm\pi/4$ 和 $\pm 3\pi/4$ 四种取值。 $\pi/4$-DQPSK 的相位关系如图 5.10 所示。

3) MSK

近年来发展了一种连续相位频移键控(CPFSK)方式,对于缓和码间相位跳变、降低频带要求是十分有利的。MSK 就是 CPFSK 的一种特殊形式,其频差是满足两个频率相互正交(即自相关函数等于 0)的最小频差,并要求其信号的相位连续。最小频差 $\Delta f = f_2 - f_1 = 1/(2T_b)$ (这里 f_1、f_2 分别为 2FSK 信号的两个频率, T_b 为比特宽度,亦即码元

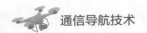
宽度),调制指数或频移指数为 $h = \Delta f/(1/T_{b})$,且 $f_1 = -\Delta f/2 = f_c - 1/(4T_b)$,$f = f + \Delta f/2 = f + \Delta f/(1/T) - 0.5$,且 $f = f - \Delta f/(4T)$(这里 f 为载波频率),即频移等于码元速率的 1/4。MSK 信号的正交调制方法如图 5.11 所示。

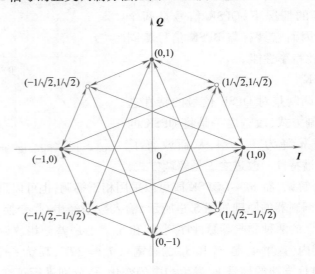

图 5.10　$\pi/4$-DQPSK 的相位关系

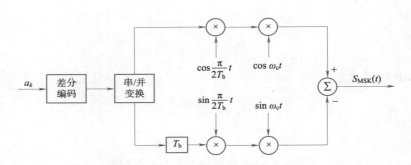

图 5.11　MSK 信号的正交调制方法

MSK 的信号表达式为

$$S(t) = \cos\left[\omega_c t + \frac{\pi}{2T_b}a_k t + x_k\right], kT_b \leqslant t \leqslant (k+1)T_b \tag{5.29}$$

MSK 的所有可能相位轨迹如图 5.12 所示。MSK 的优点主要有两个:一是彻底消除了相位跳变;二是实现自同步比较简单。

4)QAM

上面讨论的 QPSK 和 MSK 等调制方式,其实际系统的频谱利用率都小于 $2(\text{bit}/\text{s})/\text{Hz}$。大部分运行的卫星系统是功率受限的系统,也就是说,其可能提供的每比特能量与噪声密度之比 (E_b/n_0) 不足以使那些频谱效率大于 $2(\text{bit}/\text{s})/\text{Hz}$ 的调制解调器良好地工作,因为这些调制解调器要求有较高的 (E_b/n_0) 值。

由于无线频谱日趋拥挤,加之数字卫星通信的广泛应用,因此迫切要求改进频谱利用技术。正交振幅调制(QAM)就是 BPSK、QPSK 调制的进一步推广,它是通过相位和振幅的联合控制,得到更高频谱效率的一种调制方式,可以在限定的频带内传输更高速率的数据。

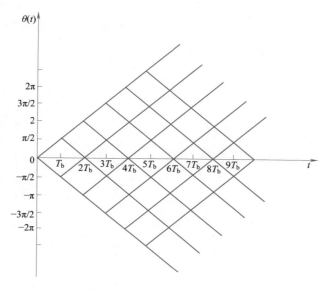

图 5.12　MSK 的所有可能相位轨迹

QAM 的一般形式为

$$y(t) = A_{\mathrm{m}}\cos \omega_{\mathrm{c}}t + B_{\mathrm{m}}\sin \omega_{\mathrm{c}}t \qquad 0 \leqslant t < T_s \qquad (5.30)$$

QAM 的调制相干解调框图如图 5.13 所示。在调制端,输入数据经过串/并变换后分为两路,分别经过 2 电平到 L 电平的变换,形成 A_{m} 和 B_{m}。为了抑制已调信号的带外辐射,A_{m} 和 B_{m} 还要经过预调制低通滤波器,才分别与相互正交的各路载波相乘。最后将两路信号相加就可以得到已调输出信号 $y(t)$。

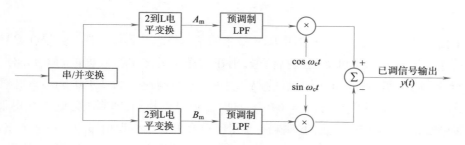

图 5.13　QAM 的调制相干解调框图

在实际中,常用的一种 QAM 的信号空间如图 5.14 所示。这种星座称为方形 QAM 星座。

为了改善方形 QAM 的接收性能,还可以采用星形的 QAM 星座,如图 5.15 所示。

5) TCM

传统上数字调制与纠错编码是独立设计的。纠错编码需要冗余度,而编码增益依靠降低信息传输效率来获得。在带限信道中,则可通过加大调制信号来为纠错编码提供所需的冗余度,以避免信息传输速率因纠错编码的加入而降低。但若调制和编码仍按传统的相互独立的方法设计,则不能得到满意的结果。为此可以将数字调制与纠错编码相结合形成调制编码技术,这样可以兼顾有效性和可靠性。TCM 正是根据这一思路提出的一种调制编码技术,它打破了调制与编码的界限,利用信号空间状态的冗余度实现纠错编码,以实现信息的高速率、高性能传输。

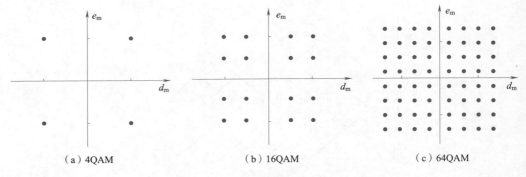

(a) 4QAM   (b) 16QAM   (c) 64QAM

图 5.14　方形 QAM 星座

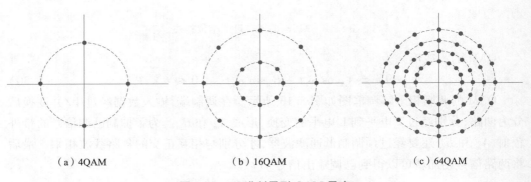

(a) 4QAM   (b) 16QAM   (c) 64QAM

图 5.15　M 进制星形 QAM 星座

　　下面以一个简单的例子来说明 TCM 技术的基本概念及具体实现。如果在 QAM 方式中传输速率为 14.4 kbit/s 的数据信号,则在发送端需将串行数据的每 6 bit 分为一组,即 6 bit 码元组,这 6 bit 码元组的码元速率,即调制速率为 2 400 bit/s。显然,这 6 bit 码元组合成星座点数是 2^6 = 64 个,这时的信号点间隔,即判决区间将变得很小。在这种情况下,由于传输干扰的影响,一个星座点会很容易变为相邻的另一个星座点而错码。为了减少这种误码的可能性,TCM 采用了一种编码器,该编码器是二进制卷积码编码器,这个编码器就设置于调制器中,设置位置如图 5.16 所示。

　　从图 5.16 可以看出,在调制器中经串/并变换输出的 6 bit 中取 2 bit 进入卷积码编码器,经编码器编码,加入冗余度后输出变为 3 bit,这 3 bit 与原来的 4 bit 组成 7 bit 码元。这 7 bit 码元的组合共有 128 种状态,通过信号点形成器时,只选择其中的一部分信号点用作信号传输。这里的信号点的选择有两点考虑:一是用欧氏距离替代汉明距离(码组中的最小码距),选择最佳信号星座使所选择的码字集合具有最大的自由距离;二是后面所选的信号点与前面所选的信号点有一定的规则关系,即相继信号的选定引入某种依赖性,因而只有某些信号序列才是允许出现的,而这些允许出现的信号序列可以采用网格图来描述,所以称为网格编码调制。

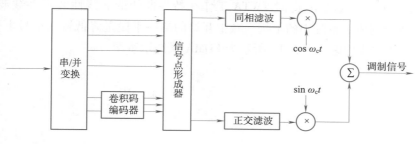

图 5.16 TCM 示意图

6)MCM

MCM 的原理是将被传输的数据流划分为 M 个子数据流,每个子数据流的传输速率将是原数据流的 $1/M$,然后用这些子数据流去并行调制 M 个载波。MCM 的优点是能够有效地抵抗移动信道的时间弥散性。根据 MCM 实现方式的不同,可将其分为不同的种类,如多音实现 MCM(multitone realization MCM)、正交频分复用 MCM(OFDM MCM)、多载波码分复用 MCM(MC-CDM MCM)和编码 MCM(coded MCM)。这里只介绍 OFDM 方式。

正交频分复用(orthogonal frequency division multiplexing,OFDM)是近年来备受关注的一种多载波调制方式。由于调制后信号的各个子载波是相互正交的,因此称为正交复用。OFDM 以减少和消除码间串扰(ISI)的影响来克服信道的频率选择性衰落。目前提出的 OFDM 方法有滤波法、偏置 QAM 法(OQAM)和 DFT 法等。OFDM 不是包络恒定的调制方式,其峰值功率比平均功率要大得多。二者的比值取决于信道的星座图和脉冲成形滤波器的滚降系数 α 。

OFDM 的优点之一是能将宽带的、具有频率选择性衰落的信道转换为几个窄带的、具有频率非选择性衰落的子信道,子载波的数目取决于信道带宽、吞吐量和码元宽度,每个 OFDM 子信道的调制方式可以根据带宽和功率的需求进行选择。

3. 多址技术

多址技术是指大量地球站同时通过卫星建立连接并传输各自业务数据流的能力。多址技术使得众多地球站可以共享有限的卫星转发器资源。常用的多址技术如下:

- 频分多址(FDMA)。
- 时分多址(TDMA)。
- 码分多址(CDMA)。
- 空分多址(SDMA)。
- 混合多址(以上几种多址方式的混合)。

1)FDMA

在 FDMA 方式下,总带宽被分成很多相同大小的子带宽,围绕一个或多个中心载波给每个地球站分配部分子带宽,FDMA 需要保护带宽来确保信号之间很好地分割。一个地球站的传输容量受限于分配到的通信带宽、载波功率和噪声功率比(载噪比

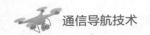

C/N），分配给所有地球站的载波频率和带宽构成了卫星的频率图案。FDMA 需要通过一个公用的行波管放大器（TWTA）同时传送很多个载波,TWTA 是典型的非线性器件（它在饱和点输出最大功率,此时 TWTA 工作在特性曲线的非线性区),多载波产生的互调（IM）成分构成了系统中的干扰。减少互调的唯一手段是降低输入信号电平,从而使 TWTA 工作在线性区。图 5.17 所示为 FDMA 系统示意图。

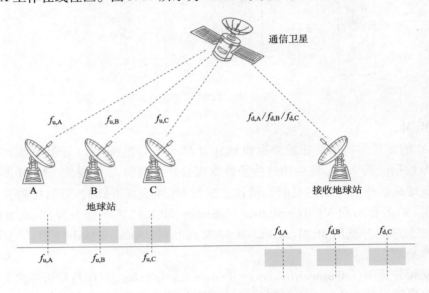

图 5.17　FDMA 系统示意图

2）TDMA

在 TDMA 方式中,整个带宽通常被切分为时间片（称为时隙）,这些时隙周期性地进行分配,一个周期内的时隙称为一帧。每一个时隙可用来传送一个分组,所以 TDMA 方式非常适用于分组业务。在 TDMA 方式的上行链路中每个地球站轮流通过同一卫星转发器以突发的方式发送信息。因此,经过卫星转发的下行链路只有一个载波。TDMA 方式允许转发器工作在饱和点上,这样可使得下行链路的 C/N 最大,在转发器功率利用率上具有相当大的优势。但是,TDMA 并不能完全消除干扰,而且,干扰是以码间串扰的方式存在的,这种干扰必须通过适当的滤波来解决。TDMA 方式易于随业务的变化重新配置,且具有抗干扰和抗噪声能力强、适合综合业务传输等优点。图 5.18 所示为 TDMA 系统示意图。

TDMA 与 TDM（时分复用）具有明显的不同,在 TDM 中,所有数据来自同一个发射机,时钟和定时频率不会发生改变;而 TDMA 方式中,一帧内包含众多来自不同发射机的突发信号。每个地球站必须知道什么时候发送,且在其想要接收的时隙为每个突发恢复载波和位定时。这在低信噪比条件下尤为困难,通常需要一个较长的突发报头来解决,而这样又降低了系统效率。在一组地球站中,每个地球站到达卫星的距离不同,当地球站发送突发时必须确保该突发到达卫星时落入其分配的时隙内。在通信过程中,地球站需要不断调整突发时间来补偿卫星运动所造成的影响,而且要能在进入和离开网络时不干扰网络的正常运行。这些任务的完成需要充分利用 TDMA 结构设计的特点,因为帧内含有参考突发,它为全网提供了定时基准。

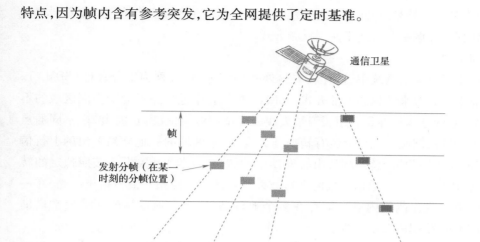

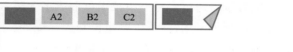

图 5.18　TDMA 系统示意图

在一个集中控制的卫星通信网内,参考突发由地面主站发送。每个突发由一个报头开始,用来传送同步、信令和站标识信息。参考突发和突发报头构成了额外开销,这种开销越小则 TDMA 系统的效率就越高,但捕获和维持系统同步的难度就越高。

3)CDMA

在 CDMA 方式中,每个信号采用独有的编码,这样,发射出去的信号只能被那些知道该编码且与该码字正确同步的接收站所接收。在一个非集中式的卫星通信网中,只有通信的双方才需要协调他们之间的传输方式(如必须使用相同的码字)。CDMA 技术的基础是通过扩频来实现的,即将发送信号扩展到一个更宽的带宽上,这项技术是20 世纪 50 年代随着军事上抗干扰应用的发展而产生的。通常,使用伪随机噪声码(PN码)对信号进行调制来展宽信号,展宽后的带宽是原始带宽的 PG 倍,PG 称为处理增益。处理增益越高,带宽展宽得越宽,系统容量就越大。必须选用合适的码字在同一带宽内区分不同的通信信号,为了正确解扩接收信号,接收方必须使用和接收信号完全同步的码字。

目前,主要有两种技术来获得扩频信号。

(1)直接序列扩频(direct sequence,DS):这种方式是将用户的二进制信号与一个PN 码相乘,PN 码的码片长度是原始信号比特长度的 PG 分之一,这种扩频方案非常适合于二进制相移键控和四进制相移键控调制。

(2)跳频(frequency hopping,FH):在这种方式下,PN 码是用来控制符号发送频率

的,如果频率随每个符号改变,则称为快跳频;反之,频率在发送多个符号后改变则称为慢跳频。频移键控调制非常适于使用跳频方式。

4)SDMA

在多波束卫星通信系统中,还存在着另外一种多址技术,称为空分多址(SDMA)。这是一种靠卫星天线来实现的多址方式。SDMA 根据各个地球站所处的空间区域的不同加以区分,它的基本特性是利用了卫星天线的多个窄波束(又称点波束)。不同的点波束指向不同的地球站。卫星上装有转换开关设备,某区域的一地球站发出的上行信号,经所在波束传输到星上转发器,由转发器中的转换(交换)开关设备按照预定的转换(交换)路由发送到另一通信区域的下行波束所在区域地球站。值得指出的是,在一个卫星点波束的覆盖范围内有可能存在多个地球站,这多个地球站的区分通常借助 FDMA、TDMA 或者 CDMA 来实现。

SDMA 方式存在很多优点,首先,卫星天线的增益可以做得很高,卫星功率可以得到合理有效的利用,同时通过对天线的波束控制,还可以屏蔽掉某些区域内的上行信号,这在一定程度上可以有效地去除某些区域内的人为干扰,其次,不同区域地球站所发送的信号在空间上互不重叠,因此可以实现频率的重复利用,这无疑可以成倍地扩大系统的容量。通过多点波束技术可形成多个覆盖区,实现空分多址,覆盖区之间可以进行充分的频率复用,使系统容量得到大幅提升。图 5.19 所示为高通量卫星通信系统与传统卫星通信系统的示意图。中星 16 号卫星是我国第一颗 Ka 频段商用高通量卫星,它采用 26 个点波束,覆盖我国东南部地区,系统容量高达 20 Gbit/s。

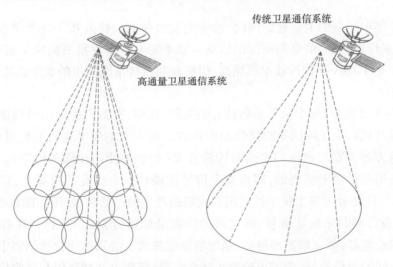

图 5.19　高通量卫星通信系统与传统卫星通信系统

采用 SDMA 方式要求各覆盖区保持相对稳定,对卫星姿态的稳定性及卫星姿态控制提出了很高的要求,由于采用了多波束的方案设计,卫星天线及其馈源装置也比较庞大,设计相对复杂,同时星上转换(交换)开关也必须具有很高的可靠性。

4. 无线接口标准

卫星通信系统中有很多空中接口标准,下面主要介绍四个标准,即地面通用移动通信系统的卫星扩展标准(S-UMTS)和使用卫星信道的数字视频广播标准(如 DVB-S、DVB-RCS 和 DVB-S2)。

1) S-UMTS 标准

卫星通信系统应该能够具有同地面移动通信系统相同的接入特性,为移动用户提供同样的服务,这里称为通过卫星提供第三代(3G)移动通信服务,其中人们尤其感兴趣的是,如何将地面 UMTS 标准扩展到卫星背景下应用。ETSIS-UMTSG 系列规范的目标是实现卫星空中接口与地面基于 W-CDMA 的 UMTS 系统完全兼容,而它同时也可以将服务扩展到 T-UMTS 技术上或经济上覆盖不到的区域。采用 S-UMTS 的卫星接入应该通过 Iu 接口连接到地面 UMTS 的核心网。人们期望 S-UMTS 能够支持的用户比特速率可以达到 144 kbit/s,从而为使用小型终端的移动用户提供多媒体业务。

随着地面 3G 系统标准的不断发展,高速下行分组接入技术(HSDPA)被用来升级目前的 3G 系统(W-CDMA),为用户提供更高的下行传输能力。HSDPA 频谱效率的提高使得下行链路的传输速率提高到 1 ~ 3 Mbit/s。因此,一些对信道速率具有较高要求的应用有了实现的可能,如视频流业务。这种流媒体应用的强制编码标准是 H.263,内部设置则依赖于流内容和流应用。这种新型的 HSDPA 空中接口标准基于自适应编码调制技术和多层编码的应用,它是通过用户终端向 Node-B 反馈前向链路状态信息来实现的。

2) DVB-S 标准

DVB-S 标准的制定主要用于 FSS 和 BSS 频段的广播分发系统,这些系统能够提供直播业务(直播到家,DTH),其中包括直接到安装有集成接收机的家庭用户和直接到具有大型天线的有线电视(Cable-TV)端站两类应用。馈电链路和用户链路的频率配置可以是 Ku/Ku、Ku/Ka 和 K/Ka。

在传输层和 IP 层之下,多协议封装技术(MPE)提供分段和重组功能,用来产生 MPEG2 传输流(MPEG2-TS)所需的 188 字节固定长度的分组。从应用层来的分组加上 20 字节的 TCP 头、20 字节的 IP 头和(12 +4)字节的 MPE 头和尾组成一个数据块,该数据块经过分段填充到 MPEG2-TS 分组的载荷中,所有数据流以 TDM 方式被 MPEG2-TS 所承载。在信道自适应部分分组经过以下几个环节的处理,如信道编码(RS 外码、卷积交织、卷积编码内码、删除码)、基带成形、QPSK 调制。最终通过卫星发送的 DVB-S 信号非常健壮,最小 BER 可到 10-i。例如,使用现代 33 MHz 带宽的卫星转发器,典型情况下可以获得 38 Mbit/s 的传输速率。

3) DVB-RCS 标准

制定具有卫星回传链路的 DVB 标准(DVB-RCS)的理由之一就是交互式应用的需求不断增长。目前,基于 DVB-S 的系统已经无法满足大容量信息传输业务的需要,其中的地面回传链路(通过调制解调器接入)无法提供足够的信息速率(最大 64 kbit/s)。DVB-RCS 标准使用并修改了 DVB-S 标准,它们在频率上是独立的,这样通过一个高效的传输层就很容易进行组网和增加安全机制。DVB-S 信道命名为前向信道,反向信道是指从终端用户到服务提供网的传输链路。反向信道是一个最大速率为 2 Mbit/s 的可变速率信道,能够动态分配其时频资源给用户终端使用(根据 MF-TDMA 空中接口),具

笔记栏

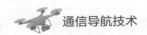

有反向信道终端(RCST)的传输容量是受限的,根据其标准,RCST 可应用于单个用户
(144~384 kbit/s),也可以用于公司用户(2 Mbit/s)。

交互式卫星网络(ISN)架构的参考模型由一定数量的 RCST、一个透明转发的 GEO
卫星,以及以下部分组成:

● 网络控制中心(NCC):提供系统的控制和监测功能(CMF),并可为一个或多个上
行馈电地球站产生定时和控制信号,以实现交互式网络操作。

● 业务网关(GW):一个与 RCST 之间收发数据的路由器,用来完成与公网、专网和
私有网络之间的数据交换。

● 馈电站:发送前向链路信号(DVB-S)的地球站,用户数据和 ISN 定时以及控制信
号复接后通过该站发送出去。

图 5.20 所示为一个 DVB-S/DVB-RCS 系统的简单示意图,图中,NCCGW 和馈电站
均集中于 NCC,即位于一个地球站内。

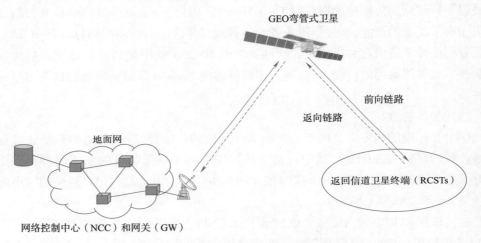

图 5.20　DVB-S/DVB-RCS 系统简单示意图

(1)DVB-RCS 空中接口的特点:

为了成功运行一个 ISN 网络,尽可能提高卫星资源的利用率是非常重要的。因此,
按需带宽分配(BoD)技术(又称按需分配多址技术,DAMA)被引入 DVB-RCS 标准中,
它可以在多种业务类型存在的情况下,提高卫星资源的利用率。

DVB-RCS 标准定义了一个 MAC 层,在该层中 NCC 控制分配给每个 RCST 的上行
传输容量。BoD 被定义为一组 MAC 层协议和算法,使 RCST 有业务要发送到 GW 时,
可以向 NCC 发起资源使用请求。

反向链路传输基于 MF-TDMA 空中接口,RCST 使用一组载波频率来发送它们的数
据(每个载波的带宽可能不同),每个载波采用 TDMA 方式并以超帧、帧和时隙来组织。
NCC 分配给每个工作 RCST 一组突发,每个突发由频率、带宽、起始时刻和持续时间决
定。不同的载波可以有相同或不同的时隙分配方案,可以有固定或动态的时隙结构。
在固定时隙结构下,时隙具有带宽和时间固定的特点;在动态时隙结构下,除了带宽和
时隙长度,发送速率和编码率在相邻的时隙也会发生改变。这种灵活性可以使 RCST

较好地适应多媒体业务传输速率动态变化的要求。

图 5.21 给出了反向链路的时间和频率组织结构,每个超帧都有一个超帧标识(Superframe_id),该超帧标识可以分配给一组 RCST,每个超帧标识通过超帧计数标识(Superframe_counter)区分,又可通过帧计数(F_nb)或标识(F_id)来区分。帧可以有不同时长、不同的带宽和时隙结构。每个帧可以划分为时隙,由时隙编号(TS_nb)来标识。时隙由一组具有相同特性的突发构成。

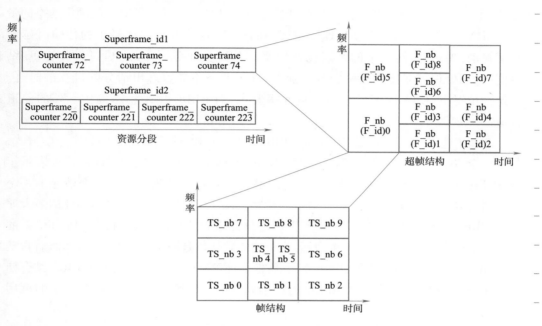

图 5.21　MF-TDMA 空中接口的资源组织结构

RCST 负责分析、估计和请求上行链路所需的信道容量(DAMA 情况下),并负责将分配给它的容量按照规则再分配给其内部应用。当一个 RCST 有数据需要发送时,它首先向 NCC 发送容量请求(CR),NCC 根据来自各个站的请求分配反向链路的时隙,并通过终端突发时间计划(TBTP)消息通知所有的 RCST 其允许的发送时隙,该消息在前向链路上周期性发送。每个 RCST 接收并查看 TBTP 消息来决定其发送数据的时间。

(2)DVB-RCS 的业务分类和分配方法:

在 DVB-RCS 中定义了五种带宽分配方法(第二层)。

● 连续速率分配(CRA)。

● 基于速率的动态分配(RBDC)。

● 基于数据量的动态分配(VBDC)。

● 基于绝对数据量的动态分配(AVBDC)。

● 自由容量分配(FCA)。

注意,CRA 是固定带宽分配方式,而 RBDC、VBDC 和 AVBDC 是 DAMA 分配方式,在 FCA 方式中,NCC 自主地将一个超帧内未使用的资源(在满足用户的请求后)不经请求就分配给 RCST,在资源分配过程中,NCC 采用如下优先级:

CRA > RBDC > VBDC/AVBDC > FCA

下面详细描述各种带宽分配方法。

①连续速率分配(CRA)。CRA 是一种同业务速率相对应的固定带宽分配方式,它要求在每个超帧中为该业务分配指定的带宽。RCST 与 NCC 经过协商建立链路后,该链路始终占有固定的所分配的带宽。CRA 方式中,在每个超帧中都分配一定数量的连续时隙给指定的 RCST,直到 RCST 发出分配释放消息。CRA 这种方式通常应用于预定业务,用户向网络预定固定的速率,在开机注册时,RCST 自动获得对应的固定速率的带宽。CRA 方式应当用于需要确保固定速率的业务,这些业务需要最小的传输时延和时延抖动,如 ATM 网络中的恒定比特速率(CBR)类业务。CRA 也可以同 RBDC 结合使用,来处理可变比特速率(VBR)业务,这种业务不能容忍申请分配过程的时延。在这种情况下,CRA 保证最小的比特速率要求,而 RBDC 用来动态提供额外的信道容量。

②基于速率的动态分配(RBDC)。RBDC 是基于 RCST 动态请求的带宽分配方式,其中每个 RCST 向 NCC 发送请求消息,RBDC 根据该请求分配带宽,这些请求表示了 RCST 所需的绝对带宽(对应当前请求的全部速率),每一个当前请求都会清除上一个来自同一 RCST 的请求信息,而且请求的带宽受限于 RCST 与 NCC 之间协商的最大速率——RBDCmax。为了防止 RCST 产生带宽分配挂起的异常,NCC 接收到的 RCST 的最后一个请求都自动设置一个生命期,生命期的默认值是两个超帧的长度,超时后自动将该 RCST 对应的 RBDC 带宽设置为0。就像前面解释过的,CRA 可以同 RBDC 结合使用。在一个 GEO 卫星系统中,RBDC 的一个典型应用是用来支持 ATM 网络中的可用比特速率(ABR)类业务。

③基于数据量的动态分配(VBDC)。VBDC 是一种根据 RCST 的动态数据量请求进行带宽分配的方法,VBDC 根据每个 RCST 发送到 NCC 的请求消息来分配带宽,这种请求是累积式的(即每一个新的请求都要累加到来自同一 RCST 的所有历史请求上)。请求中指明需要在几个超帧内分配的时隙总数(即分组数据量),后续的 VBDC 请求只申请需要追加的量。VBDC 只用于那些能够忍受时延抖动的业务,如 ATM 网中非指定比特速率(UBR)业务或者标准 IP 业务。VBDC 和 RBDC 可以结合使用来处理 ABR 业务,在 RBDC 方式保证底限带宽的基础之上,VBDC 提供具有较低优先级的带宽扩展。VBDC 在 MAC 层有两个参数,即最小数据量请求(VBDCmin)和最大数据量请求(VBDCmax)。

④基于绝对数据量的动态分配(AVBDC)。AVBDC 是一种根据 RCST 的动态数据量请求进行带宽分配的方法,AVBDC 根据每个 RCST 发送到 NCC 的请求消息分配带宽。这种请求是绝对的(即每个新的请求都将替代来自同一 RCST 的历史请求)。请求中指明需要在几个超帧内分配的时隙总数(即分组数据量);一次新的 AVBDC 分配将取消以前的分配。AVBDC 同 VBDC 类似,在业务的初始请求中或者当 RCST 觉察到 VBDC 可能丢失时(重新初始化),可以使用 AVBDC 代替 VBDC,这种情况一般发生在使用竞争信道(下面对信令方式有详细的描述)发送请求时,或者信道条件严重恶化时。AVBDC 与 VBDC 支持的业务类型是一样的。

⑤自由容量分配（FCA）。FCA 是将满足其他申请方式后仍然空闲的带宽分配给 RCST。这种带宽分配是自动的,不需要 RCST 请求。FCA 不应与任何一类业务相对应,因为这种方式下能够分配的带宽是不确定的。通过其得到带宽就像 RCST 得到的额外奖励一样,可用来为时延抖动容忍型业务降低时延。需要注意的是,FCA 中的"自由"是与系统容量中的"空闲"相对应的。CRA 和 FCA 也可看作针对那些没有显示带宽请求的 RCST 的一种动态带宽保证机制。FCA 可分配的资源应该按照以下优先级准则分配到 RCST。

a. TCP/IP 性能优化准则,即用来降低 TCP 连接的超时概率。

b. 公平性准则,即按照轮流的方式使 RCST 都能够共享 FCA 资源。

RBDC 和 VBDC 相似,但它们的不同点体现在以下两个方面:

● 请求的信道带宽类型不同,RBDC 请求是用比特速率来表示的,VBDC 请求是用分组数据量表示的。

● RBDC 中请求的是绝对值,而 VBDC 则是累加值。

RBDC 是一种更复杂的方案,因为它涉及对请求速率大小的估计。不管怎么说,这种方案可以更好地满足输入业务的突发特性。

为了将请求消息从 RCST 发送到 NCC,有两种信令方式可供选择:

● 带内信令:请求消息被封装在卫星接入控制（SAC）格式中,在同步突发（SYNC）中发送,或使用数据单位标识方法（DULM）在 MPEG2 数据突发中进行发送,通常用于向 NCC 发送控制和管理信息。

● 带外信令:这种方式使用一种微小时隙（有竞争或没有竞争）。微小时隙周期性分配给一个 RCST 或一组 RCST,用来传送比业务更小的突发。

对于 RCST 的每一次发送请求,时延主要与 RTD（实时动态码相关差分技术）有关。最小调度时延（MSL）是指从 RCST 计算一个 CR 请求到其可以使用请求到的带宽之间的最小时延。对于透明转发卫星,MSL 由以下几部分构成（见图 5.22）:

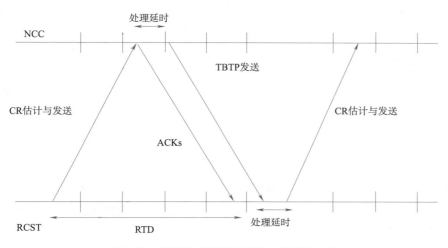

图 5.22　RCST 分配资源过程中延时的组成

● CR 估计与发送时间。

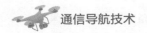

- RCST 与 NCC 之间的往返时间(对于一个 GEO 卫星系统约为 500 ms)。
- NCC 的处理时间(80 ms 以内)。
- NCC 发送 TBTP 的时间。

TBTP 在 RCST 处的处理时间根据 TBTP 和 CR 发送的周期性,一个超帧的典型长度一般选取 500 ms,帧长的典型值是 50 ms。

DVB-RCS 标准设置了 4 个优先级(即业务类型),下面按优先级递减的排列顺序进行说明:

- 实时业务(RT):即用于对时间有严格限制的业务(如 VoIP、视频会议)。
- 可变速率实时业务(VR-RT):即用于业务速率变化且对时延抖动敏感的业务。
- 可变速率抖动容忍型业务(VR-JT):即用于业务速率可变且对时延抖动不敏感的业务。
- 抖动容忍的区分优先级业务(JT)。

RCST 首先将来自用户接口的业务进行排队,并针对不同发送优先级的业务使用不同的队列。例如,第二层应为每一个优先级(即 RT、VR-RTVR-JT、JT)的业务准备一个队列;每个队列使用一种带宽分配算法(或它们的组合来提供服务),如 CRA 对应 RT 业务、RBDC 对应 VR 业务、VBDCAVBDC + FCA 对应 JT 业务。

在 IP 层,根据 IPQoS 的类别,一般需要处理 4 ~ 16 个级别的队列,而在第二层,只设定了 4 个队列。因此,IPQoS 服务类别(即第三层队列)需要合理地映射到对应的 MAC 层 QoS 服务类别(即第二层队列)。

首先对 RCST 产生的业务进行分类,这些分组被存入一个第三层队列中,在第三层进行 MPE 封装(见图 5.23),生成的第二层分组(如 MPEG2-TS)被送入适当的队列,等待发送。

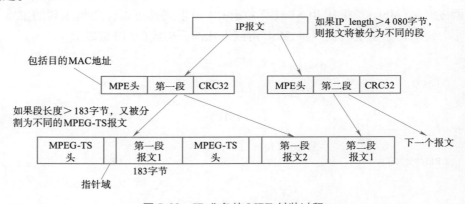

图 5.23 IP 业务的 MPE 封装过程

在一个无线连接网络中,为了不影响语音质量,在任一传输方向,语音分组的优先级都是最高的。因此,优先级在 BoD 系统中具有非常重要的作用,在传输的每一个环节都必须加以考虑。

4)DVB-S2 标准

自 2003 年制定 DVB-S 标准以来,针对卫星广播传输,欧洲 DVB 组织制定了第二代标准,称为 DVB-S2。DVB-S2 中采用了信道编码中的最新成果(如低密度校验码),并与几种调制方式(即 QPSK、8PSK、16APSK、32APSK)相结合。

除了广播业务,DVB-S2 也可用于点到点交互式应用(如 Internet 接入),通过采用新的调制方案和工作模式,可以根据信道条件优化选择调制和编码方式。为了在过渡阶段能够继续使用 DVB-S 标准,DVB-S2 标准提供了与第一代接收机兼容的传输方法。

DVB-S2 发射机由以下几个功能单元组成:

(1)模式适配。在 DVB-S2 标准中存在三种(与应用有关)运行模式:固定编码调制(CCM)、可变编码调制(VCM)和自适应编码调制(ACM)。

①CCM 是一种具有恒定保护能力的系统模式,是 DVB-S2 中最简单的模式;它同 DVB-S 相似,因为所有数据帧都使用相同的固定参数进行调制和编码,同 DVB-S 的区别在于 DVB-S2 的内码使用的是 LDPC 码。

②VCM 可以应用在需要为不同的服务提供不同差错保护的场合(例如,可为 SDTV 提供加强保护,而对 HDTV、语音和多媒体业务则降低保护级别)。事实上,DVB-S2 支持在同一载波上传输多种业务,每种业务使用独立的编码和调制方式。VCM 在物理层采用一种独特的复用技术来支持不同特性业务的传输。

③ACM 是在交互式和点到点等具有回传信道的应用条件下,DVB-S2 提供的一种功能。ACM 允许在接收站具备测量信道质量的条件下动态改变编码率和调制方式,发送方则通过回传信道不断获得接收方测量的动态信道质量信息。

下面讨论 DVB-S2 技术可能应用的业务场合,主要列出了以下几种业务:广播业务、交互式业务、数字电视分发和卫星新闻采集以及其他专业服务/应用。这些业务和运行模式的关系如下:

①广播业务在 DVB-S2 中可利用灵活的 VCM 模式来提供,这里存在两种应用方式:一是当与 DVB-S 的解码器集成应用时的后向兼容广播业务;二是非后向兼容广播业务。

②交互式业务主要与目前的 DVB 反向信道(如 RC-PSTN、RCS 等)结合使用,此时 DVB-S2 既可以使用 CCM 模式,也可以使用 ACM 模式。

③数字电视分发和卫星新闻采集应用是指采用 CCM 或者 ACM 模式,利用单个或多个 MPEG-TS 流来支持点到点或点到多点通信。

④专业服务/应用主要是指专业的点到点和点到多点应用(如数据内容发布):对于这些业务,DVB-S2 可以使用 CCM、VCM 和 ACM 技术。

(2)流适配。流适配是指填充(生成一个完整的基带帧)和加扰操作。为了配合后续的纠错编码,基带帧部分需要将输入的数据流按照固定的长度进行打包,不足的部分需要用无用的字节进行填充。当选择不同的编码方案时,该"固定长度"也要进行相应调整。加扰操作用于实现能量扩散及空帧插入等。

(3)FEC 编码。在存在噪声和干扰的条件下,FEC 技术可以显著改善系统的性能。在 DVB-S2 中,前向纠错编码采用内码与外码级联方式,外码为 BCH 码,内码为 LDPC 码,该技术可以使系统性能非常接近香农极限。BCH 码用于解决在较低误码率情况下的误码平层现象。根据系统要求和采用的调制方式,LDPC 的码率可以为 1/4、1/3、2/5、

笔记栏

1/2、3/5、2/3、3/4、4/5、5/6、8/9 和 9/10。特别需要指出的是,当信道条件较差时,应采用 1/4、1/3 和 2/5 码率及 QPSK 调制方式。根据应用的领域不同,FEC 码长可以非常长(对于时延容忍型业务有 64 800 bit,或者 16 200 bit)。对于 VCM 和 ACM 方式,编码和调制方式可以逐帧改变,但在一个帧的内部保持不变。

最后需要指出的是,对于 8PSK、16APSK 和 32APSK 调制方式,FEC 编码后的比特还需要进行位交织处理。

(4)调制映射。根据应用的领域不同(见图 5.24),对于内数据载荷有四种星座映射方案可供选择。

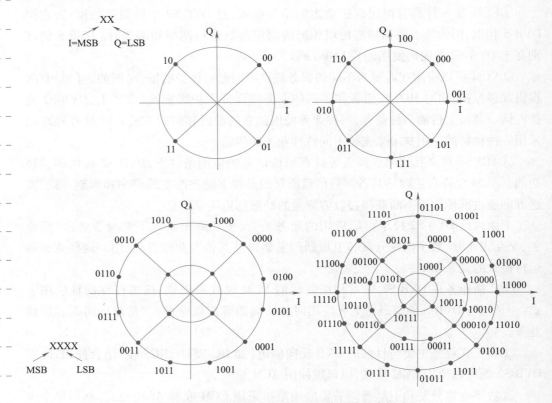

图 5.24　物理层扰码前 DVB-S2 的四种星座样式

①典型情况下,QPSK 和 8PSK 被使用在广播应用中,因为这两种方式具有准恒包络特性,可以工作在卫星转发器的非线性区(如接近饱和点工作)。对于这两种方式,星座映射一般使用格雷映射。

②16APSK 和 32APSK 主要使用在专业场合(它们也可以应用于广播业务)它们要求的信噪比较高,并且需要采用预失真技术来减少转发器非线性的影响。

③DVB-S2 的频谱效率为 0.5 ~ 4.5(bit/s)/Hz。

(5)物理层成帧。这部分功能是和 FEC 同步的,用来产生物理层(PLFRAME),其他功能还包括空帧插入、物理层信令、可选的帧频插入以及用于能量扩散的扰码处理。

DVB-S2 系统可以采用两种配置方式:一个转发器配一个载波和一个转发器配置多个载波(转发器的带宽被分割成子带宽,多个载波按频分复用的方式使用转发器)。

在 ACM 模式下,DVB-S2 空中接口可以灵活地改变编码和调制方式,从而获得最佳的性能和覆盖特性。在这种方式下,发送到卫星信道的是一连串的物理帧,每一个帧的编码和调制方式都可以和前一个不同。

(6)基带滤波和正交调制。这部分功能用来限制发送信号的带宽和频谱形状(平方根升余弦整形),并产生射频信号。DVB-S2 支持多种可选的频谱滚降系数,用户可根据不同传输业务的需求自主选择 0.20、0.25、0.30 等三种滚降系数,用于平方根升余弦滤波整形。信号经基带滤波和正交调制后就可以直接送入射频单元进行上变频并发射到卫星。

5.3.4　卫星通信网络

卫星通信网络是一个覆盖空间和地面的空间立体互联网络,通过星间链路把位于不同轨道的、具有不同功能的通信卫星节点互联起来,并利用星地链路把卫星节点同地面节点进行互联。利用通信卫星处理和传递信息的能力,在军事应用和民用方面发挥着日益重要的作用。目前,卫星通信网络被成功地应用于全球语音业务、电视转播业务、数据传输业务及军事应用等方面。

一个卫星通信网可以承担不同的任务,既可以作为接入网为终端用户提供到核心网的接入,也可以作为核心网的一部分,图 5.25 所示以一个宽带卫星通信网络结构为例来说明卫星通信组网方式。

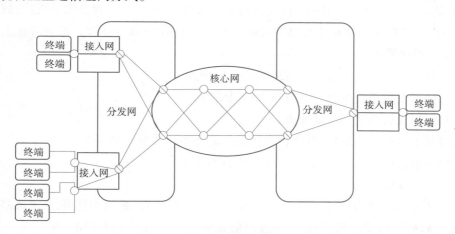

图 5.25　宽带卫星通信网络结构

1. 星载交换

多通道交换式转发器利用交换单元可以实现不同波束覆盖区之间的通信。多通道交换式转发器功能框图如图 5.26 所示。

1)微波矩阵交换方式

在微波矩阵交换方式下,卫星通信网通过微波开关矩阵提供的多条透明传输通道,可按预案进行通信应用组织,也可通过其他卫星信道接受网管中心的管理和控制,实现各波束下地球站间的点到点信息传输。

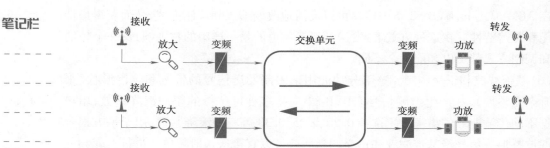

图 5.26　多通道交换式转发器功能框图

微波矩阵交换方式,各信道终端能够按照预先配置实现点对点通信,其缺点是交换方式不够灵活,不能支持组网应用,因此这种交换方式比较适合大容量骨干节点之间的点对点骨干连接。由于转发器通道属于透明传输,其优点是信号格式设计灵活。

2)数字信道化器交换

数字信道化器交换的原理就是使用信道化技术将宽带信号中各独立的子信道分离出来,然后对分离出来的各子信道进行操作,如路由交换等。通过数字信道化器交换,可以将每个宽带信道划分为多个子信道(任意连续相邻子信道可合并使用),所有子信道具有路由选择功能,该信道划分支持组播和广播业务,为网络控制提供极为有效、极为灵活的上行链路频谱监控能力。通过该数字信道化器,来自某覆盖区域的上行信号能够被灵活地交换并接入卫星的任何其他覆盖区域,甚至整个覆盖范围,可以有效利用卫星带宽,而实际上数字信道化器并没有对信号进行任何基带处理。综合考虑上述特点,数字信道化器的优点主要包括:

(1)使得透明卫星转发器具有良好的交换功能。

(2)使得系统信道的划分具有很大的灵活性。

(3)可以支持组播和广播业务。

(4)星上载荷结构简单,数字信道化器只需要将信号变换至基带。

(5)具有良好的扩展性能,与应用系统技术体制的关联性小。

3)星上 ATM 交换

星上处理单元对卫星上行链路中的业务信息进行解码、解调和复用,恢复成基带信号,进入 ATM 分组交换机,数据分组按照信元格式中提供的 VPI/VCI 标识将信息交换到相应的下行链路中,完成信元交换。

星上 ATM 交换在实现灵活交换的同时,对下行链路信元进行统计复用,大大提高了下行链路的利用效率;为用户提供了可靠的服务质量保证;实现了更加灵活的资源分配调度、组播等功能;同时可以提供与地面 ATM 网的无缝连接。

4)IP 路由交换

IP 路由交换与 ATM 定长交换不同,为三层(网络层)交换技术,采用了不定长分组交换技术。星上载荷配置路由转发设备,全面实现卫星的星上交换和路由选择。卫星网络的终端之间可实现单跳连接,同时综合点对点、星状网和网状网的功能来支持 IP 业务应用,实现业务在网络间的透明传输和网络的信息融合。

2. 拓扑结构

卫星星座拓扑结构是设计卫星网络的物理结构，是卫星网络建设首要解决的问题，因此下面对卫星网络星座进行介绍。

关于卫星星座拓扑结构的探讨是一个复杂的多学科范围的课题，这里仅对卫星星座拓扑结构的分类做一个简单的说明。

在卫星组网应用中，星状拓扑、环状拓扑、网状拓扑是最常用到的基本卫星网络拓扑结构，有些更复杂的星座也主要由这三种基本的网络拓扑连接构成，比如复合型的卫星网络拓扑等，下面对这三种拓扑进行介绍。

1）星状拓扑

比较适用于执行一些具体任务的应用型星座，通常由一颗卫星作为中心节点，其他卫星通过中心节点卫星进行通信。这样的结构类似于局域网结构中的星状结构。作为星状网络中心节点的卫星多数是地球静止轨道卫星，也可以是其他轨道的卫星。

星状拓扑的优点是结构简单，轨道设计和实现的难度不大，组网容易，便于控制和管理。由中心节点卫星接收源卫星发出的信息，并传向目标卫星，因而所有卫星数据交换都必须通过中心节点卫星。此结构的缺点是整个星座网络的可靠性较差，中心节点卫星的负担较重，而且作用非常关键，一旦中心节点卫星失效，整个网络就会崩溃；星状拓扑卫星星座的另一个缺点就是对地覆盖率不足，仅靠具有星状拓扑的星座很难长时间地保持和地面连接。此外，具有这种拓扑结构的星间通信线路的利用率不高。

2）环状拓扑

在同一轨道面内的每颗卫星都与相邻的卫星相连，构成一个封闭环形的链路，这种结构就是环状拓扑的星座。从轨道设计上讲，这也是很容易实现的，而且通信天线的指向相对固定，卫星通信系统的研制难度不高，通常由两个这样的环状星座通过地面信关站的连接，可构成一个覆盖范围更广的星座。在这个环状星座中，可以有两种信息流动方式：一种是单向的，即星座中的信息沿着一颗卫星传向下一颗卫星，不会反方向传输；另一种是双向的，即根据距离的远近来决定信息传输的方向。后一种控制和网络管理要相对复杂一些。

环状拓扑星座的主要优点是结构简单，并因此使得路由选择、通信接口、网络管理相对简单，实现起来比较容易，而且多个环状星座通过地面信关站互联，可形成较大面积的地面覆盖。此类拓扑结构的星座多在中高轨道中采用，以尽可能采用较少的卫星数量来获得较大的地球覆盖，但是往往传输带宽不高，而且延迟较大。

环状拓扑星座的主要缺点是网络节点较多时，会导致系统的传输效率降低，网络的响应时间延长；另外，在星座中加入新的卫星时，必须使环路中断，从而不利于系统的扩充。

3）网状拓扑

网状拓扑结构又称分布式网络拓扑结构，是可靠性最高的一种网络拓扑结构。这种拓扑结构的特点是具有完全的可靠性和高容错能力，由于每个节点都直接与网络中的其他节点相连接，因此到每个节点都有充分的冗余路径在具有网络拓扑的星座中，每

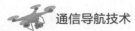

一颗卫星都与至少两颗以上的卫星构成连接,因此整个星座具有非常高的可靠性。这类星座的目的多是建立一个全球覆盖的主干通信网,如 Iridium 系统、Teledesic 系统等,均采用网状拓扑结构,就是为了满足可靠性和覆盖率的要求。在网状拓扑星座中,每颗卫星都与固定的几颗卫星进行通信,由于卫星之间的相位相对固定,因此每颗卫星的主通信波束指向是固定的。

网状拓扑星座的优点是星间链路的冗余备份充足,系统高度可靠,可扩充性强;星间链路的传输带宽可以很高,数据的传输速度快,延迟小,可以实现全球覆盖。但缺点也很明显,系统的建设成本高,对卫星的数量要求较多。

3. 组网方式

在一个卫星星座下就可以进行卫星网络的组网工作。从组网的角度来说,有两种不同的基本方法对卫星星座进行组网。基于地面的组网方式,在这种方式的框架下,网络的功能性主要由地面网络提供。基于空间的组网方式,在这种方式的框架下,网络的功能性主要由卫星网络提供。下面对这两种方式进行讨论。

1)基于地面的组网方式

在这里,每颗卫星都是一个基于太空的中继器,用于接收从地面用户终端或当地信关站发送的数据流,并将数据流发送给地面。这样可以使彼此分隔的终端通过附近的地面站进行联系,这个地面站作为地面网络基础构架中的网关,而卫星则提供为扩展地面网络无线连接的"最后一跳"。在商业系统中,这种方式包括 GlobalStar、The ICOGlobal 和 SkyBridge 计划,还有很多的地球静止轨道卫星。

由于这样的卫星仅仅用于提供最后一跳的连接,所以这样的基于地面的组网方式的卫星星座拓扑结构也就完全随意了,但往往被地域条件、经济和政治条件所限制。这些条件决定了地面信关站的位置,从而决定了卫星星座的拓扑结构。因此可知,基于地面组网方式的卫星拓扑结构要比基于空间组网方式的卫星拓扑结构随意得多。基于地面的组网方式的卫星星座网络将网络的功能性与在空间传输的数据段相分隔,这样允许各自考虑对网络层的设计与对空间传输的数据段的设计。

2)基于空间的组网方式

在基于空间的组网方式中,每颗卫星都具有星载的处理能力(OBP),而且每颗卫星都作为一个网络交换机或路由器,这样可以通过使用高频无线电波或激光星间链路与相邻的卫星进行通信。这使得一个位于该卫星下面的地面终端无须使用当地的网关及大量的地面网络就可以与通往地面网络的网关或者远端不可见的用户通信(那个用户也必须位于某颗卫星的覆盖面积之中)。

在这样的卫星星座中,卫星必须支持星载的路由机制和星载交换机制。从这个意义上讲,这个卫星星座就是一个实在的网络系统。与地面信关站相连接,这个卫星星座系统就构成了一个自治系统。与其对应,在基于地面的组网方式中,每个地面网关都可以成为一个独立的自治系统。

基于空间的组网方式中,卫星之间可以直接进行网络互联和路由,这样减少了星地之间的通信量,而星地之间的通信所依赖的信道资源往往是有限的。同时,这样的网络方式也代替了在基于地面的网络方式中为了使得两个远距离终端通信而必须搭建的星地复合跳的网络结构。

 笔记栏

习　题

1. 简述卫星通信系统的组成。
2. 简述卫星通信频段的分类。
3. 卫星通信系统的发展分哪几个阶段,典型是什么?
4. 卫星通信系统技术涉及哪些方面,发展趋势如何?
5. 卫星通信系统对于日常生活有什么意义? 常用的卫星通信工具有哪些?

 # 第6章 无人机通信技术应用实例

知识目标

（1）了解无人机通信技术在社会生产活动中的应用。

（2）培养日常生产过程中解决问题的能力。

素质目标

（1）培养学生理论结合实际的能力，鼓励学生在应用中不断总结。

（2）培养团队协作和沟通能力。

无人机通信技术是无人机开发中的重点技术之一。无人机与有人驾驶飞机相比，往往更适合去完成那些太"愚钝、肮脏或危险"的任务。随着无人机研发技术逐渐成熟和制造成本的大幅降低，无人机在各个领域得到了广泛应用。

无人机的军用技术在20世纪80年代之后趋于成熟，其军事应用领域积累下来的无人机技术具备广阔的民用应用前景。民用方面，无人机真正的刚需是无人机的行业应用。目前，无人机在航拍、农业植保、地图测绘、电力巡检、消防救援、微型自拍、快递运输、交通监管、观察野生动物、监控传染病、新闻报道、影视拍摄、制造浪漫等民用领域的应用，大大拓展了无人机本身的用途，发达国家也正在积极发展无人机技术以扩展行业应用。随着无人机技术的成熟，零配件成本的降低，以多旋翼无人机为主的小型民用无人机将成为市场热点。多旋翼无人机由于航程短、航速慢等特点，在安全级别低、稳定性要求低、无滞空时间特殊要求的领域，有较大的应用空间。多旋翼无人机的应用举例如图6.1所示。

电力巡线　　　　　　　　消防救援　　　　　　　　农业植保

地图测绘　　　　　　　　　　交通监管

图6.1　多旋翼无人机的应用举例

6.1 无人机通信技术在消防救援中的应用

 笔记栏

消防无人机具有机动灵巧、可搭载设备等优势,可以在高温火场持续监视火情,提供信息保障,对灭火作战等具有重要作用。随着科技的发展,无人机作为灾害事故辅助救援平台得到广泛应用。国内外专家学者利用传感器技术等研发了多款消防无人机,主要用于森林防火及人员辅助救援。国内专家对无人机在消防领域应用进行的相关研究,主要包括论述消防无人机的优势,分析无人机功能特点,分析无人机在事故应急中无线通信系统的搭建,实现指挥中心与无人机无线数据传输。

目前消防无人机主要应用于灾情侦察、森林防火监测等领域。无人机挂载灾情侦察模块可实现对火场多维信息实时监测,包括有毒害气体浓度等。国内消防侦察无人机逐渐实现对灾害现场信息采集与灭火救援配合。中国航天科工集团研究院研发的灭火救援无人机侦察系统解决了高层建筑外部侦察能力不足的问题。江苏某公司研发的无人机搭载倾斜摄影机、高功率探照灯等模块,可对消防安全重点单位实时动态监控。Ivan 在欧洲 AWARE 项目支持下研发无人机分布式决策结构,根据无人机反馈信息实施消防力量调配。一些新型灾情侦察消防无人机在灾害事故中得到应用,地震中利用携带摄像头无人机实现灾后应急救援响应。

欧美国家对森林消防无人机研究较多,近几年国外森林消防无人机通过挂载不同相机采集火灾影像,可实现对火灾探测、监测。美国 First Response 项目研发 ALTUS 无人机应用于森林火灾扑救,目前研究添加更多传感器无人机实现信息监测。我国森林消防无人机研究起步较晚,东北林业大学与吉林工程技术学院等学者对森林消防无人机进行设计开发,降低森林防火员的工作强度。武汉某科技公司研发的森林消防无人机可实时传输森林上空影像。国外研究无人机森林火灾探测算法,如基于小波分析、高斯混合模型森林火灾探测等。

6.1.1 无人机通信技术在消防通信中的优势

无人机技术在消防通信中具有快速部署、高空视角、通信中继、灵活的通信网络建设、灾后勘察和救援支持以及降低人员风险等优势,这使得无人机成为消防通信的重要工具,提高了通信效率和救援能力,为灾害事故的应急响应提供了有力支持。

(1)快速部署和灵活性。无人机可以快速部署到灾害事故现场,无须复杂的准备和搭建,可以在短时间内到达目标区域,并且能够在复杂的地形和环境中灵活移动,提供即时的通信支持。

(2)高空视角和广域覆盖。无人机可以搭载高清摄像头、红外热像仪等设备,提供高空视角的实时图像和视频,便于消防人员可以更好地了解灾害现场的情况,包括火势、人员分布等,从而更好地进行指挥和决策。

(3)通信中继和信号增强。无人机可以作为通信中继站,将信号从灾害现场传输到远距离的通信基站,可以提供信号增强服务,扩大通信范围,弥补地面通信设备的不足。

笔记栏

（4）灵活的通信网络建设。无人机可以组成自组织网络，形成临时通信网络，通过无线通信技术相互连接，形成一个灵活的通信网络，实现多点通信和数据传输。

（5）灾后勘察和救援支持。无人机可以在灾后进行勘察和搜索救援工作，快速搜索大面积区域，寻找被困人员和火源，并提供实时的图像和视频，为救援行动提供支持。

（6）降低人员风险。无人机可以代替人员进入危险区域，减少人员面临的风险，在高温、有毒气体等危险环境中工作，需要为消防人员提供实时的情报和指导，确保他们的安全。

6.1.2 无人机通信技术在火灾预警中的应用

无人机通信技术在火灾预警中的潜在应用包括实时火情监测、热成像技术的应用、空中图像分析、数据传输和共享、智能预警和预测以及灾后评估和监测等。这些应用可以提高火灾预警的准确性、响应速度和决策能力，帮助减少火灾造成的损失和危害。

1. 实时火情监测

无人机搭载红外传感器和摄像头等设备，可以实时监测火灾的位置、规模和蔓延情况。通过无人机的高空航拍，可以获取大范围的火情信息，包括火点、火线和火势强度等，帮助地面指挥中心或消防队迅速了解火情，及时采取紧急措施。

2. 空中图像分析

无人机采集的高分辨率图像和视频可以用于空中图像分析，通过图像处理和计算机视觉技术，可以迅速检测火点、火线、烟雾等火情特征。利用机器学习算法，可以训练无人机系统自动识别和分类不同类型的火灾，提高火灾预警的准确性和效率。

3. 数据传输和共享

无人机通过无线通信技术，可以实时将采集到的火灾数据传输到地面指挥中心或其他相关部门。这样可以实现火情信息的快速共享和全面掌握，提高火灾预警的响应速度和决策能力。

4. 智能预警和预测

通过对历史火灾数据的分析和建模，结合无人机监测数据，可以开发智能预警和预测系统。这样可以提前预警潜在的火灾风险区域，并采取相应的防火措施，从而降低火灾发生的可能性。

5. 灾后评估和监测

无人机可以在火灾扑灭后进行航拍和监测，帮助进行灾后评估和监测工作。通过高分辨率的图像和视频，可以评估火灾的破坏程度，进行热点监测和灾后恢复规划。

6.1.3 无人机通信技术在灭火中的应用

无人机在火点监控、边界控制和灭火支援等方面具有重要的应用。通过无人机的航拍和数据传输，可以为消防部门提供实时的火情信息，帮助其做出准确的灭火决策和部署人员。同时，无人机搭载的喷雾系统和消防泵等设备，可以直接进行灭火作业，提高灭火效率和安全性。这些应用有助于提升火灾扑救的能力和效果，减少人员伤亡和财产损失。

1. 火势扩散预测

无人机搭载气象传感器和风速仪等设备,可以实时监测火灾周围的风向、风速和气象条件。结合地理信息系统和火灾模拟算法,无人机可以进行火势扩散预测,帮助消防部门预测火灾蔓延路径和速度,制定合理的指挥决策。

2. 烟雾识别与空气质量监测

无人机搭载空气质量传感器和浓度传感器等设备,可以实时监测空气中的烟雾浓度和污染物含量。通过对烟雾的浓度和特征进行分析,无人机可以帮助判断火灾的规模和扩散情况,提供烟雾预警信息,有助于保护人员的健康。

3. 火点监控

无人机搭载高分辨率摄像头和热成像仪等设备,可以实时监控火点的位置、火势和火线扩展情况。通过航拍获取的图像和视频资料,消防部门可以更准确地了解火点的状态,有助于制定灭火策略和调度人员和资源。

4. 边界控制

无人机可以在火场周围巡航,通过航拍火场边界的图像和数据,帮助消防部门确定火势扩展的方向和速度。同时,无人机还可以利用地理信息系统和火灾模拟算法,预测火势扩散的可能路径和范围,从而帮助制定边界控制措施和撤离计划。此外,无人机还可以通过搭载喷雾系统或消防泵等设备,进行边界降温和降阻作业,减缓火势扩散速度,保护周边地区和重要设施。

5. 灭火支援

无人机搭载喷雾系统、消防泵或灭火剂等设备,可以直接进行灭火作业。无人机可以精确定位火点,将水雾、消防泡沫或灭火剂等释放到火场上,迅速灭火。此外,无人机还可以利用激光雷达等技术,进行精准的目标识别和定位,帮助消防部门准确投放灭火剂。同时,无人机还可以通过搭载传感器,监测火场温度、湿度和氧气浓度等参数,提供实时的灭火信息,协助灭火人员制定灭火策略。

6.1.4　消防救援类无人机

目前常见的消防救援类无人机有以下几种。

1. 大疆 MG-1S 型消防无人机

大疆 MG-1S 型消防无人机是一款专门设计用于农业、园林和林业等行业的无人机,其功能包括了开疆拓土、撒雾、播种等操作。而在进行灭火救援时,此款无人机还可以利用其强劲的飞行能力和充分的液体携带能力,将灭火液体精准快速地投放至灾害地点,实现快速有效的火灾扑救。

2. 卡迪 Sharpeagle 型消防无人机

卡迪 Sharpeagle 型消防无人机是一款智能化、高度集成化的消防无人机,由卡迪大疆联合研发,能够在高空对火灾现场进行全方位多角度的实时监视,减少了人员进入火场的风险。同时,此款消防无人机还能够实现对灭火装备的投放和灭火剂的喷洒,快速定位、监控、扑灭火源。

3. 大疆防疫无人机型 Mavic 2 enterprise

大疆防疫无人机型 Mavic 2 enterprise 不仅可以进行防疫消毒工作,同时也可以在灭火救援中发挥出其独特的作用。此款无人机性能卓越,操作简便,可以实现许多简单的操作,包括定位、拍摄和搜寻等。它还通过搭载可见光热像等多种传感器,能够准确掌握火场情况,实现无人机与地面指挥中心的高效联动和协同作战。

4. 利普斯无人机型 lps-drone2

利普斯无人机型 lps-drone2 是一款用途范围非常广的高端消防无人机,它具有飞行时间长、载重能力强、耐用性好等优势。此款无人机搭载了各种传感器,能够迅速定位火源,以及视觉导航系统,实现对复杂环境的快速识别。配合先进的云台系统,更能够实现高清现场实时视频监控,以及全方位无死角的消防救援。

6.2 无人机通信技术在电力行业中的应用

现有的电力系统主要由四部分组成,分别是发电、输电、配电和用电,任意一个环节出现问题都会影响整个电力系统的安全、稳定运行。输电部分的线路主要有电缆线路和架空线路两种,不同于电缆线路主要分布在城市企业、医院等地,检修起来较为方便,架空线路通常分布在野外、山区等人迹罕至的地方,甚至分布在峭壁、雪山等恶劣的自然环境中,若是出现输电线老化、断股或绝缘子损坏等情况,则经常会因为无法及时检修而导致电力系统出现故障,从而造成严重的经济损失。传统的电力巡检主要依靠专业的巡检人员前往现场对输电线路进行排查和检修,一方面,这样的人工巡检效率较低,耗时较长;另一方面,野外复杂地形的设备运输和高空作业的安全保障等都面临严峻考验。因此,电力巡检亟须向智能化和自动化方向发展。为了解决上述问题,无人机越来越多地应用于电力巡检解决方案中,其体型小、质量小,且具有较强的灵活性和自主性,可以较好地实现对架空输电线路的全方位检查。巡检用无人机主要分为三类:无人直升机、固定翼无人机和多旋翼无人机。其中,无人直升机具有优越的性能,具备续航久、可悬停和稳定性强等优点,但是造价和耗费相对较高,一般用于特殊自然灾害救援等情况;固定翼无人机可以飞行较远距离,速度快且较为稳定,但不能悬停,灵活性较差,适用于大面积输电网络的巡查;多旋翼无人机机动性强,灵活度高,具有较高的性价比,但续航能力一般,抗风能力较差,对气象条件要求较高,适用于局部的精细检查以及复杂地理环境下的巡检任务。

6.2.1 无人机通信技术在电力行业中的优势

无人机应用于电力行业时,主要具有以下几方面优势。第一,无人机不需要在机场进行起降,可以通过弹射、手抛以及滑落的方式起飞。通常情况下,比较开阔和平坦的场地都可以起降无人机,不会受到地形方面的限制。第二,无人机应用时,对作业环境要求比较低。尤其是天气条件,其能够在低空环境和云下飞行,在云层比较厚的环境中获取相应的影像数据信息。第三,无人机自身集成度比较高。它的应用系统涵盖集成惯性导航装置、飞行平台、通信系统、全球定位系统设备、数码照相机传感器以及飞行控制装置等,集中多种高科技技术。第四,无人机在应用时能够获取高清影像。低空作业过程中,其能够将分辨率调整到 5 cm,获取清晰的影像数据,同时能够高效、快捷地完成任务。第五,无人机的相关设备零件拆卸比较方便,检修和维护比较简便,应用成本比较低,安全风险比较低。

6.2.2　无人机通信技术在电力行业中的应用

1. 在输电线路规划和架设中的应用

首先,电力线路规划过程中,信息采集阶段需要采集拟规划线路的实际环境信息。通常采用获取卫星遥感图、航拍图的方式统计线路通道的工程量,对采集后的信息进行成本、施工难度等综合数据比对,制定最优的实施方案。信息实际获取过程中,卫星图存在时效性较差的问题,与实际的地形地貌存在一定偏差。航拍图由于场地、天气和成本等原因,导致获取周期长,不便于工程推进。利用无人机测绘通道的地形地貌,实施性强,对场地要求不高,受天气影响小,可以有效获取实时的地形地貌信息。其次,电力线路架设过程中,无人机可以实时监测现场情况。例如,杆塔建设、大型设备安装和导线、地线架设等施工过程中,搭建、运输的机器设备等受现场地势环境影响较大时,利用无人机采集现场情况,有助于制订合理、高效的施工策略。同时,施工过程中利用无人机搭载影像设备,可以整体监控施工现场。此外,利用无人机展放架线过程中的牵引绳,可以有效避免因地形地貌等原因造成的施工不便。与传统的人工放线相比,其不仅提高了效率,而且缩减了施工成本,减少了工人高危作业的内容。

2. 在输电线路监测和应急清障中的应用

首先,无人机应用于电力行业时涉及电力巡航系统。基于摄影测量技术获取数码照片,从而有效定位和识别输电线路通道中存在的危险因素,比如高秆植物、违章建筑等,能够有效完善线路巡检过程中弧垂高度的测量。实际巡航过程中,利用无人机能够将传统的可视化水平逐渐发展为可测量水平,有效解决电力线路定量巡检中存在的难题,代替人工电力线路巡检,提升整个巡检效率。在一些地形比较复杂、人工作业难度高的区域,利用无人机开展巡检能够有效降低生产作业和巡检设备的应用成本。其次,有效控制无人机能够获取电力线路航线中不同区域和部位的影像数据,以真实画面直观展示地面是否有金属、导地线等遮挡物,大大降低了人工作业的难度和成本,作业人员只需在杆塔周边地面即可完成缺陷巡视工作。

3. 在电力故障查找中的应用

通常情况下,电力系统中的高压输电线路走廊存在复杂多样化的特点。因此,经常会由于恶劣天气、线路放电、施工触电、风偏异物、冰害和雷击等情况导致跳闸。由于电力故障出现在环境恶劣、地形复杂和夜间的概率比较高,导致故障查找工作受到影响,致使故障抢修时间受到影响。一旦输电线路出现故障,维护和维修人员要立即前往故障区域,全面查看故障线路的情况,必要情况下需要登塔巡视。但是,该项工作具有非常高的危险度,一旦稍有疏忽便会发生人员伤亡事故。无人机不会受天气、地形以及时间的影响,能够依照实际情况进行精确巡查,快速赶往事故区域查找故障点,从而有效提升故障线路的查找效率,进一步提升线路抢修效率。

4. 在电力巡线中的应用

在使用无人机对高压架空输电线路进行检测时需要地面站和巡检无人机实时双向通信,地面站向无人机发送指令,无人机实时将飞行数据和图像信息传输到地面站以便进行下一步指令。无人机通信距离直接限制了单次高压架空输电线路检测的距离和检测效率,目前大疆无人机采用 OcuSync 图传技术,通信距离可达 10 km,但是对于高压架空输电线路检测还远远不够。目前无人机远距离通信技术主要有卫星通信、5G 通信和中继通信(固定中继、空中中继)等方式。卫星通信方式具有不受传输距离限制的优点,能够支持无人机执行长距离的飞行任务,但是卫星通信天线质量大、通信成本高,主要适用于大型工业无人机。利用 5G 移动通信技术在无人机上装载移动通信芯片模组,使之成为网联无人机,该通信方式可为无人机实现中长距离、超视距飞行提供通信链路保障,其覆盖高度可达 3 000 m,距离延伸可达 1 000 km,抗干扰能力强,满足 4K 高清图像传输,延迟时间短。中继通信是通过中间通信的方法来增加通信范围,主要为地面中继基站通信及无人机空中中继,其中无人机空中中继作为地面中继基站通信在距离不足时的补充。

1)视觉跟踪

电力巡线工作就是针对输电线路进行检测巡视。在巡线环节中不可避免会触碰到诸多障碍物。所以,随着无人机应用后,其中的视觉跟踪技术能够在无人机巡线环节中产生极为重要的作用。视觉跟踪技术在现有的无人机电力巡线工作中取得了一定的应用效果,但在实际的应用环节中仍然需要对稳定性进行研究。另外,无人机在电力巡线环节中,机体会产生不同程度的振动情况,这些振动会影响到无人机所探测的图像质量,加上其他背景、气候条件的因素影响下,会加重视觉跟踪时的难度。

2)无线通信

随着无人机在电力巡线工作中应用,在输电线路巡视时,能够获取到大量信息数据,这些信息数据会通过无人机巡视,经由无线通信技术传递到地面的工作基站。所以,无人机巡线中的无线通信技术不仅具备捕捉图像信息的能力,更具有传输视频图像数据的高效优势。此外,无人机在输电线路巡视工作中,借助其中的无线通信技术,还可以接收地面工作基站的各种指令。因此,在实际的工作过程中,必须针对无人机的无线通信技术进行抗干扰性能的强化,这样才能够大大提高信号传输能力。

3)位置控制

当无人机展开电力巡线工作时,会离线路相对较近,在部分巡视工作中,不免会遭受到一些突发性降雨和强风天气的影响。所以,无人机应用时的位置控制,对于保障输电线路巡线工作的安全性具有十分重要的作用。而在当前的发展形势下,采用 PID 控制器,能够很好地对无人机的位置进行控制监测,并有效提高无人机在电力巡线工作中的运行安全性。

4)线路故障探测

如今,无人机在电力巡线工作中的应用较为广泛,通过搭载检测设备展开电力巡线工作时,能够有效保障电力系统的安全稳定运行,这相较于过去传统的人工检测方式而言,采用无人机展开检测,能够大大提高检测效率,尤其对于输电线路故障探测将会产生更为良好的效果。此外,随着无人机的应用,在电力巡线工作中,能够针对输电线路的故障问题进行有效探测,这其中会通过无人机,采用视觉探测技术、激光雷达探测技术以及红外与紫外探测技术这三种技术类型。一般来说,通过无人机检测对线路故障进行分析时,应根据实际输电线路情况,以及电力巡线工作开展的各项标准,选择相适应的探测技术,这样将大大提高电力巡线故障线路检测的质量和精细度。

5) GPS 定位模式

从本质上来说,将无人机应用在电力巡线工作中,能够有效展现出无人机电力巡线时的定位功能。一般来说,在无人机展开飞行作业前期,相关操控人员需要提前掌握好所检测区域内的限飞政策,并做好天气调查,还要细致观察周围环境是否会影响到指南针、GPS 信号等情况,一旦出现任何影响因素,极有可能导致无人机在电力巡线工作中难以定位,这就会促使无人机与地面工作基站失去联系。此外,当无人机起飞之前,需要将遥控模式切换到 GPS 模式,GPS 模式本身就具有定位功能,根据实际检测环境,设置好相应的返航高度以及云台参数,并按照预设作业计划展开航线飞行,随即循序渐进地靠近检测目标。而地面工作基站的控制人员需要时刻注意,无人机在电力巡线飞行环节中的电池电量,随后根据实际角度,调整聚焦倍数,借助 GPS 定位模式,结合电力巡线工作任务,对杆塔及附近区域进行高空拍摄。

6.3　无人机通信技术在农林植保中的应用

无人机在农林植物保护领域具有巨大的潜力和优势。人们将用于农林植保的无人机称为农业无人机或植保无人机,是一种专门用于农业植物保护作业的无人驾驶飞行器。它集成了飞行平台、导航飞控系统以及喷洒机构,通过地面遥控或自主导航飞行控制,实现农药、种子、粉剂等农业物资的精准喷洒作业。植保无人机以其高效、精准、环保的作业特点,正逐渐成为现代农业发展的重要工具。

6.3.1　无人机通信技术在农业中的优势

传统的农业植保过程中,一般采用人工操作或者大型机械设备进行作业,人工作业耗费时间长、需要较多人力资源,大型机械作业效率虽然较人工作业要高,但是设备的成本高。植保无人机的应用改变了传统的植保作业模式,使得农业植保过程变得更加高效、快速。植保无人机的优势主要有以下几个方面。

1. 高效安全

植保无人机的飞行速度很快,比传统的大型机械设备的速度快很多,在规模农业生产过程中,每小时作业范围可以达到 $120 \sim 150$ 亩(1 亩 $= 666.667 \ m^2$),比常规的喷洒作业效率高出 100 倍。植保无人机通过地面遥控或者 GPS 飞控操作,喷洒作业人员也可以处于安全的环境中,远离农药危害,提高喷洒作业的安全性。

2. 节约成本

在植保无人机应用过程中,精准性很高,喷洒的药物可以完全落在植物上,无论是灌溉还是施药,都可以节约成本。喷洒药物时比传统的喷洒方式节约 50% 左右的农药

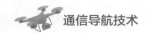

笔记栏

使用量,水量上节约 90% 左右,降低资源成本。

3. 防治效果明显

植保无人机作业高度较低,很少出现漂移现象,而且可以在空中悬停,喷洒农药的时候旋翼产生的向下气流有助于药物穿透农作物,增强农作物对药物的吸收效果。

6.3.2 无人机通信技术在农业中的应用

1. 加强对病虫危害的航拍监控

在农业植保过程中最主要的任务就是防治病虫害,而预防病虫害的重要基础就是要对病虫害的发生情况进行了解。在植保过程中结合无人机技术,对农业病虫害的发生程度进行了解,熟悉本地的农作物病虫害的主要类别、发展趋势,从而找到正确的解决方式。尤其是对于一些不便于人工检测的地区,更应该借助无人机技术,在摸清本地病虫危害发生规律的基础上,做好预防和控制。绘制出本地农业病虫害的发展趋势图,作为农业生产的主要数据,进行长期观测,将观测得到的数据及时传递给农户,让农户能够做好农业生产安排。

2. 提高施肥的精准性

(1)无人机在飞行过程中不断收集传感器数据,包括土壤养分水平、植被健康状况和气象条件等信息,这些数据被送回控制中心进行分析。

(2)控制中心使用实时数据与事先设定的施肥计划进行比对。根据实际情况,控制中心可以调整无人机上的施肥设备,以改变喷洒或散布的速度和量。

(3)无人机根据控制中心的指令实时调整施肥设备,确保每个地块都获得适量的肥料。这种实时调整保证了施肥的均匀性和准确性,提高了施肥的精准性。通过实时调整施肥量,无人机可以适应不同地块的变化需求,应对气象突变和土壤异质性,实现了施肥的个性化和精准性。这有助于避免过量施肥和施肥浪费,同时促进了农作物的生长。

3. 减少施肥浪费与提升资源效率

(1)减少施肥浪费有助于节约肥料资源。无人机精确计算每个地块所需的施肥量,避免了过量施肥。这降低了肥料的使用量,节约了农业生产成本,并减轻了对有限资源的压力。

(2)资源效率的提升有益于保护环境。过量施肥不仅浪费了资源,还可能导致农田土壤和水体的污染。无人机施肥技术可以减少农田对化肥和农药的依赖,降低了农业对环境的不良影响,有助于实现环境友好型农业。

(3)提高资源效率还有助于农业的可持续发展。农业生产的可持续性需要在提高产量的同时减少资源浪费,这正是无人机施肥技术所能提供的。

6.3.3 无人机通信技术在林业中的应用

1. 森林资源规划

在森林各项工作开展之前,需要结合林业情况制定综合调查与监测规划。利用无人机遥感技术,全面调查森林资源,传统森林资源调查与监测工作效率较低,容易受到多种因素的影响,而利用无人机技术可优化传统工作方式,按照森林资源实际监测目标,获得更准确的数据信息。还可使用无人机机载的光谱成像仪、高清摄像机等,获取与测定目标区域的高清影像。再将获取的数据信息上传至森林资源信息系统平台,与制定的森林资源发展规划密切结合,通过持续更新森林资源信息,实现自动化管理森林调查,进一步提升森林规划水平。

2. 森林水文环境调查

森林水文环境的调查与监测是林业资源调查监测中的重要任务之一,利用无人机遥感技术,可在更大范围内,对森林内及周边的水文情况开展实时、全面和系统的监测。如此能获得更全面的森林水文信息,对区域内的水土流失、保持现状有更清楚全面的了解,及时制定水土预防措施,做到防患于未然。通过各种预防措施和应对措施,为森林与周边地区的水文环境改善及生态平衡提供支持,同时,也能较好应对当地的干旱、洪水等问题。例如,自 2017 年开始,祁连山自然保护区进行无人机航拍观测和卫星遥感监测,以评估保护区水文环境及重点生态功能区生态环境,统筹推进祁连山国家公园生态环境保护与修复工作,取得了显著成效。

3. 病虫害防治

病虫害是森林中"无烟的森林火灾",会给林业发展带来巨大的经济损失,还会严重破坏林业生态环境。尽管我国加大了森林资源保护力度,但由于森林生态系统依旧十分脆弱,树木在生长发育过程中,病虫害是面临的最大威胁。因此,加强对树木病虫害的防治至关重要。采用人工巡查的方式监测森林病虫害,不仅受环境气候影响较大,同时,穿梭森林还存在较多人身危险,最终导致防治工作效率较低。通过灵活应用无人机技术,可大范围实时监测与快速准确防治。一方面,在病虫害监测中,应用无人机技术,配备可见光相机等先进的影像学设备,不仅能科学、便捷、大面积监测病虫害,而且借助无人机平台上搭载的影像学设备,可获得红外、光像等高分辨率影像,能及时发现异常树木并进行定位,帮助护林人员科学判断森林受害的具体情况。另一方面,在病虫害防治中,利用无人机与化学防治设备相结合,能够对疫木精准喷施药剂,有效控制病害的传播。尤其是一些林区面积广阔、地势复杂、山路崎岖,人员难以到达,而利用无人机喷洒药剂具有不可替代的优势。同时,无人机可对林木防治后期进行持续监测,便于及时调整防控措施,达到科学高效防治林木病虫害的目标。例如,2020 年,甘肃祁连山国家级自然保护区管护中心在马场自然保护站辖区东沟、小石壁沟等地,首次使用无人机低空洒药防治鼠害,实现了集中连片、重点防治的效果,相比人工投放,大大提高了防治效率。

4. 森林防火监测

森林中最常见的灾害之一是火灾,若不及时防控火灾,或在火灾发生后未立刻扑灭,会对林业资源产生毁灭性的打击。尤其是规模比较大的火灾,单纯使用人力扑灭,耗费时间较长,导致火灾带来的损失更大。针对森林火灾的预防,可充分发挥无人机巡查机动性强、灵活性高、监测范围广的特点,制定不同的巡护频率,结合巡护的重点时段、位置精度、图像分辨率等条件,合理设定飞行高度,科学规划巡护线路。例如,为了加大森林草原防火管护力度,2022 年 6 月,祁连山国家公园甘肃省管理局张掖分局祁

丰保护站,启用 CW-15 型固定翼无人机巡护。在配合地面巡护的基础上,对辖区重点部位和日常巡护中的盲区、死角进行空中巡护,无人机的加入,有效解决了辖区面积大、人员少,道路不畅、人兽冲突等难题,大幅提升了祁连山森林草原防火、野生动植物保护等工作效率。针对森林火灾的扑救,当林地发生火灾时,烟雾造成能见度较低,若采用载人飞机,不仅危险性高,而且受天气影响大,无法及时掌握火情。通过在无人机上搭载相机或摄像头等传感设备,能第一时间且近距离拍摄及探测火灾情况,及时将相关信息传给地面救灾人员。当火灾发生较严重,产生大量浓烟时,无人机也能穿透浓烟实时捕捉火势。若受雨、雪、雾等恶劣气候条件影响,不可使用可见光相机时,可在无人机上搭载红外成像系统,该系统可发挥测温功能,能从成像系统上获取温度异常点,便于及时发现火源,且在白天和夜晚均可探测火灾情况。另外,将无人机影像数据与 AI 技术有机结合,生成三维影像,能为评估火灾和组织重建工作提供科学的数据。

6.4 无人机通信技术在其他领域的应用

无人机通信技术的用途极其广泛,除消防救援、电力巡检、农林植保等应用领域外,在应急通信、地图测绘、航拍摄影、无人机物流等领域也有大量应用。

6.4.1 无人机通信技术在应急通信中的应用

伴随着我国现代社会经济发展,人们的日常生产生活面临的各种安全挑战也在不断增多,2015 年的天津港特大爆炸安全事故、2022 年的河南郑州特大暴雨灾害,均对我国的应急通信保障工作提出了全新的标准及要求。在应急通信保障工作中,无人机的应用为公安消防部门的救援工作带来了保障,也为现场的决策提供了强有力的参考依据。将无人机通信技术应用在应急通信保障工作中,实现事故现场画面的实时传输,从而全面提高我国的警力利用率。

伴随着我国科学技术水平的不断提升,无人机技术也越发成熟,在我国的多个领域获得了普遍应用。尤其是在各类突发应急事件中,应用无人机可以保障通信安全,为现场救援工作打下坚实的数据信息基础。无人机最早被用在抢险救灾高空基站,可利用无人机进行现场通信,其使用便捷灵活,对起降环境的要求较低,可以在数万米范围内进行快速精准的通信布局,为现场救援工作提供宽带通信条件,并提供全天候的应急通信保障。与此同时,无人机下方有一根线缆,可以与地面连接和进行数据信息的传输,或者为现场救援工作提供电力。例如,在 2017 年的九寨沟地震中,中国移动通信紧急调用旋翼无人机组建高空基站,短时间内快速恢复了震区周边超过 30 km² 范围的手机信号。

近些年我国的无人机技术不断发展,开始出现了固定翼无人机,该类无人机的飞行高度更高,飞行距离更远,覆盖范围更大(信号覆盖范围可以达到 50 km²),有着更突出的使用优势。固定翼无人机可以装载"动中通"设备,实现和卫星的全面连接,成为传输链路。固定翼无人机也可以连接地面蜂窝核心,为受灾地区提供针对性的通信保障,实现受灾地区的应急广播,或进行对外通信。例如,在 2021 年的湖南特大暴雨灾害中,中国移动曾应用固定翼无人机为河南受灾区域提供了强有力的通信保障,通信时间长达 5 h,为当地的灾区救援行动打下了基础。无人机基站有着较强的灵活性,信号覆盖面较广,可以随时随地通过人工迁移,成本投入较低,资源配置合理。随着技术进步,无人机的续航时间延长、运输过程更便捷、部署过程更灵活、在空中的停滞过程更加稳定、载荷量更大,对于提高地区的应急通信水平意义重大。对于通信较困难的重点受灾区域,可以应用无人机进行可视化监控,进而改善受灾区域的救援指挥协调能力。

6.4.2　无人机通信技术在地图测绘中的应用

由于地图测绘的工作量非常大,如果仅靠人来一点一点完成测绘,那么所得到的结果可能是不准确的,这是因为,工期过长导致没有能够及时统计某一地区的地理变化。无人机测绘技术就是运用无人机设备作为主要的应用工具,从而对具体的一定范围内的空间和地区的相关资源和信息进行查找、挖掘和分析,进而进行资源整合,形成所需要的技术资料,更好地为相关领域提供全方位、准确的数据信息和资源,是实现数据采集和处理的重要支撑手段,对应用技术的建模与分析非常重要。与传统的地图制图方法相比,无人机图像具有高分辨率、大尺度、小面积、大潜力等优点。无人机能够对一些特别的地图进行测绘,如公路、河流、铁路等,由于无人驾驶飞机体积较小,易于驾驶,转向非常灵敏,起飞和降落的要求也很小,能够拍摄的图片 360°全景。体积小、质量小、噪声低、效率高、图像清晰度高、智能高端等是无人机的典型优势。将无人机技术有效应用于该行业能够大大减轻人为测量和操作的误差,并且投入成本也不是特别高。

无人机遥感技术虽然能够克服空间的局限得到全面的数据,但是在实际图像拍摄过程中,因为技术水平约束,导致无人机整体平衡感相对薄弱,并且受到拍摄技术、飞行高度、拍摄角度、气候等方面的制约,无人机所记录的图像都是有一定的扭曲变形的,因此不能够真实地反映实际大小和形状尺寸。为了获得更加逼真和全面的拍摄画面,就要对无人机遥感技术图像数据进行优化处理,尽量多角度全方位拍摄图像,然后充分借鉴计算机网络技术和专业图像处理技术进行修改、融合和处理,从而得到想要的图像。因此必须高度重视图像数据的处理分析和优化过程,才能保证实现拍摄图片达到实用要求,具体关于无人机遥感技术图像数据的优化和处理流程如图 6.2 所示,其中,"图像失真调整"校正成像过程中引起的各种失真,从而实现新图像的产生;"图像预处理"在建立好的坐标系中需要填入相应的图片,图像预处理就是提供处理好的图像;"图像匹配"将相连的信息找出来,然后进行匹配,一般情况下找到最佳配对才是图像匹配的功能;"图像融合(图像拼接)"能够对拼接的图像进行美化,使图像自然过渡。

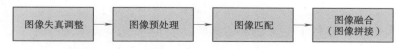

图 6.2　无人机遥感技术图像数据的优化和处理流程

习 题

1. 无人机通信技术在消防救援中应用的优势有哪些?
2. 无人机通信技术在电力行业中的应用有哪些?
3. 无人机通信技术还可在哪些领域发挥作用?

第二部分

无人机导航技术

　　第二部分共六章，阐述了无人机导航相关技术，内容包括：

➢ 无人机导航技术发展历程；

➢ 无人机导航技术分类；

➢ 陆基导航技术；

➢ 其他/自导航系统；

➢ 组合导航系统；

➢ 无人机导航技术应用实例。

第7章 无人机导航技术发展历程

知识目标

（1）了解无人机导航技术的发展历史。

（2）掌握导航技术的最新发展现状及趋势，增强对无人机导航技术的认识。

素质目标

（1）具备对导航知识的基础认知。

（2）培养良好的习惯与职业道德，树立正确的价值观。

无人机是一种用计算机和无线链路取代飞机驾驶员的飞机，由无人机载体、通信链路、导航系统、增稳与控制系统、发动机及发射、回收装置等部分组成。作为一种航空器，其除了机载上面没有人驾驶外，与其他航空器一样必须解决导航问题，因为任何一架无人机飞行都会有其目的性，因此，导航系统涉及的导航技术是人们了解掌握无人机的关键。

7.1 概述

当人们在森林中迷失方向时，当一艘孤舟在汪洋大海中漂泊时，当草原上的羊群找不到暮归的路时，他们多么需要领路、导向。实际上，在有生命的世界中，时时刻刻都存在导向问题。随着人类文明的不断进步，人们从刀耕火种的原始时代逐步发展到了有车、有船，甚至有了飞机、飞船、卫星的现代社会，导向的含义发生了根本性的外延和扩展。Navigation 一词源于海洋中船舶的航行，起初人们是通过罗盘、天文等手段对航行在海洋中的船舶进行导向和领航，后来发展到陆地车辆以及空中飞行器的领航，以致 Navigation 逐渐被译为"导航"。

7.1.1 导航的定义与作用

导航是一个技术门类的总称。顾名思义，它最基本的作用是引导飞机、船舰、车辆（总称运载体）以及个人，安全准确地沿着所选定的路线，准时地到达目的地。

"导航"一词从广义上讲主要有两方面的活动范畴，一是直观的、容易实施的，即在已知方向或路线的情况下给客体领路、导向，把客体带向目的地，比如车队在领航员的带领下行进，船舶沿着罗盘给定的方向航行。二是控制型的、较复杂的，其实质是通过实时测定运动客体在途的位置（坐标）、速度、时间或姿态等动态参数，进行数据分析和计算，确定一条包括对速度、时间等方面有要求的科学的路线和科学的行驶方案，然后利用操作系统引导和控制运动客体沿着已确定的路线行驶，行驶过程中还要进行实时纠偏和修正，例如，现代技术的船舶航行、飞机飞行、火箭发射以及装备了导航装置的各类车辆的行驶等。

导航由导航系统完成。任何导航系统中均包括有装在运载体上的导航设备,驾驶员或自动驾驶仪根据导航设备的仪表指示或输出的信号,便能在云海茫茫的天上、水天相接的海上、在任何陌生的环境中,不管是白天或夜晚、雨天、雾天或晴天,夏天或冬天,操纵运载体正确地向目的地前进。这种指示或信号的内容称为导航信息。如果装在运载体上的设备可单独产生导航信息,便称它为自主式导航系统。但是,人们使用大部分的导航系统,除了要有装在运载体上的导航设备之外,还需要有设在其他地方的一套设备与之配合工作,才能产生导航信息。此时装在运载体上的设备分别称为机载、船(舰)载或车载导航设备,而设在其他地方的那套设备称为导航台。导航台不断输出导航信息,一般设在陆上,也有设在舰上的,飞机上设导航台的不多。导航台与运载体上的导航设备用无线电波相联系,形成一个导航系统。运载体(可以是多个)进入导航台所发射的电磁波的覆盖范围后,它的导航设备便能输出导航信息。如果导航台设在人造地球卫星上,便是卫星导航系统。陆基导航系统和卫星导航系统统称为无线电导航系统。卫星导航系统示意图,如图 7.1 所示。

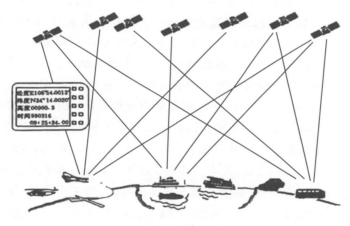

图 7.1　卫星导航系统示意图

导航系统所完成的功能称为导航或导航服务。自从人类出现最初的政治、经济和军事活动以来,便有了对导航的需求。根据传说,大约在公元前 2600 年,黄帝部落与蚩尤部落在涿鹿发生大战,由于有指南车的指引,黄帝的军队在大风雨中仍能辨别方向,因此,取得了战争的胜利。在楚汉相争中,项羽垓下大败,溃围南逃,到阴陵迷失了道路,于是向一田父问路,田父故意给了他一个错误的引导信息,叫他往左走,结果陷入大泽,再回头时已被汉军追及,致使这位"力拔山兮气盖世"的西楚霸王自刎乌江。

试想那些在古代丝绸之路上长途跋涉的骆驼队,在中国北方驰道上来往于各诸侯国间连横合纵的说客和商旅,为了达到目标城市,他们不仅必须了解正确的前进方向,而且要了解当时的位置与时间,估计出前进的速度,才能正确地选择下一个驿站,以补充食物与饮水,使人畜得到必要的休息。

古希腊人与罗马人在地中海区域的海上进行商业活动与战争,中国明代的郑和下西洋,在茫茫的大海上,没有地物可做参考,没有导航是不可能的。

在 1990 年 8 月—1991 年 3 月的海湾战争中,在阿拉伯半岛没有任何地形可资参照的茫茫沙海上,从所谓"沙漠盾牌"到"沙漠风暴"直至战后扫雷与救援,多国部队几乎每一种战术操作都离不开卫星导航系统的引导,从而对只有少量卫星导航设备的伊拉克军队形成了明显的军事优势。比如,在"沙漠风暴"中,多国部队用"声东击西"的战略,用大量的部队穿过伊拉克西大沙漠到幼发拉底河一线,对伊军实施战略迂回包围,全靠卫星导航的精确指引。事后伊军一个俘虏说,我们知道那里(西部)是我们的地方,但是我们不到那里去,因为在那里我们会迷路。

所有以上从古到今的例子都说明,导航是人类从事政治、经济和军事活动必不可少的信息技术。

7.1.2 导航的基本功能

导航随人类政治、经济和军事活动的产生而产生,随人类政治、经济和军事活动的发展而不断从低级到高级发展。

人类活动的范围不断扩展,所使用的交通运输工具不断改进(航程远、载运量和速度不断加大),对导航提出了越来越高的要求。人类活动的主要范围从远古的黄河流域,地中海和波斯湾沿岸,印度河流域逐步向邻近区域扩展。14 世纪末,新大陆的发现和从欧洲绕过好望角到东方的海上航路的开辟,使人类活动不仅可以凭借陆路、内河、近海交通发展延伸到几乎全世界的海上交通。然而一直到 19 世纪中叶,交通运输总体说来还主要依靠人力、畜力和风力,因此发展是相对缓慢的。20 世纪初蒸汽动力的出现,设计出了火车和轮船,使海上运输和铁路运输得到了极大发展。20 世纪末,汽车的大量投入使用使陆路运输进一步繁荣起来。21 世纪初航空运输的兴起,加快了人类经济和军事活动的节奏。时至今日,人类活动的领域不仅包括了地球表面的五大洲、三大洋、南北极、陆上、水上、空中,还包括了水下和外层空间,要求为经济、军事目的和科学研究的各式各样的运载体,如车辆、船舰、飞机、火箭、卫星、航天器提供相应的导航服务。但是到目前为止,人类已经建立的导航系统主要还是为航空和航海提供服务,或者说导航技术发展的主要推动力来自这两个方面,因为它们是除了陆路运输之外的两种主要运输形式,尤其是航空领域对导航提出了严格要求,这是由于飞机在空中必须保持运动,运动速度相对较快,留空时间有限,事故后果严重,而飞行器所能容纳的载荷与体积较小,使导航设备的选择受到了较大的限制。

运载体对导航要求的提高,使导航的功能从主要提供运载体的航向转变为主要提供位置信息。随着航空和航海交通的发展,为了提高安全性和经济性,人们放弃了这种较为粗放的航行方式。天空被划分为连接城市间的一条条具有一定宽度和高度的航路,近海和港口内也规定船只只能沿有一定宽度的航道行驶,为运载体提供的实时位置成为头等重要的导航信息,因为它使驾驶员能随时判定运载体是否在规定的航路或航道中行驶,是否有偏出航路或航道的趋势,离目的地还有多远,从而避免相撞、触礁或搁浅,以及误入禁区,节省油料与时间,并准时到达目的地。对于军事航行也是如此,由于执行任务的需要,军用飞机与舰艇可以沿航路或航道行驶,也可以在任何所需要的地域内活动。在沿航路或航道内行驶时,必须服从该地区统一的规定,因此要有实时定位信息,以使军民交通安全有序地进行;在航路或航道以外行驶时,必须有实时定位信息,才能及时准确地到达目的地或返回基地。尤其是在敌占区执行任务时,还要选择避开敌方火力范围,敌方所设雷区或设伏区,沿敌方不易发现或有地形隐蔽的航线到达目的地,因此也要有实时的定位信息。今天我们使用的导航系统,主要是单独或相互搭配,为运载体提供实时定位信息。而提供航向的设备,比如磁罗盘(磁罗经)、航向姿态基准系统等,虽然也是飞机或船舰必装的,但基本上已不属于导航的研究范围,而归于航行仪器(表)一类了。西安-咸阳机场周围的空中航路如图 7.2 所示。

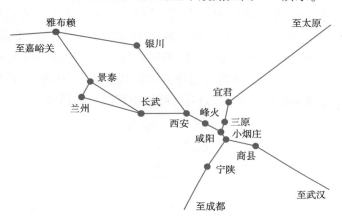

图 7.2　西安附近区域的空中航路示意图

　　航路或航道有多宽呢? 空中航行包括航路/终端区与进近/着陆两个阶段,而航路/终端区阶段又分为越洋航路、本土航路、终端区、边远区和从地面到地平面以上 1 270 m 低高度飞行区等五个分阶段,而进近/着陆阶段又分为非精密进近、精密进近和着陆两种类型。总之,越接近机场,飞机的密度越高,所要完成的操作要求也越精密(如要在跑道上着陆),因此越接近机场航路越窄;而在边远区、越洋区则航路较宽,故不同的飞行阶段对导航定位信息的精度提出了不同的要求。与航空相类似,水上航行区分为内河阶段、港口/港口入口阶段、岸区阶段和远洋阶段。内河和港口航道较窄,远洋航行则较宽。为了保障航行安全,并获取大的经济效益,不同航行阶段对导航信息的精度及其他要求也不一样。

　　到目前为止,我们所依赖的导航系统基本上是在第二次世界大战期间及以后逐渐发展起来的,虽然设备技术在不断改进,但体制却基本保持不变,有无线电导航系统和自主式导航系统两类,而且以无线电导航系统为主。这些无线电系统都是在陆上设立导航台,发射无线电信号。装在飞机或船只上的导航设备接收导航台发射的无线电信号或与导航台配合工作,给飞机或船只的驾驶员指示出它们的实时位置。这类无线电导航系统工作的基础是设在陆上的导航台,故称为陆基无线电导航系统。这种陆基系统所能提供的导航信号覆盖范围和所产生的定位精度通常是不可兼得的,即覆盖范围很大的系统,其导航精度和导航数据的更新速率通常较低,而提供高导航精度的系统通常只有有限的覆盖范围。这是因为设计这些导航系统时只有两种可能的选择,要么选择很低的信号发射频率,比如奥米伽系统,频率为 10 kHz 左右,电波在地球表面与电离

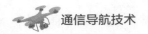
通信导航技术

笔记栏

层之间形成的"大气波导"中来回反射,因此可以传到很远的地方。正是因为有了低频导航系统,才使全球任何地方都有了导航信号覆盖。然而由于工作在低频,电波传播受到电离层变动、地表导电性能变动的影响,导航精度不高。另一种选择是用较高的频率,这时可以设计出具有较高精度的导航系统,比如伏尔/测距器、塔康、仪表着陆系统等,以满足要有高精度导航服务的航行阶段的需求。然而在高的频率上,电波沿直线传播而且要穿透电离层,由于地球表面的弯曲和地形起伏,一个导航台只能覆盖小的区域,如图 7.3 所示。要完成大范围覆盖则要毗邻布局大量导航台,而且在海上和边远地区根本无法或很难建台,信号仍然覆盖不到。因此,一架飞机或一艘船舰,要视其航行的区域或所执行的使命而装备多部导航设备,以满足不同航行阶段的需要。这种情况只是在卫星导航出现之后才开始改变。因为从离地高度 20 000 km 左右的卫星,可以看到 42% 的地球表面积。而所发射的电波频率很高,可以顺利地穿过电离层。因此由多颗卫星组成的星座可以覆盖全球,同时又能提供高的导航精度。

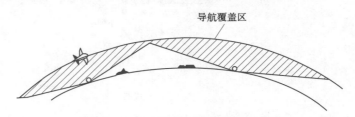

图 7.3 超高频导航台的覆盖区

不管是空中还是海上,航路宽度的规定都受着导航技术所能达到的覆盖范围与精度的制约。原因很简单,因为超过了导航信号覆盖范围与精度的航路规定是无法遵循的。导航技术的发展又会反过来促进航空和航海事业的发展,因为随着经济的发展,飞机和船只的流量不断增加,要求在同样的空间内容纳更多的运载体,并且运载体占用关键空域或水域的时间越少越好,这就要求相应的导航技术支持。因此运输和导航是一对矛盾的统一体,正是这一对矛盾推动着交通运输与导航技术不断发展。

7.1.3 导航与其他定位系统的关系

导航的基本任务是为载体提供实时的位置信息,因此实际上是一种定位系统。但是还有其他一些定位系统,比如雷达和无线电定位系统,导航系统与它们之间是什么关系呢?雷达是一种探测系统,可以固定不动,也可设在飞机、船舰或车辆上,成为移动的。它利用定向无线电波束,向目标(如飞机、船舰、导弹等)发射电磁波,电磁波在目标上发生反射,雷达接收反射波,雷达利用波束的定向性和电磁波的往返时间测量出目标的方位与距离(也有测高的)。这样,目标位置信息为雷达所获得,并提供给载有雷达的载体,而不是为目标所获得。这与导航为作为服务对象的飞机、船舰本身提供定位信息是不同的。当然有些雷达也可以用作导航,如海用导航雷达,多普勒雷达和精密进近雷达,但这只是雷达的一种应用方式。另外,导航既然是一种服务,服务对象自然与导航台是一种合作关系。而雷达则不然,除了二次雷达之外,其他雷达都不管对方是否合作,都可进行探测。再者,雷达常用相对于雷达站的距离与角度对目标定位,而导航则不一定,有的用运载体相对于导航台的距离与方位定出载体的位置(极坐标定位),也可以用相距几个导航台的距离的差值来定位(双曲线定位),或者距几个导航台的距离(圆-圆定位)或距几个导航台的角度来定位。由此可见,雷达与导航都是定位系统,有些技术可以相互借鉴(如卡尔曼滤波技术),有些雷达还用作导航,然而它们仍然是有本质差别的。

无线电定位(radio location)用来确定运载体或地球上固定点的位置,靶场、探矿及测绘等部门都需要无线电定位。由于导航也能定位,因此有时还将导航系统用作无线电定位。但无线电定位(如测绘定位)是另外一门学问和技术,它所用的仪器、设备与系统,要求很高的测量精度,在测地时还要在远距离上实现很高的相对测量精度,比如在 5 000 km 上达到厘米级的精度;然而却不一定要求数据是实时的,有时为测定一个点的精确位置可以花去较长的时间。相反,导航则要给出运动中的运载体的实时位置,才能引导运载体航行,而且导航数据更新率要与运载体的速度相适应,才能实现导航的目的。因此,导航定位与无线电定位是两种技术,所用的设备与系统也不相同,但是由于卫星导航系统全球覆盖,而且可以做到精度很高,已经成为无线电定位的有力工具,从这种意义上说,无线电定位与导航定位的差别又在逐步缩小。

7.1.4　航行对无线电导航系统的要求

导航的基本作用是为运载体航行服务,其中包括交通运输航行与军事航行,它所提供的服务应该满足航行所提出的特定要求,即安全性、连续性,以及其他要求。上述要求许多是其他种类的定位系统不必要的,综上,我们可以进一步看到导航的本质,看到导航与其他定位系统之间质的差别。

一般说来,要描述一个无线电导航系统,必须考虑其精度、可用性与可靠性、覆盖范围、导航信息更新率、导航信息多值性、系统容量、系统完善性和导航信息的维数等参数,对它们分别叙述如下:

1. 精度

导航系统的精度指系统为运载体所提供的位置与运载体当时的真实位置之间的重合度。受各种各样因素的影响,比如发射信号的不稳定、接收设备的测量误差、气候及其他物理变化对电磁波传播媒介的影响等。这种重合度时好时坏,即导航误差是一个随机变化的量,因此只能用统计的度量单位来描述,即用定位误差不超过一个数值的概率来描述。

有些导航系统只为运载体提供一维位置,比如高度或方位,此时精度用 2σ 来描述,相当于95%的置信度。即每次测量结果有95%的可能性其误差小于或等于 2σ 值。

有些导航系统给出运载体的二维位置,通常是水平位置,此时精度用 2DRMS 来描述。DRMS 是"距离误差均方根值"的缩写。当用导航系统为运载体多次提供位置时,这些位置值总与其真实位置有一些或大或小的偏差,如果不管偏差的方向,只管偏差的径向距离,用这些距离求均方根值便得到 DRMS,DRMS 的二倍便是 2DRMS。在无线电导航系统中,常发生偏差值在各个方向上不均匀的现象,在一个方向上误差大一些,在与这个方向相垂直的方向上误差小一些,即误差分布是一个椭圆。椭圆便有椭圆度,椭圆度影响着 2DRMS 与置信度之间的关系。如果椭圆是很扁的,即向一条线收束,那么 2DRMS 的置信度趋于 95%。如果椭圆很胖,向圆靠近,则置信度趋于 98%。在军事上不常用 2DRMS 而用圆概率误差(CEP)来描述水平定位精度。CEP 是一个以运载体真实位置为圆心的圆的半径,在所有可能的导航定位值中,有 50% 落在这个圆内,相当于 50% 的置信度。一般来说,2DRMS 值等于 CEP 值的 25 倍左右。

以上说的是衡量导航系统精度的方法。导航系统的精度还有以下三种类型。

第一种是预测精度。它是导航测量结果相对于地图上标出的位置而言的精度。由于测地学的历史发展,或因为其他原因,用于绘制地图的坐标系(测地基准),各国各地区可能并不完全一样。因此,同一地理位置,同一导航台的台址,在不同的地图上标出的经度和纬度坐标便有可能不一样。为了判明导航系统的预测精度,必须把地图数据与导航系统测得的位置(用坐标变换的算法自动显示为经纬度)都用同一种测地坐标系来指示。

第二种是重复精度。它指用户回到从前曾用同一导航系统测定过的位置的精度。

第三种是相对精度。它指用户测量出的位置相对于另一个同时用同一导航系统测量出的位置的精度。

在不同的导航应用中有时关注的精度类型不一样。如果运载体要保持在地图上标绘的航路或航道中航行,自然要求有一定的预测精度。如果运载体到了一个从前陌生的地点,用导航系统的数据记下了它的位置,而下一次还想利用同一导航系统回到那里去的话,所能达到的精度便是重复精度。在用飞机执行搜索救援中,一架飞机一般按相隔不远的一些平行线来回飞行,以对一定的范围进行搜索。当飞机刚飞过了一条线,紧接着再按同一导航系统飞往另一条线时,这两条线之间的距离所能达到的精度便是相对精度。有些导航系统,这三种精度相差是较大的。

2. 可用性与可靠性

交通运输是经济命脉,不会停止,军事航行是按需要进行,因此导航服务不能中断,应能够提供全天候服务。这就要求无论在什么天气、地形和电波传播条件下都要能提供符合要求的导航服务。然而导航系统受多种因素的影响仍可能停止工作。如导航台每年要有几天定期检修,太阳黑子活动有时会影响低频电波传播,供电系统故障也有可能造成发射台不能发射信号。应想方设法减少这些因素对导航服务的影响,因此对导航系统提出了可用性这一指标。系统可用性是它为运载体提供可用的导航服务的时间的百分比。可用性是选定导航系统的指标之一。然而还有另一项与之相关连的指标,即系统的可靠性。系统的可靠性是系统在给定的使用条件下,在规定的时间内以规定的性能完成其功能的概率,它标志着系统发生故障的频率。为了说明系统可用性与可靠性的差别,我们举出在实际中不大可能发生的极端的例子。比如有些导航系统每年有几天要停下来检修发射台的大型铁塔天线,这当然对其可用性有影响,然而除开停机的那几天,它的服务十分连续,发射台、用户设备工作和电波传播都很稳定,因此可靠性很高。相反有些系统每年不需要停机检修,因此可用指标很高,但时不时要出点短期毛病,这就是可靠性不高,这种时不时发生的毛病在关键时刻影响也是很大的。在导航中还有信号可用性的提法。信号可用性指从导航台发射的导航信号可以使用的时间百分比,它与发射台及电波传播环境有关。

3. 覆盖范围

覆盖范围指的是一个面积或立体空间,那里导航信号足以使驾驶员以规定的精度定出载体的位置。覆盖范围受到系统几何关系(许多无线电导航系统,当运载体与导航台之间的距离或方位不一样时,导航精度便不同)、发射信号功率电平、接收机灵敏度、大气噪声条件,以及其他影响信号可用性等因素的影响。

4. 导航信息更新率

导航信息更新率是指导航系统在单位时间内提供定位或其他导航数据的次数,对更新率的要求与运载体的航行速度和所执行的任务有关系。比如对于无人机飞行来说,如果导航信息更新率不够,在两次为无人机提供定位数据之间的时间内,飞机的当前位置与上一次的指示位置就可能相差很远,这就使导航服务的实际精度大打折扣,不能精确和平稳地保证无人机飞行。

5. 导航信息多值性

有些无线电导航系统为运载体给出的位置信息可能有多种解释,比如奥米伽系统,大约每隔 288 海里(1 海里 = 1.852 km),其位置指示便要发生重复,这便产生了多值性问题。当然运载体实际只能处在其中某一个位置上,不可能同时在几个位置上。为了认定其中确定的一个,必须采用辅助手段。因此一旦存在多值性时,具有解决多值性的手段也是对导航系统的要求之一。

6. 系统容量

由于交通运输的发展,在一定范围内的运载体数量越来越多。有些无线电导航系统的工作方式是,导航台发射信号,运载体上只需载有导航接收机,因此无论有多少运载体都没有关系,即可以为无限的用户数目提供导航服务。这种用户设备由于工作时不发射信号,称为无源工作。有些导航系统则不然,一个导航台只能与数目有限的用户设备配合工作,即系统只能为数量有限的运载体服务。导航要求能在其覆盖区内同时为所有需要导航服务的用户提供服务。

7. 系统完善性

所谓完善性指的是当导航系统发生任何故障或误差变得超出了允许的范围时,自动向驾驶员发出及时报警的能力。这显然是必要的。比如飞机向跑道下滑的阶段,如果导航系统发生了故障或误差超过了允许的范围而驾驶员未及时发觉,而继续按仪表飞行,便有可能使飞机偏离或滑出跑道甚至撞到地上,酿成事故。

8. 导航信息的维数

导航信息的维数是指导航系统为用户所提供的是一维、二维还是三维的位置。导航系统从导航信号中导出的第四维(如时间)信息也属于这个参数。

总之,导航系统的性能是由其信号特性和上述参数来描述的。为了保证交通运输和军事航行的安全和连续进行,对导航的性能要求是特定的,也是多方面的,不能只根据一项或几项参数,比如精度或覆盖范围,便认定一种定位系统可用作导航,或以此对各导航系统进行比较与选择。

7.1.5 民用导航与军事导航

导航是交通运输所必需的,但有军事导航和民用导航之分。军事导航要为执行任务提供所需要的支持,这种支持大体上可以分为两类:一类是为军事航行服务,即把军事运载体从出发点,沿选定的航线,安全、准确、准时地引导到目的地;另一类是到达目的地之后,支持执行任务所需要的军事操作。

军事航行是部队执行各种任务的基础。对于空军来说,无论是训练、转场、运输、巡逻、空投、搜索与救援,或是到作战区域去执行各种任务(如拦截、空袭、侦察或电子战干扰等),飞机都必须从基地起飞,沿着指定的航线,准时地到达指定的空域,并且在执行完成任务之后,返回或飞向指定的机场,进近与着陆。整个航行过程中都必须依赖导航的引导。对海军来说,舰队出海进行训练、演习、巡逻、运输、缉私或是到目的地后进行水面作战、对陆攻击、布雷和扫雷等,在出港、中途航行与返回停泊的过程中都需要导航。因此导航是执行军事任务必要的保障手段,导航设备是军事平台必不可少的装备。

交通运输一般沿着规定的较为固定的航线进行,而军事航行的航线则由军事任务而定,可以沿交通航线,也可以不沿交通航线进行。比如空军基地不一定在交通线上,飞行训练一般不在交通线上进行,转场时飞行路线可能要横穿交通线,轰炸敌方目标的飞行路线要考虑到目标区、地形、气象、敌方对空火力区及敌机活动区的分布等。因此理论上民用导航服务侧重于交通线,而军事导航则要区域覆盖,还包括水下,军事导航与民用导航的服务区域不一定是重合的。另外,军事航行的环境与民用交通环境也不完全相同。民用航线主要设置在有较大货运和客运流量的城市与口岸之间,定期或不定期的空运或海运沿交通线进行,为它服务的导航台设施是较为固定的,只是随着交通运输的发展而逐步扩展与升级。军事航行则随着任务的需要有一定变动性。比如某一边境局势紧张,则在这个方向上的军队和物资运输便比较多;在战争时期随着战线的推移,空、海、陆要及时跟上;还需要到敌占区执行任务(此时会遇到敌方的阻挠与破坏)。这就造成为军事航行服务的导航要考虑机动性、自主性和抗干扰性。

另一方面,既然导航能为军事运载体提供实时的位置和其他信息,便可以利用它完成作战操作任务。例如,预警飞机上配有功能很强的雷达,但这部雷达的基座不是固定在地面上,而是在飞机构架上,因此随着飞机的运动不但雷达的位置在不断变动而且其波束指向也因飞机航向、俯仰与倾角的变动而不断变动,这就必须要有导航所提供的飞机实时位置与姿态信息,才能探测出目标的位置。又如,在侦知目标的位置后,我方要对其实施导弹攻击,如果我方使用机动导弹或载于飞机或军舰等运动平台上的导弹,则首先要利用导航所产生的平台位置及速度数据对导弹作初始化,还可以利用载于导弹上的导航设备对其进行制导。导航的这一类作用使其成为一种武器,是部队战斗力的组成部分。战场作战的需要对导航系统的抗干扰能力、保密性、反欺骗、反利用、抗毁性、导航信息的多样性(位置、速度、姿态、时间等)及精度提出了很高的要求。

由上可见,导航不仅在经济,而且在军事上具有重大意义,正因为如此,它将随军事需求的发展而发展,军事需求是导航技术发展的重要推动力。

总之,民用导航首先要保障航行安全,同时必须考虑经济效益,因为不能带来高的效费比或者用户设备太贵的系统是不可能推广的。军事导航首先要满足执行任务的需要，当然也受到经济因素的制约，因为无论哪一个国家，军费都不可能是无限的。当然，军事与民用导航有差异，但也不是截然不同的两种技术。由于军事航行和民用交通航行所执行的任务类似，历史上有一些系统是首先为军事需要而发展，如奥米伽、罗兰-C和子午仪等，然后再开放作民用的，成为一种军民合用系统。另外，军事运载体上通常装有民用导航设备，这是因为民用导航设施是现成的，也比较完备，尽量加以利用或作为一种冗余配置，从经济上和导航信息多途径保障方面看，都是合理的。

7.2　导航技术近代发展简史

为了航空航海安全和高效率运行，也为了满足部队执行任务的需要，导航系统的选定和导航台的建设基本上是一种政府行为。而用户选用哪一种或几种导航系统，则取决于他的需要，其中包括活动范围、所从事的业务、载体的类型与大小，以及经济上的考虑。

随着导航技术的不断进步，新系统的不断出现和采用，有些旧系统由于还有相当的用户（国际的或国内的），还在继续工作，而有些则淘汰了。因此，导航设施呈现出在世界、地区或国家范围内既统一又不完全统一的情况。因此，要了解导航的现状便不得不对导航的发展历史有所了解。

本节我们将对今天还有影响的近代导航技术发展过程作一简要叙述，以帮助了解目前导航的状况。我们分无线电导航和自主式导航两方面来讨论。

7.2.1　无线电导航的发明——近代导航史的开端

无线电导航是 20 世纪一项重大的发明，电磁波第一个应用的领域是通信，而第二个应用领域就是导航。早在 1912 年就开始研制世界上第一个无线电导航设备，即振幅式测向仪，称无线电罗盘。无线电导航的发明，使导航系统成为航行中真正可以依赖的工具，因此具有划时代的意义。

在第一次世界大战期间，海上首先使用了无线电通信，与此同时，在海岸上开始安装发射 375 kHz 连续无线电波的无线电信标台。信标台天线的水平方向图为圆形，在所发射的连续波中用莫尔斯电码作为不同台的识别信号。船上装有定向机接收无线电波。定向机配有可旋转的环形天线，环形天线水平方向图为 8 字形。当船只离岸在一定距离以内时，可以用转动环形天线的方法找出接收到的信号为 0 的方向，这个方向便是指向无线电信标台的方向。而当能测出到两个或两个以上的信标的方向时，便可以根据这些方向的交点找出船位。

1922 年发明了声呐，它的工作原理类似雷达，只是使用的是超声波，装在船的底部，船只可借以发现水下障碍物、潜艇或用来测绘海底地图。

1935 年法国首先在商船上装备 VHF 频段的雷达，以观测海岸和附近的船只，用作近岸导航和船间避撞。1939 年德国在战舰上装备了 VHF 频段雷达，在第二次世界大战中美国所有大的舰船上都装有雷达。

在 1929 年,根据等信号指示航道工作原理,研制了四航道信标、航空导航用的无线电信标,以及垂直指点信标。

四航道信标的天线为相互垂直交叉的一对环,发射连续的无线电波,为装有相应接收机的飞机指出到信标的四个航道。四航道信标在美国大陆使用,作用范围约为 100 海里,要毗邻布台才能覆盖较大的区域。

航空导航无线电信标首先在欧洲使用,然后再传到美国。它的作用原理与海上导航无线电信标类似。机载设备称为无线电定向机(或无线电罗盘),测量出相对于飞机轴线来说的无线电信标台的方位,作用范围与四航道信标差不多。由于无线电信标不限于四个航道,而是全向的,因此更优越一些。

在美国,无线电信标安装在机场附近,使飞机能够精确地向信标台飞行,然后执行向跑道的"非精密"进近。

鉴于四航道信标和无线电信标均只能提供航向而不能提供飞机的位置信息,因此在沿四航道信标的航路上或沿非精密进近的路线上装有垂直指点信标以对上述两种系统进行补充。指点信标的工作原理与无线电信标类似,只是天线的方向图垂直向上,形状像蜡烛的火焰,由于它的安装位置是确定已知的,当飞机飞过时便知道飞到了哪里。

与从前所用的导航方法相比,无线电导航不受季节、能见度的限制,工作可靠、精度高,指示明确、使用方便,因此很快得到了推广。

这是无线电导航的初期阶段,离大陆不远的航海和发达区域的航空有了较为可靠和精确的保障。这一阶段的特点是:航海导航技术领先,航空导航技术许多是在航海导航技术启示下发展的;测向能力强于定位能力。在远海航海和洲际飞行时仍主要依靠目视观测及一些古老的技术。如今,四航道信标已经消失了,船用导航雷达、航空和航海无线电信标和指点信标还在使用。

第二次世界大战中,由于军事上的需要,无线电导航飞速发展,出现了许多新的系统。战后在此基础上继续发展,1945—1960 年研制了数十种之多,典型的系统如近程的伏尔(VOR)、测向器(DME)、塔康(TACAN)等;中程的有罗兰-B、康索尔(Consol);远程的有法康(Facom)、罗兰-C(Loran-C)等;超远程的有奥米伽(Omega)等。形成了今天的导航体制的基本格局。

(1)无线电信标:1929 年问世,精度 3 ~ 100 m(2DRMS),拥有美国用户 18 万 ~ 50万个,价格低廉,工作可靠,用于民用飞机和小型船舶,它作为一种低成本与备用导航系统保留到了 20 世纪末。

(2)台卡系统:1944 年面世,作用距离 370 km,定位精度 15 m,主要在欧洲使用,是一种区域性导航系统。

(3)伏尔/测距器,分别诞生于 1946 年和 1959 年,作用距离在视线距离之内,重复精度与相对精度分别为 0.35°(2DRMS)和 185 m(2DRMS)。甚高频全向信标(VOR)和超高频测距器(DME)两种系统配套工作可为飞机提供相对于正北的方位和到地面台的距离。我国先后研制成功这两种无线电导航系统,一共建设有 176 套 VOR 和 DME投入使用,是我国民用航空的主要无线电导航系统。按伏尔系统航行与按无线电信标航行的对比,如图 7.4 所示。

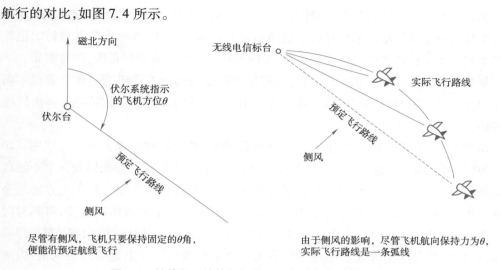

尽管有侧风,飞机只要保持固定的θ角,
便能沿预定航线飞行

由于侧风的影响,尽管飞机航向保持力为θ,
实际飞行路线是一条弧线

图 7.4 按伏尔系统航行与按无线电信标航行之间的比较

(4)塔康系统:1954 年建成,有用户约 1.7 万个,它在一个频段上实现了同时测向、测距。地面台生产装备了约 65 套,机载设备约 793 台。该体制是我国军用航空的主要装备体制。

(5)罗兰-C:第一个台链于 1957 年建成。作用距离地波 2 000 km,天波 4 000 km,定位精度地波 460 m(2DRMS),重复与相对精度为 18 ~ 90 m(2DRMS)。全球共建大小台链约 20 个,近 100 个地面台,拥有用户超过 100 万个,作为民用还在继续效力。

罗兰-C 是一种远距离(1 850 km),低频(100 kHz)的双曲线无线电导航系统,选用两个同步发射器信号到达的时间差来定位,可以提供 100 ~ 200 m 的精度。

奥米伽,1982 年全面建成,全球 8 个地面台,采用甚低频系统,作用距离 1.5 万 km,精度 3.7 ~ 7.4 km(2DRMS)。全球用户约 2.7 万个,80% 以上为民用用户。

1964 年,美国海军发射子午仪(transit)导航卫星,这是美国海军导航史上的重大事件,它的全称为"海军导航卫星系统"。子午仪于 1964 年投入使用,1967 年向民用开放。系统由空间卫星、地面站和用户设备三部分组成。空中 6 颗卫星分布在 6 条离地面约 1 080 km 的圆形轨道上;地面建有 4 个跟踪站,两个注入站和一个计算中心;用户设备包括导航接收机和计算机,广泛用于美国国内外商船和军舰上。由于能连续定位,且两次定位之间间隔时间比较长,加之先进的、真正的全球卫星导航系统 GPS 的问世,因此,子午仪于 1996 年终止使用,但作为第一代卫星导航系统因其将地面导航台搬至天空中将永远载入史册。

7.2.2 自主式导航

陆基无线电导航系统的优点是把整个导航系统的复杂性集中在导航台上,使机载或船载用户设备比较简单,因此价格低廉,可靠性高,易于推广应用。但是从作战使用的角度看,由于它要有导航台及依赖电波在空间传播,对系统的生存能力、抗干扰、反利用、抗欺骗能力都不大有利。

另外一种导航方法,即不依赖外界信息,只靠载体自身的惯性测量来完成导航任务的技术称为自主式导航。惯性导航系统是利用惯性敏感器件、基准方向及最初的位置信息来确定运载体在惯性空间中的位置、方向和速度的自主式导航系统,简称惯导。

早期的机载推算导航系统,利用陀螺或磁航向将所测出的飞机的空速分解成东向和北向分量,然后分别积分,以算出各个方向上所经过的距离,并在此基础上算出所经过的距离与方向。

20世纪60年代开始,惯导首先应用于航海领域,然后航空领域大量投入使用。20世纪80年代以前所用的惯性导航系统都是平台式的,它以陀螺为基础形成一个不随载体姿态和载体在地球上的位置而变动的稳定平台,保持着指向东、北、天三个方向的坐标系。固定在平台上的加速度计分别测量出在这三个方向上的载体加速度,将其对时间一次和二次积分,从而导出载体的速度和所经过的距离。载体的航向与姿态(俯仰和横滚)由陀螺及框架构成的稳定平台输出。加速度测量实际上是对力的测量,因为众所周知,按牛顿第二定律,力 = 质量×加速度。20世纪70年代出现了一些新型陀螺、加速度计和相应的惯性导航系统。主要包括静电陀螺、动力调谐陀螺、环形激光陀螺、干涉式光纤陀螺等。

惯性导航系统有许多优点。它不依赖于外界导航台和电波的传播,因此应用不受环境限制,包括海、陆、空、天和水下;隐蔽性好,不可能被干扰,无法反利用,生存能力强;另外,还可产生多种信息,包括载体的三维位置、三维速度与航向姿态。当然它的垂直定位信息不好,误差是发散的,不能单独使用。

另一种自主式导航系统是1945年左右开始发展的多普勒导航系统(Doppler navigation system,DNS),多普勒导航系统由多普勒导航雷达(Doppler navigation radar)和导航计算机组成。利用多普勒效应,从向飞机斜下方发射的两到四个波束的回波中,检测出飞机相对于地面的地速和偏流角(由于风的影响,飞机的空速和地速方向不一致,两者在地面上的投影之间的夹角称为偏流角),或者在机体坐标系(飞机纵轴方向、水平横向与铅垂方向)中的三维速度分量。在导航计算机中,以来自航姿基准系统(AHRS)的飞机航向和姿态角数据为基础,将多普勒雷达产生的信息进行坐标变换,从而求出飞机在大地坐标系的三维速度分量(即北向、东向和垂直速度)。进一步经积分解算便可得出载机的已飞距离和偏航距等信息,再根据起飞地点和目的地的地理坐标进行解算,便可得出飞机当前的地理坐标位置和到达目的地的应飞航向、应飞距离和应飞时间等导航信息。由于它在当时曾是唯一工作范围不受限制的系统,设备价格低廉、定位精度可为已飞距离的13%左右,故20世纪50~70年代在一些国家曾经是飞机的主要自主式导航设备,大量装备在轰炸机、战斗轰炸机、运输机和大型客机上,并应用在航天飞行器的软着陆中。现在该系统除了应用于一些特种飞机(如B1-B等)之外,还广泛应用于直升机和无人驾驶飞机上。

以上自主式导航系统都是推算导航系统,位置信息由积分导出,因此,都有一个共同的问题,就是其误差随时间而积累。而无线电导航则没有这个问题,因此,较长时间工作的推算导航系统一般需要由无线电导航系统定期进行校准。

7.3 导航技术的发展趋势

导航技术作为现代科技的主要组成部分,已经深入到人们的日常生活中。无论是在驾驶、旅行、探险,甚至是在户外运动中,导航技术都起到了至关重要的作用。本节将从新时代军事作战对导航的要求和其他新型导航系统对导航技术的发展趋势进行探讨。

7.3.1 新时代军事作战对导航的要求

卫星导航的出现,使民用和军事航行对导航的要求得到了较好的满足。卫星导航系统的缺点是易受到干扰,而且目前为少数国家拥有,另外在山区和水下还有卫星信号被遮挡的问题。为了执行各种各样的军事任务,还需要有其他新型导航系统。

事实上,虽然现行的陆基无线电导航系统主要用于对空中和海上的民用和军事运载体的航行进行引导,但它们也有一些其他的军事作用,比如空军利用它们作目标截获、空中集合,海军用它们作搜索与救援、布雷和扫雷、防空作战、水面作战、反潜、两栖作战和后勤支持等,然而这些战术功能都只是对其航行保障能力的利用,系统不是专门为作战使用而研制的。在战场上使用的战术功能不那么强,因此一般不作有意干扰。然而随着导航,包括卫星导航军事作用的急剧扩展,开始出现了导航电子对抗问题,其中包括对导航信号的侦听、堵塞干扰、欺骗干扰和系统的反利用等。因此为军事作战服务的新型导航系统都应该尽量具有强的电子对抗能力。

军事导航无论对于航行或战场作战,均要求所提供的导航信息是实时的、连续的,而且具有所需要的数据更新率,否则高的精度便可能失去意义。

为了满足越来越高的要求,许多军用系统趋于复杂是客观的事实。然而为了使用方便不能对系统的操作与维护人员的技能提出很高的要求,因此应利用计算机技术及自动故障诊断与隔离技术,使导航系统能为一般操作人员使用与维护。

为了提高系统生存能力,导航系统最好是自主式的。为了对敌方进行突然袭击,要尽量不让敌方得知己方的行动,因此希望导航系统的用户设备无源工作。

军用运载体有时具有很大的动态范围,比如高速运动或作突然的机动,要求此时导航精度不能下降。

为了适应作战需要,导航系统的覆盖范围至少要能包括作战区域,越大越好,直至覆盖全世界。当然对军事导航系统还有一些其他要求,比如导航系统可容纳无限数目的用户,用户定位精度不能随用户所处的海拔高度不同而不同,也不能随着每年每天的时间变化而变化等。

由上可见,理想的军事导航系统应该是自主式的,以使所有军事任务能不依赖于外界的信号辅助而得以完成。从现在的导航技术发展情况来看,没有一种或几种系统合并起来能够满足上述所有的军事导航要求。没有一种系统既能自主、无源而又同时满足所有用户与全世界范围的精度要求。军事作战的性质要求导航以最高可能的置信度来提供等于或超过任务需要的服务。因此必须使用各种各样的导航技术,并在各种武

器各种平台上作冗余配备。现在还不得不使用非自主的无线电导航系统去满足一些军事任务的精度需要,其中首选便是卫星导航系统,而且从军事导航的整体上说,还不得不由其发挥主要作用,而其他新型军事导航系统则作为补充,用于卫星导航不能或不适合使用的场合。

7.3.2 其他新型导航系统

1. 微波着陆系统

1978 年,鉴于以仪表着陆系统(ILS)和精密进近雷达(PAR)为代表的飞机精密进近和着陆系统已经使用了近 40 年,虽然它们对提高飞机着陆的安全和全天候能力曾经起到了巨大的作用,但是随着航空事业的发展,以及军事上对飞机着陆要求的提高,越来越暴露出单纯靠设备改进及系统体制上一些局部调整已不能满足要求。因此,国际民航组织一致决议,采用时间基准波束扫描体制的微波着陆系统作为新型的标准飞机着陆引导系统。

微波着陆系统工作在 5 000 MHz 频段,其地面设备包括方位电台和仰角台,它们的电扫天线分别发出左右和上下扫描的扇形波束。机载设备接收来自地面台的信号,分别测量出两种波束往复扫描经过飞机的时间间隔,这个时间间隔与飞机偏离跑道中心线的角度和离地的仰角成正比,从而可由此换算出下滑中的飞机相对于跑道的方位和仰角。飞机距接地点的距离则由精密测距器(PDME)机载设备导出。精密测距器也有地面应答机,是微波着陆系统地面设备的组成部分。

微波着陆系统引导精度高,可用性和完善性高,易于达到高等级着陆标准,覆盖区域广(可达方位 ±60°,仰角 0°~30°),可以用于各种类型飞机的着陆引导,也便于实现曲线或折线进近。地面台天线不大,对场地要求不严,适用于军用机场,包括航空母舰舰载机的着舰引导。它由机上导出数据,使飞行员处于主动。频道数多,地面台毗邻布局时相互干扰小。因此微波着陆系统大大提高了军民用飞机执行任务的全天候能力。

但是,当各国正在研制和准备装设微波着陆系统的时候,DGPS 可用于精密进近和着陆的前景出现了。与微波着陆系统相比,DGPS 具有明显的价格优势,这就使国际民航界面临着新的决策。许多国家倾向于延长仪表着陆系统的使用期,在 DGPS 技术成熟之后直接过渡而不采用微波着陆系统;另一些国家坚持由仪表着陆系统过渡到微波着陆系统,主要是基于对只有少数国家拥有卫星导航系统这一情况的担忧。为了解决这种分歧,1995 年国际民航组织决定采用由 ILS/MLS/DGPS 三种功能综合构成的多模式(机载)接收机(MMR)装备飞机。这样,无论机场上装备哪一种地面台,载有 MMR 的飞机都可与之配合,完成精密进近和着陆。

2. 环形激光陀螺捷联式惯性导航系统

惯性导航系统的固有特点,使其在军事领域备受重视,在海、陆、空、天和水下得到了广泛应用,成为十分重要的导航系统。20 世纪 80 年代中期以前所使用的惯性导航都是平台式惯导。在平台式惯性导航中,陀螺安装在惯性平台上,使其工作环境不受载体角运动的影响,平台模拟了导航坐标系。载体的姿态和航向角可直接从平台上或通过少量计算获得,从加速度到速度与位置的运算也比较简单。但是,由于机械电气平台结构的复杂性,增加了平台式惯性导航系统的体积、质量和成本,可靠性也受限。

由于计算机技术的进步,出现了将陀螺和加速度计直接固连在运载体上的捷联式惯性导航系统。在捷联式惯性导航系统中,复杂的机电平台被计算机数学平台所取代,因此结构简单、体积小、质量小、成本低、可靠性高、维护简单,还可以通过余度技术提高其容错能力。

但随之而来的是计算量庞大,陀螺和加速度计不但要经受载体的线振动,而且还要经受载体的角振动,工作环境恶劣,动态误差严重。因此,要将平台式惯性导航使用的捷联式陀螺直接用于捷联式惯性导航是极为困难的。

随着环形激光陀螺的出现并逐步走向成熟,计算机技术的快速发展和计算技术的日益完善,使捷联式惯性导航系统走向成熟而且其优越性越来越明显。环形激光陀螺有非常好的比例系数线性度,可承受和测量的角速率高,动态误差小,是捷联式惯性导航系统理想的测量元件。采用环形激光陀螺构建的捷联式惯性导航系统的精度达到了与平台惯性导航可比拟的水平。而它的平均故障间隔时间可达几千小时,体积、质量、功耗都比平台惯性导航小,价格也更低廉,故当前所有军用和民用飞机在改装或更换设备时,几乎都选择了这种激光陀螺捷联式惯性导航系统。

随着光纤陀螺和微机械惯性传感器的研制成功,捷联式惯性导航系统还在不断发展。

3. GPS/INS 组合导航系统

推算导航系统的固有问题,即误差随时间而积累的问题并未因惯性导航技术的进步而消除,因此出现了将无线电导航与惯性导航结合起来的组合导航系统,其中尤其以将 GPS 与新型惯性导航相组合的系统最为引人注目。

组合导航把无线电导航长期精度高与惯性导航短期精度高和不受干扰的优点结合起来。

一般说来存在两种组合方法:比较简单的是重调法;另一种是卡尔曼滤波法。

GPS 接收机大约每秒产生一次位置速度等导航信息,在重调法中用它去调整惯性导航的输出,这样便限制了惯性导航系统的漂移,使系统精度保持在一定范围内。

在卡尔曼滤波法中,将惯性导航产生的位置输出与由 GPS 的位置输出相比较(或均换算成距 GPS 卫星的距离去比较),得出差值。根据惯性导航的误差模型,卡尔曼滤波器可由这种差值估算出惯导的各种主要误差因素的大小,从而对惯性导航进行校正,使惯导的输出精度提高。采用卡尔曼滤波组合方法,能使总的输出精度(包括位置、速度和姿态信息的精度)都高于 GPS 或惯导。当 GPS 信号因某种原因发生短期中断时,惯性导航仍可以在一段时间以较高的精度继续产生导航信息,因此系统可靠性比单独用 GPS 时要高。卡尔曼滤波组合法分为松组合与紧组合两种。在紧组合中还可以进一步用来自惯性导航的速度信息辅助 GPS 的跟踪环路,使 GPS 的环路带宽可以设计得比较窄,从而提高其抗干扰能力;还可以用惯性导航校验 GPS 的完善性,这就是空中独立完善性监视(AAIM)。另一方面,利用 GPS 可以帮助惯性导航实现空中对准,大幅加快了系统的反应速度。从设备的情况看,GPS 可以作为一块电路板插在惯性导航仪中,因此结构十分紧凑。组合导航在高性能长时间工作的平台(包括导弹、飞机、舰船和车

笔记栏

辆)中发挥着重大作用。在未来,惯性导航的体积将迅速减小,价格会迅速降低,因此,组合导航的应用会越来越广。

4. 地形辅助导航系统

组合导航主要依靠的是卫星导航对惯性导航积累误差的校正,但是,在山地低空应用时,还有卫星信号容易被遮挡等缺陷。为此,在 20 世纪 70 年代末,开始在低空作战的飞机上装备地形辅助导航系统,它利用地形信息校正惯性导航的积累误差。

地形辅助导航系统的基本工作原理是,在系统中存储有飞机所要飞越地区的三维数字地图。在飞行过程中,系统将飞机的气压高度(海拔高度)与由雷达高度表测得的飞机离正下方地表的相对高度相减,得出正下方的地形剖面图。系统将所存储的数字地图与测得的地形剖面相比较,当达到匹配时,便求出了飞机所在点的位置。还有一种地形辅助导航不仅用地形剖面,而且还用地形变化的斜率进行匹配。

由地形匹配所得的更新速率不高的定位信息,采用卡尔曼滤波方法,再与惯性导航系统相组合,产生出连续、高精度的三维位置、速度和姿态信息。

由于雷达高度表在高空时精度不高,在海上和平原上的地形信息太少,因此这种系统只适于在地形不平的低空工作。现在的低空攻击飞机是由机载地形跟踪雷达来引导和控制的。与地形辅助导航系统相比,地形跟踪雷达只能探测飞机前方的地形,使之避免与前方山峰相撞,并不确切知道正前方以外的地形,而且在爬升时由于雷达波束上指,易于暴露目标。地形辅助导航系统中存储有数字地图,因此在知道当前的位置后即知道周围的地形,便可以选择沿山谷飞行的路径;或算出与要攻击的目标的相对位置,以进行攻击;抑或根据预先知道的信息,避开敌方的对空火力。

正因为如此,从 20 世纪 60 年代末美军便开始探索有关地形辅助的原理,一直到 20 世纪 80 年代,美、英、法、德及以色列等国都对此进行了大量的研制与试验。由于地形辅助导航是一种自主式导航,不怕干扰、不可能被敌方利用、精度高,特别适于低空突防。地形辅助和 GPS 用于"战斧式"巡航导弹的情况如图 7.5 所示。新一代"战斧式"导弹上加装 GPS 接收机,将改善命中率,减少任务计划时间,为执行各种远程任务提高导航精度。

5. 联合战术信息分发系统(JTIDS)

在由陆、海、空三军和海军陆战队参加的大型的联合作战中,战场区域可能达上千千米,有可能要出动上千个主要作战单位,没有性能优良的 C^2I 系统协助,作战指挥是不可想象的。JTIDS 便是为这种区域性战争服务的 C^2I 的重要组成部分。它是一种作用范围最多可达 900 km(空-空)的集成通信、导航和识别系统。它使每个 JTIDS 系统成员单位(包括高速歼击机)具有准确的导航定位能力。还有很强的网内识别功能。它的大容量数据分发能力能够把各单位的导航与识别信息,以及由 C^3I 的各种情报系统(如预警飞机、雷达站、电子战侦察设施)所收集到的信息分发(广播)出来,从而使指挥员和各作战单位掌握实时的战场敌我态势,还能把指挥和控制命令实时地下达到各作战单位。它的通信、导航和识别功能是由一个信道和统一的信号来完成的,因此,是一种集成系统。这就避免了这三种功能由三种系统分别完成时存在的覆盖区不重合,造成数据不完整和交流延误的问题。因此 JTIDS 是现代区域性战争的重要系统。国外是在总结历次战争经验的基础上,从 20 世纪 70 年代中期开始研制的,20 世纪 80 年代初开始在欧洲和美国投入使用。

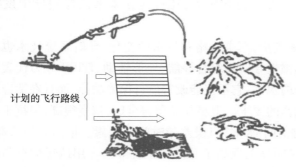

· 亚音速2 400 km
· 以低到33 m的高度掠过地面
· 沿弯曲的保护航道飞行
· 用地形辅助导航

（a）"战斧式"巡航导弹制导示意图

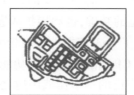

· 两通道GPS接收机
· 提高命中率
· 减少任务规划时间
· 提高导弹打击精度

（b）"战斧式"导弹上安装的GPS接收机示意图

图 7.5　在海湾战争期间"战斧式"巡航导弹由地形辅助系统制导示意图

JTIDS 系统使用同步时分多址接入方式,把时间轴分成一段段的时隙,各个成员按其拥有的信息的多少分配一定数量的时隙,广播自己的位置和识别信息及情报信息,或指挥与控制命令。其他成员在不发射的时隙则接收信息,从中取用自己所需要的信息。

在系统成员中指定一个作为时间基准,其他成员的时钟与之同步,因此,当任何系统成员收到其他成员的信号时,根据信号到达时间（ToA）,便能测出本成员与发射成员之间的距离。如果能测出距三个位置已知的成员的距离,便可以定出本成员的位置。由于系统是时分多址的,来自不同成员的 ToA 不可能同时产生,而成员又在不断运动之中,因此它的定位要靠卡尔曼滤波估算。由于 JTIDS 系统成员的几何分布多无法保持均匀,而且可能有高的动态,因此单用卡尔曼滤波器还不能够产生准确的导航信息,实际 JTIDS 的导航是由 ToA 与惯性导航用卡尔曼滤波法相组合而产生的。导航定位坐标系由一个称为导航控制器的成员指定,然后以它为基准向其他系统推展开去。JTIDS 的导航是一种相对导航。由于所有成员的设备功能相同,时间基准和导航控制器是任意指定的,作战中万一被打掉了之后很快可用其他成员接替,因此 JTIDS 是一种无节点系统,具有很强的生存能力。它的信号使用快速跳频（每个相继的脉冲信号载频不一样,在 960 ~ 1 215 MHz 频段内随机跳变）,直序扩频（信号频谱被展宽,从而不易为敌方侦知）和纠错编码（信号脉冲被干扰掉几个没有关系,必要的信息还可读出）,因此系统有强的抗干扰能力,又有多重加密措施,因此不易被敌方窃听和利用。由于跳频和直序扩频方式每个时隙均不一样,并要发射敌我识别码,使敌方无法冒充己方系统成员,所

以总的说来,JTIDS是一种功能全面、生存能力强、电子对抗能力强的系统。

目前JTIDS还在发展,一方面利用电子技术的新成果改进设备,使体积、质量变小,可靠性提高,同时其应用范围与方式也在扩大,还可能在未来武器制导中发挥重要作用。

总之,随着科学技术的不断进步,军事战略和战术的变化,导航系统技术也在日新月异。以卫星导航、微波着陆、惯性导航及组合导航、地形辅助、JTIDS等为代表的新型系统把导航技术推到了一个新的水平,它不仅能改善航行保障功能,而且在适应新的战争环境条件下支持各种战术操作的要求。卫星导航覆盖全球,精度很高,但抗干扰能力不强。惯性导航不怕干扰,还能用于水下,但误差随时间而积累。把两者组合起来,一方面具有高的导航精度,同时又明显地提高了总的抗干扰能力。用地形信息与惯性导航相组合,形成一种自主式的精度较高与抗干扰能力很强的系统,只是地形辅助导航的应用范围有限。在C³I系统中,数据通信是必不可少的,JTIDS利用通信的同步时分多址体制同时产生ToA,以构成导航定位的基础,也利用扩频通信的抗干扰能力产生导航的抗干扰能力。当然在JTIDS中还用了ToA与惯性导航相组合的方法以形成其导航功能。如果将地形辅助JTIDS进一步和GPS相组合,系统功能还会更强。卫星导航、微波着陆、惯性导航及组合导航除了具有广泛的军事作战用途之外,还广泛用于军民用航行引导。地形辅助、JTIDS则主要作战场军事使用,它们一般不为航行提供服务,而且从体制上离开传统更远了。在新型导航系统中,卡尔曼滤波器使用广泛,卫星导航、组合导航、地形辅助导航、JTIDS都在使用。另外,无线电导航的定位体制趋于用距离-距离法,如卫星导航、JTIDS均如此。

习 题

1. 简述无人机导航的定义与作用。
2. 无人机航路或航道有多宽?
3. 无线电导航系统的参数有哪些?分别有什么作用?
4. 军事导航和民用导航的区别有哪些?
5. 无线电导航发展分哪几个阶段?

第8章 无人机导航技术分类

知识目标

（1）了解无人机导航技术的分类方法。

（2）掌握无人机陆基和星基导航的工作原理、定位误差分析，增强对无人机导航系统定位技术的认识。

素质目标

（1）具备无人机导航技术分类的认知能力。

（2）具备严谨求实、追求卓越的工匠精神。

自古以来，各行各业的生产活动都离不开导航。在古代时期，人们在白天通过观察日升日落来辨别方向；在夜晚通过观察星辰位置确定行进的方向；在海上航行中，通过罗盘或者指南针指引前行方向。当下，人们经常采用手机中GPS功能进行导航；无人机一般借助卫星导航和惯性导航及其组合实现导航功能，确保飞行任务的完成。因此，导航是引导个人或载体按一定方向到达目标地的过程。

8.1 陆基导航

陆基导航设备是民航空管部门的重要工具，是民航组织与实施飞行、进行安全生产和经营管理的基础系统。导航的最基本任务是获得导航参数，从而确定航行体的位置。

8.1.1 陆基导航发展

目前，陆基导航系统广泛应用于世界各国的民航导航中。各国民航仍以传统的陆基导航模式为主，需要飞机沿着既定航线从一个航点飞至另一个航点，在着陆阶段，需要制导和着陆导航系统。使用的无线电导航系统和设备主要有：罗兰系统、自动测向仪（ADF）、甚高频全向信标（VOR）、测距仪（DME）、塔康系统、仪表着陆系统（ILS）、微波着陆系统（MLS）、精密进近雷达（PAR）等。

陆基导航设备的导航性能主要包括导航精度和有效导航区域。导航精度主要由水平精度决定，水平精度由偏航公差（XTT）和导航公差（ATT）决定，由于数据的缺乏，目前全球导航设备行业采用平方根（RSS）公式来估算系统性能，这种方法不是很准确，会导致导航精度出现误差。本章将采用误差椭圆法估计陆基导航模式的实时定位误差，主要是 VOR/DME 和 DME/DME。

目前国内对陆基导航的误差分析研究相对较少，大部分都是在做 GPS 误差分析，一旦国际局势突变，外交关系激化，使依靠其 GPS 定位的所有设备瘫痪或失效。在我国没有星载系统的情况下，不应将卫星导航系统作为唯一的导航手段，基于 VOR/DME

和 DME/DME 的 RNAV 是国内目前使用的主要导航模式。我国将优先发展陆基导航系统,逐步实施和推广 RNP/RNAV,并在航线上建设和优化陆基导航设施,实现基于 VOR/DME 和 DME/DME 架构的 RNAV-5 航线运行模式;基于 DME/DME,将支持基于陆基导航系统的 RNAV-2 航线运行模式。

目前国内这两种导航方式的导航误差计算主要参考 ICAO(国际民用航空组织)Doc8168 标准,采用平方开方公式计算导航误差。

8.1.2 陆基导航系统的工作原理

陆基导航系统的定位精度相对较差,但其信号发射功率高,不易受干扰,数据更新率高,这是卫星导航系统所不具备的。目前,陆基导航系统仍是国际民航导航系统,尤其是 VOR-DME 系统在民航中应用广泛,中国民航导航系统主要是 VOE-DME 系统,在这方面有很好的基础,塔康系统相当于 VOE-DME 组合平台,可以在用户飞行高度已知的情况下完成定位。塔台信标主要部署在野战机场、临时航路点和机场人口密集区的导航点,可同时为空中 100 架飞机提供导航方位信息、距离信息和识别信息。

陆基导航系统主要包括测角和测距两种定位方式,分别由 VOR 和 DME 实现。VOR 测量飞机相对于台站的磁方位角,DME 测量飞机与地面 DME 台站之间的斜距离。单个陆基导航站无法定位飞机,但 VOE-DME 或 DME-DME 的联合观测可以定位飞机。

VOR 是甚高频全向范围的缩写,又称 VOR 系统。它是由美国 20 世纪的"旋转灯塔"发展而来的。1946 年被用作美国航空标准导航系统,1949 年被国际民航组织采用为国标标准民用导航系统。VOR 设备在世界范围内正在兴起,在国外机场已经得到广泛应用。它是一种近程无线电相角测量系统,由地面发射站和机载接收设备组成。地面站发射信号,记录设备只接收信号,为飞机提供相对于地面站的磁北方向。该系统提供飞机相对于地面信标的方位。工作频率 108 ~ 117.95 MHz,作用距离数百千米,测角精度优于 1.4°。导航系统的缺点是发射的无线电波受视线限制,测向精度受场地影响较大。

8.1.3 陆基导航组合系统定位误差分析

陆基导航系统的组合方式和定位原理——根据 VOR 和 DME 各自的定位原理,可以知道两种导航系统有多种不同的组合,其中 DME-DME 组合和 VOR-DME 组合是常用的。

DME-DME 组合定位是利用双 DME 系统测量到两个地面站的距离之和。根据两条位置线的交点 M,可以确定载体的位置,这种方法的优点是精度高,缺点是这种定位方法具有多值性,即两个地面导航站的每个圆形位置线得到的交点有两个。一个 DME 站可以用来修正另外两个 DME 站时有所提高,VOE-DME 组合方式,即测角-测距定位,通过测量载体相对于 VOR 站的磁方位角和 DME 站的斜距实现定位。

陆基无线电导航是现代导航技术,它使用无线电信号检测和确定一个物体的方位和位置,并可以用于航海、航空、汽车和其他无人机等航行。它可以提供实时的定位信息,有助于船只或飞机的安全航行,它也可以用于精确的地图制作;

陆基定位系统是指在地面布设多个定位站,采用多站测位方式的全天候定位系统。

与卫星定位系统一样,陆基定位系统在理论上用 4 个地面定位站就可以提供精确的定位信息。陆基定位优点在于布设方式简单,成本低,抗干扰能力强,定位精度高,便于推广使用。

陆基定位在 1982 年首先由 Klein D 和 Parkinson B 提出,主要用于 GPS 的补充,又称伪卫星定位系统,本文统一由陆基定位为名称,并以 GPS 为卫星定位参照对象进行分析。从应用模式方面分析,陆基定位系统通常分为三种类型,即陆基定位逆向定位模式、陆基定位与卫星定位组合定位模式、陆基定位单独定位模式。

1. 逆向定位模式

逆向定位模式于 1995 年提出,它由多个接收机、移动定位站和参考卫星组成,在获取接收机精确位置的情况下,用于对安装定位站的运动物体进行定位。逆向定位模式适用于 GPS 信号遮挡比较严重的情况,此时只需要一颗可见卫星即可实现定位,但该模式构造复杂,一般只在陡峭的矿区或高楼林立的城市使用。

2. 组合模式

组合模式拓展了定位的区域与时段,解决了卫星定位系统在某些恶劣环境中的失效问题,提高了系统的稳定性和定位精度,目前,国内外的研究主要在这方面展开。国外的研究多建立类似于 GPS 卫星的观测网进行定位,或者和 GPS 组合使用来提高定位精度和可靠性。对陆基定位与 GPS 的组合方式进行了分析,并对其在静态监测中的应用进行了研究。

国内的研究也多与卫星定位系统相结合,从陆基定位信号发射系统方面进行分析,对信号的结构、功率和导航电文的格式以及内容进行了设计,并设计了基于 GPS 信号的伪卫星发射器。采用了 GPS 与伪卫星的组合定位技术,结合北斗定位系统进行了陆基定位系统的设计。以上研究提高了整个组合定位系统的定位精度,但该模式对卫星定位系统仍具有很强的依赖性。

3. 单独定位模式

作为单独定位模式的应用,伊拉克战争期间,美军曾派遣 4 架无人机,在无人机上装载伪卫星转发经过放大的 GPS 信号,在战场上形成了一个对抗敌方干扰信号的伪卫星星座。国内目前关于陆基定位单独定位方面的研究还很少,且已有的部分研究只是针对其中的部分环节进行分析,而没有对整个系统进行设计。针对卫星定位信号被人为干扰或被建筑物遮挡甚至在室内的情况,研究了陆基定位单独定位的精度因子进行了分析。为了摆脱对卫星定位系统的依赖,特别是将陆基定位系统推广到军用领域,必须建立自主的陆基定位单独定位系统。

8.1.4　典型导航系统简介

1. 塔康系统

塔康系统(tactical air navigation system,TACAN)全称战术导航系统,是美国 1955 年研制并投入装备的近程无线电导航系统,该系统最初设计用于航空母舰编队,为航空母舰舰载飞机提供导航服务,在以航母为中心,半径为 350 ~ 370 km 的范围内,无论航母如何运动,飞机都可以完成相对航母方向和距离的测量。由于塔康系统测位测距精度

笔记栏

高,系统能提供二维定位,信标天线体积小,便于运动等,广泛应用。塔康系统经过40年的使用和发展,不仅用于航路导航,而且可用于空-空导航。从技术上讲,最初的塔康系统只有 X 模式,只利用了 962~1 213 MHz 频率的一半,其后相继研制了具有 X 模式和 Y 模式的塔康系统,使地面频率扩展到全波,从而满足机场电台的需要;对机载设备系统,早期只有 X 模型和空-地导航功能,以后开发了空-空导航功能,为空中多架飞机的编队飞行和空中加油提供了极大方便。我国从 20 世纪 60 年代初开始对塔康系统进行研制,20 世纪 70 年代初完成第一代系统设备的试飞和定型,并提供地面设备和机载设备供空军使用。

2. 甚高频全向信标

甚高频全向信标(very high frequency omnidirectional range,VOR)又称伏尔导航系统,是第二次世界大战后在美国首先发展起来的近程陆基航空导航系统,1946 年该系统成为美国标准的航空导航系统,1949 年被国际民航组织采纳为国际标准导航系统。它通常与测距器配合使用,构成 VOR/DME 系统,可同时提供方位(VOR 测角)和距离(DME 测距)信息。该系统在美军(直升机)上大量装备使用,系统包括 VOR/ILS 接收机。

伏尔系统在航空导航中有着广泛的应用:

(1)利用机场上的伏尔台可实现飞机(直升机)的归航和出航。

(2)利用两个已知位置的伏尔台可实现直线位置线定位。

(3)利用放置在跑道轴线延长线上的终端伏尔(TVOR)进行进近和着陆。

(4)伏尔与测距设备或空中战术近程导航系统相结合,组成 VOR/DME 或 VOR/TACAN 极坐标系统,直接为飞机(直升机)定位。

自 1949 年以来,伏尔系统的技术在不断完善和改进。在系统方面,为了克服场地内地形地物带来的影响,在伏尔的基础上发展了多普勒伏尔(DVOR),提高了系统的精度;在设备方面,最初的电子管设备发展为全固态设备,天线波束由机械扫描发展为电子扫描,而且引入微处理技术,使设备做到远距离监视和控制。近来,由于地球卫星导航系统能提供效率性、高精度和高完善的全球覆盖,使得现有的 VOR/DME 将逐渐被取代。

3. 罗兰系统

罗兰系统是第二次世界大战末在罗兰-A 基础上由美国最先开发建设的远程无线电导航系统,1956 年美国海岸警卫队(USCG)建成了世界上第一个罗兰-C 台链。系统在覆盖范围、定位精度、可靠性、应用范围等方面均满足军方要求。1974 年 5 月 6 日美国交通运输部正式公告,罗兰-C 系统被用作美国汇流区的精密导航系统,并放弃了对罗兰-C 接收设备过去承担的控制责任。罗兰-C 系统作为远程导航系统用于航线和非精密进场引导上,除此之外,还广泛用于直升机的导航和定位。

从 20 世纪 70 年代后期开始,随着商用铯束频标、大规模集成电路、微电子技术的发展,特别是固体大功率器件和低频大功率合成技术的完善,使罗兰-C 技术和设备日臻完善。在系统信号可靠性和用户设备性价比这两个最重要的系统性能上有了突破性进展,并广泛应用于飞机航线导航、终端导航和非精密进返的航空应用和与其他导航系统的组合应用等。

罗兰-C 在差分技术上有重大发展,差分罗兰-C 的基本工作原理是利用罗兰-C 地波信号传播变化的相关性来获取某一局部区域的时差修正值。在已知地面坐标的适当位置设立差分监测台,该台的实测时差经统计处理后与理偏时差作比较,得出的差值可作为差分修正信息播发给用户。

从技术上讲,罗兰-C 系统的一个重要发展是实现了与 GPS 系统的组合,GPS/罗兰-C 组合可采用如下两种组合方式:

(1)GPS 伪距与罗兰-C 伪距的组合:可达到较高的组合精度。为了达到最高的可用精度,必须使所有罗兰-C 发射机的发射时间严格保持同步,主台的发射时间同步应在 0.1 μs 以内,而副台的发射时间由主台同步控制,其同步精度在 ±0.5 μs 以内。GPS 与罗兰-C(见图 8.1)组合的主要优点在可用性上,罗兰-C 可用性较差。

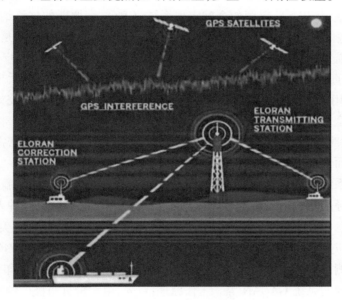

图 8.1 罗兰-C 定位系统示意图

观测站的坐标求解:一般需要求解 4 个参数(点位坐标 3 个分量 +1 个钟差参数),因此就需要接收机能够同时观测到 4 颗卫星。

(2)差分 GNSS 原理:将一台已知精确坐标的基准站(带有接收机),基准站接收 GNSS 信号,将由 GNSS 求出的坐标与已知的精确坐标进行对比,计算一个差分校正量,随后基准站发送校正量到其范围内的流动站进行数据修正(最常见的是载波相位差分,即 RTK)。通常要求流动站与基准站的相对距离不超过 100 km。

导航设备的授时服务:不要认为导航设备只是提供了一个定位功能,它的授时功能也相当重要,由高精度的原子钟提供,可以为多传感器数据源提供统一的时间(多传感器配准,一般要经过时间配准,这个就为它提供了一种手段)。

8.2 星基导航定位系统

星基导航利用人造卫星,对地面、海洋、天空和空间等导航用户进行导航定位,以提供高精度三维位置、三维速度与时间等参数,具有全天候、不间断、实时等特点。

8.2.1 全球导航卫星系统 GNSS

全球导航卫星系统 GNSS(global navigation satellite system)是天基 PNT(position、navigation、timing,定位、导航、授时)系统的主要组成部分,PNT 体系同时也是全球导航卫星系统的进一步完善与深化。全球导航卫星定位系统利用在太空中的导航卫星对地面、海洋等地球表面和近地空间用户提供全天候的三维坐标和速度以及时间信息的空基无线电导航定位系统。

全球导航卫星系统国际委员会公布的全球四大导航卫星系统供应商,包括中国的北斗卫星导航系统(BDS)、美国的全球定位系统(GPS)、俄罗斯的格洛纳斯卫星导航系统(GLONASS)和欧盟的伽利略卫星导航系统(GALILEO)。其中 GPS 是世界上第一个建立并用于导航定位的全球系统,自建成以来,其 SPS 可以向民用用户提供水平方向 100 m 左右,垂直方向 150 m 左右的定位精度,但随着应用领域的不断拓展,民用航空对于 GPS 的应用提出了更加苛刻的要求,即 GPS 必须满足包括精度、完好性、连续性和可用性在内的全方位性能要求。

为此,必须对 GPS 性能进行增强,以满足航空终端区导航甚至精密需求,因此星基增强系统应运而生。

星基增强系统(space based augmentation system,SBAS):通过地球静止轨道(GEO)卫星搭载卫星导航增强信号转发器,可以向用户播发星历误差、卫星钟差、电离层延迟等多种修正信息,实现对于原有卫星导航系统定位精度的改进。例如,美国的广域增强系统 WAAS(通过差分技术来实现)、欧洲的地球静止导航重叠服务 EGNOS、俄罗斯的差分校正和监测系统 SDCM、日本的多功能卫星星基增强系统 MSAS、印度的 GPS 辅助静地轨道增强导航系统 GAGAN 等。工作原理:首先,由大量分布极广的差分站(位置已知)对导航卫星进行监测,获得原始定位数据(伪距、卫星播发的相位等)并送至中央处理设施(主控站),然后中央处理设施通过计算得到各卫星的各种定位修正信息,经上行注入站发给 GEO 卫星,最后将修正信息播发给广大用户,从而达到提高定位精度的目的。

SBAS 使用各种不同功能的导航增强技术,最终实现对导航服务性能的增强。这些技术主要包括:

(1)精度增强技术。精度增强技术主要运用差分原理,进一步可分为:

广域差分:对大面积区域的差分定位服务。

局域差分:对局部区域的差分定位服务。

单站差分:对小范围内的差分定位服务。

(2)完好性增强技术。完好性增强技术运用完好性监测原理。

(3)连续性和可用性增强技术。

8.2.2　卫星定位误差源分析

普通 GPS 定位的误差源包括：

（1）各用户接收机的公共误差：星历误差、卫星钟误差。

（2）传播延迟误差：电离层延迟误差、对流层误差。

（3）各个用户接收机固有误差：内部噪声误差、通道延迟误差、多路径效应误差。

星基增强系统的差分技术利用了误差源的相关性原理，当用户和基准站（差分站）进行定位时的误差源一致时，采用差分定位算法就可以很大程度地消除误差。

利用差分定位技术，卫星钟误差、星历误差、电离层延迟误差、对流层误差可以完全消除；传播延迟误差大部分可以消除，消除程度主要取决于基准接收机和用户接收机的距离；内部噪声、通道延迟、多路径效应误差则无法消除。

星基增强系统是利用地球静止轨道卫星建立的地区性广域差分增强系统，由地面监测站、主控站、地面地球站及同步轨道通信卫星（GEO 卫星）组成。SBAS 的系统结构图如图 8.2 所示。

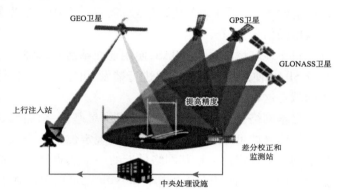

图 8.2　SBAS 的系统结构图

特点：

（1）通过地球静止卫星（GEO）发布包括 GPS 卫星星历误差改正、卫星钟差改正和电离层改正的信息。

（2）通过 GEO 卫星发播 GPS 和 GEO 卫星完整的数据。

（3）GEO 卫星的导航载荷发射 GPS L1 测距信号。

美国研发的广域增强系统 WAAS 就是星基增强系统 SBAS 的重要成员，通过差分技术实现定位精度的提高。

星基/地基增强系统采用的增强技术比对见表 8.1。

表 8.1　星基/地基增强系统采用的增强技术

增强技术	星基增强系统		地基增强系统	
精度增强技术	广域差分技术	广域精密定位技术	局域差分技术	局域精密定位技术
完好性增强技术	广域差分完好性监测技术	系统基本完好性监测技术		局域差分完好性监测技术
连续性和可用性增强技术	天基卫星增强技术		地基伪卫星增强技术	

SBAS 利用广泛分布且位置精确已知的地面监测站来观测卫星，并计算卫星、电离层相关的误差校正信息和完好性信息，最后同步轨道通信卫星通过卫星通信链路向服

务区域内的用户播发这些信息,实现服务区内用户的定位精度和完好性性能增强。星基增强系统的关键技术包括广域差分技术和广域完好性监视技术。

广域差分技术:在一个相当大的区域内,较为均匀地布设少量的基准站组成一个稀疏的差分网,各基准站独立进行观测,并将观测值传送给中心站,由中心站进行统一处理,以便将各种误差分离开来,然后再将卫星星历改正数、卫星钟差改正数以及大气延迟模型等参数播发给用户接收机,这种差分方法称为广域差分。

广域完好性监视技术:完好性是指当卫星导航信号和系统不可用于导航时,系统及时向用户提供告警的能力。

地基增强系统(GBAS):美国的局域增强系统 LAAS、全球 IGS 跟踪站网、各国国家级或区域级的地面连续运行参考站 CORS 综合服务系统。

由于 GNSS 卫星绕地球运动,同一地区不同时刻观测到的卫星会变化,而对于同一地区播发增强信号(误差改正信号)需要一个固定的发射源,因此不能使用 GNSS 卫星广播增强信号。

对于地基增强系统 GBAS,使用地面站播发增强信号,覆盖范围有限。而星基增强系统 SBAS 使用地球同步卫星进行播发,可以做到大范围覆盖,广域增强系统 WAAS 利用的就是这种原理。

星基网络:全球的导航卫星构成了星基网络,持续广播星历信息,终端收到至少 4 颗卫星信号即可通过计算星端距离实现定位。从个人手机到无人机,一般主要是通过星基网络实现定位。星基网络最近的一个热点是基于低轨卫星的通信与定位系统,比如美国的星链、我国的时空道宇等公司,都可以提供基于低轨卫星的通信和高精度定位服务。

空基网络:在空中的飞行器构成了空基网络,每个飞行器持续传输自身的标识、精确位置、速度、朝向等信息给其他飞行器,这样机载系统都可以自行保持间距、优化路线、躲避坏天气等,而无须地面站的干预。当然,空基网络本身也会从星基网络中获取定位。

地基网络:由地面部署的各种无线通信基站、无线接入点等构成了地基网络,这也是大家非常熟悉的网络类型,绝大部分人和设备都通过地基网络进行通信。在户外条件良好的情况下地面设备也会从卫星中获取定位,而因为地基网络部署的一些特点,比如大量固定位置稳定部署的基站,地基网络自身也可以提供定位服务。定位技术绝大部分创新都发生在地基网络,比如 SLAM、Wi-Fi FTM、5G、UWB、声波、可见光等。

中波导航系统在第一次世界大战期间问世,是最早使用的地基式无线电导航系统,初期用于引导船只的出航、归航,后来很快发展用于航空导航。尽管此后的无线电导航飞速发展,出现了比该系统更为先进的波尔导航系统、罗兰 C 导航系统、卫星导航系统等,但是由于中波导航系统所具有的使用灵活等特殊性能,使其经过不断改进和发展仍然在世界各地的航空导航中普遍被采用。

中波导航系统的原理:中波导航发射机与机上无线电罗盘配合工作,组成中波导航系统。机上无线电罗盘接收机设备的信号经过处理变化后,无线电罗盘指示器指示出导航台的相对方位角,即飞机纵轴(机头方向)与飞机和导航台连线之间的夹角。飞行员操控飞机使无线电罗盘的指针指示到 0°,机头正前方就是要去的目的地上空。由地面设备和机载设备两大部分组成。地面设备由中波发射机(无线电信号的产生、控制和监测)、天调箱(与天线的阻抗匹配、调谐和控制)、发射天线(常见的中波天线有鞭状天线、H 形天线、米字形天线、笼形天线和 T 形天线)及辅助设备组成,安装在每个航站和航线的某些检测点上,不断地向空间全方位地发射无线信号,称为无方向信标(NDB)。机载设备主要包括自动测向接收机(一般为超外差式设计)、控制盒(用于控制各种工作状态的转换、频率选择和远、近台的转换等,并可进行调谐)、方位指示器(指示出飞机与导航台的相对方位角)、环形天线和垂直天线或组合式环形/垂直天线[采用两个(正交)环形天线和一个垂直天线,一个环形天线的环面与飞机纵轴垂直。当飞机对准导航台时接收信号最小,另一个环形天线的环面与飞机横轴垂直,当飞机对准导航台时接收信号最大,即接收信号的强弱随飞机的纵轴移动而变化,而接收信号的相位在最小值时转换。这一信号再与垂直天线(用于辨向)接收信号叠加即可确定方位。]。机载设备又称无线电罗盘,有半自动和全自动之分,采用前者测向时,必须人工旋转环状天线或搜索线圈,采用后者时,无论是测向还是归航,都完全由罗盘本身自动完成。

星基网络基本上已经解决了高、中、低空各类设备的定位,但为什么还需要依赖地基网络进行定位? 因为卫星定位虽好,但还存在一些暂时难以克服的缺陷,例如,室内或高楼峡谷场景,因为信号遮挡,GPS 信号弱,无法定位;冷启动时间长。定位启动时,需要搜星,这个过程长达几十秒,即便用 AGPS 等技术优化,依然有秒级的延迟,功耗大。

空旷室外的定位交给 GNSS,地面复杂环境下的高精度定位,还是需要仰仗地基网络,这就是网络定位技术。网络定位是把终端搜集到的无线信号(如 Wi-Fi、基站、蓝牙等)通过互联网发送到某个定位服务供应商,从而获得经纬度。因为无线信号具有局部特征,如某个 Wi-Fi AP 或基站,其信号覆盖范围都是有限的,如果能把一定范围的信号及其坐标保持下来,构成一个无线信号定位库,就可以实现基于无线信号的网络定位。这也是网络定位的基本原理,网络定位示意如图 8.3 所示。

8.3　其他导航系统

自主导航系统即 GPS 自动导航系统,GPS 自动导航系统在太空中由 24 颗卫星组成一个分布网络,分别分布在 6 条离地面 20 000 km、倾斜角为 55° 的地球准同步轨道上,每条轨道上有 4 颗卫星。GPS 卫星每隔 12 小时绕地球一周,使地球上任一地点能够同时接收 7 ~ 9 颗卫星的信号。地面共有 1 个主控站和 5 个监控站负责对卫星进行监视、遥测、跟踪和控制。它们负责对每颗卫星进行观测,并向主控站提供观测数据。主控站收到数据后,计算出每颗卫星在每一时刻的精确位置,并通过三个注入站将它传送到卫星上去,卫星再将这些数据通过无线电波向地面发射至用户接收端设备,实现自动导航。

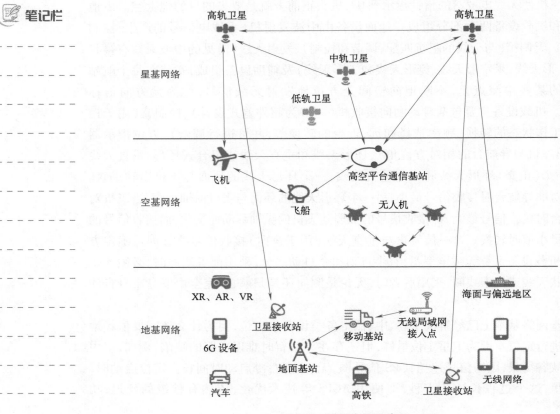

图 8.3　网络定位示意图

自主导航系统大致可分为响应式体系结构和层级式体系结构,响应式体系架构能在低层级逻辑上对任务作出迅速响应(比如当障碍物突然出现时可以立即触发避障任务的响应而无须经过其他任务处理结果的层层触发),层级式体系架构则能够对高层级任务进行逐层条理清晰的逻辑推理。在实际中通常是将两种体系结构混合起来使用,比如著名的 4D/RCS 体系结构、Boss 体系结构、各大机器人或无人驾驶公司开发的专门体系结构等。不管采用哪种体系结构的自主导航系统,都要围绕着环境感知、路径规划、运动控制等核心技术来展开。

例如,把为轨道控制或制导所进行的航天器轨道的确定称为航天器导航;完全利用航天器上的测量设备和计算装置,而不依赖于地面设备支持的导航称为航天器自主导航。要实现航天器自主导航,要求航天器本身具有导航信息获取并实施在轨导航解算的能力。

自主导航系统除具备无引导功能导航系统的装置外,还需配备距离传感器和方位传感器。自主导航系统根据所用方位传感器的不同分为地磁导航系统(利用地磁传感器测试汽车的行驶方向)和惯性导航系统(用陀螺仪测试汽车的行驶方向)。

汽车自动导航系统:是在全球卫星定位系统(GPS)基础上发展起来的新型技术,原理是 GPS 是一种能接收定位卫星信号,经过微处理计算出汽车所在精确纬度和经度以及汽车速度和方向,并在显示器上显示出来的一种装置。GPS 是通过地面任意一点(如汽车)和上空四颗定位卫星的相对距离计算出汽车的准确位置。如果知道某点距一颗卫星的距离,就可以知道该点必然处于以第一颗卫星为球心,以距离为半径的球面上,如果再知道距第二颗已知卫星的距离,就可以确认该点处于两个球面相交的圆形曲线上;有了第三颗卫星就可以将第三个球面和前一个圆形线相交于两点,一般通过第四颗卫星的距离,就可以确定该点的经纬度了。

水下导航系统的导航手段:

(1)航位推算导航:最早于 16 世纪提出,但当时很少用于水下。航位推算的定义可理解为在已知当前时刻位置的条件下,通过测量载体移动的距离和方位,推算下一刻位置的方法。AUV 只要配备速度传感器、航向传感器及深度传感器等,通过获取的数据将 AUV 的速度对时间进行分析来获得水下航行器位置。

(2)惯性导航:依据牛顿惯性原理发展起来的自主式导航方法。惯性导航系统通常由惯性测量装置、控制显示器、处理计算机等组成,其中惯性测量装置最为关键,是惯性导航的基础,主要由加速度计和陀螺仪组成。因此,惯性导航是通过将 AUV 的加速度对时间两次积分来获取潜航器位置的。1958 年,装备了一套 N6-A 惯性导航系统和一套 MK-19 平台罗经的美国鹦鹉螺号核潜艇从珍珠港出发,历时 21 h,穿越了北极冰盖,误差仅有 37 km。这次航行充分体现出惯性导航系统自主性、隐蔽性和全天候的独特优势。

惯性导航系统(INS)因为不需要外界信息的帮助,因此被称为真正意义上的自主式导航系统。惯性导航系统是一种不依赖任何外部信息、也不向外辐射能量的自主式导航系统,它主要利用惯性敏感元件、基准方向和最初的位置信息,自主推算物体的各类导航信息。惯性制导是自主式制导,不受外界干扰,不向外发出信号。缺点:随着航程的增加,惯性误差会随之积累,达到不可接受的程度,所以往往需要其他导航方式加以修正。

(3)其他导航方式:潜艇依靠(被动的罗盘定位,还有惯性导航和主动的回声定位系统)、被动声呐(自身不出声而是靠背景噪声产生的回声来定位,不过这种方式探测距离较短,也不是很准确)。

习　题

1. 简述无人机导航的分类及特点。
2. 简要分析陆基导航系统的误差。

第9章 陆基导航技术

知识目标

(1)了解陆基导航定位技术的特点和民用航空导航定位技术的发展及应用。

(2)掌握塔康系统的相关知识。

素质目标

(1)具有逻辑思维能力。

(2)具有精益求精、不断追求和探索的精神。

陆基导航系统是一种覆盖航空、航海和地面装载体的导航系统,其导航范围可以从几十千米到数百千米,但无法达到全球范围。在我国,普遍使用的陆基导航系统是在飞机的飞行航路上设置若干个地面导航台,飞机在飞行过程中根据导航台信号引导实现台对台飞行,当到达机场上空之后,依靠仪表着陆系统将飞机引导着陆。

9.1 ||||| 陆基(通信)导航定位技术原理

陆基导航设备是民航空管部门的重要工具,是民航组织与实施飞行、进行安全生产和经营管理的基础系统。导航的最基本任务是获得导航参数,从而确定航行体的位置。

9.1.1 概述

随着全球航空运输业的飞速发展,空中交通流量急剧增加,空域拥挤和飞行延误情况日益严重,基于传统运行方式的航路结构难以满足航班量增加的要求,航路和终端区空中交通拥堵的现象时有发生,保证航空安全的压力也越来越大。单一的陆基导航系统难以满足新一代国家空中交通管理系统对导航系统在精度、完好性、连续性和可用性等方面的要求。空中交通管制部门着力采用先进的科技手段,提高空域容量,以保持航路顺畅,保证飞行安全,减少延误及协助提高航空公司运行效率。国际民航组织(ICAO)早在 1991 年就确立了新航行系统(FANS)和区域导航(RNAV)的概念,在这个概念的影响下,全球航空运输发生了巨大变化。

目前,在全世界范围内,民用航空导航普遍采用的是陆基导航系统,我国民航仍以传统的陆基导航方式为主,使用传统导航方式,要求飞机沿着已经建立起来的航线,从航路点到航路点飞行,在着陆阶段,要求有引导和着陆的导航系统。其中所使用的无线电导航系统和设备主要有:罗兰(LORAN)系统、自动测向器(ADF)、甚高频全向信标(VOR)、测距器(DME)、塔康(TACAN)系统、仪表着陆系统(ILS)、微波着陆系统(MLS)、精密进近雷达(PAR)等。

9.1.2　陆基导航系统

陆基导航系统定位精度比较差,但其具有信号发射功率大,不易受干扰,数据更新率较高等卫星导航系统所不具备的优点。目前,陆基导航系统仍然是国际通用的民航导航系统,特别是 VOR-DME 系统在民用航空中使用得尤为普遍,我国民航导航系统主要是 VOR-DME 系统,在此领域有很好的基础。塔康导航系统是一种组合陆基导航手段,同时也是我国未来主要的发展方向。一个塔康台相当于一个 VOR-DME 组合台,能够在用户飞行高度已知的条件下完成定位。塔康信标台主要配置在野战机场、临时航路点及机场较密集地区导航点,可同时为空中 100 架飞机提供导航方位信息、距离信息和识别信息。

陆基导航系统主要有测角和测距两种定位手段,分别由 VOR 和 DME 两种导航系统来实现,VOR 测量飞机相对台站的磁方位角,DME 测量飞机与地面 DME 台间的斜距。单一的陆基导航台站无法实现对飞行器的定位,但通过 VOR-DME 组合或 DME-DME 组合的方式共同观测可以实现飞行器的定位。

1. VOR 系统

1)工作原理

甚高频全向信标(very high frequency omnidirectional range,VOR)又称伏尔导航系统,装备量在世界范围内呈上升趋势,早已在国内外机场普遍使用。VOR 是一种近程的无线电相位测角系统,由地面台和机载接收设备组成,地面台发射信号,机载设备只接收信号,为飞机提供相对于地面台的磁北方位角。这种系统为飞机提供相对地面信标台的方位。工作频率为 108 ~ 117. 95 MHz,作用距离数百千米,测角精度优于 1. 4°。伏尔导航系统的缺点是发射电波受视线限制和测向精度受场地影响较大。VOR 接收机原理框图如图 9.1 所示。

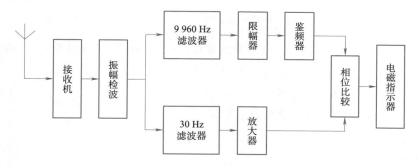

图 9.1　VOR 接收机原理框图

VOR 系统可以向飞机提供导航所需的相对方位信息,VOR 系统的原理是根据可变相信号与基准相位信号的相位差来导航。导航台发射以 30 r/s 旋转的心脏线方向图,在机载接收机输出端产生 30 Hz 的正弦波,其相位随飞机相对导航台的位置而变化,成为可变相位信号。与此同时,导航台还发射一个以固定 30 Hz 参考频率调制的全向信号。在机载接收机输出端又得到一个不变相位的 30 Hz 正弦波,成为基准相位信号。在接收端,外来信号经放大、调幅检波后分成三路:一路经副载频滤波、限幅、鉴频和 30 Hz 滤波后输入比相器,这是固定相位信号;一路经 30 Hz 滤波直接至比相器,这是可变相位信号;再一路是莫尔斯识别码和话音输出。比相器对两个相位信号比相,得出飞机对伏尔的面台的磁方位角。基准相位信号的相位在发射台的各个方位上相同;可变相位信号的相位随发射台的径向方位而变化。飞机磁方位决定于基准相位信号与可变相位信号之间的相位差。可变相与基准相信号同步发射,磁北极两者相位相差 0°,随着飞行器相对于地面台水平面方位的不同,两者的相位差从 0° ~ 360°变化。机载设备接收来自地面台的发射信号,并测量出这两个信号的相位差,就可得到飞机相对地面的磁方位角,再加 180°就是方位角。由于两个信号安排在地面台磁北方向上同相,所以接收机测到的是飞机相对地面台的磁方位角。伏尔导航系统基准相位信号和可变相位信号的相位关系如图 9.2 所示。

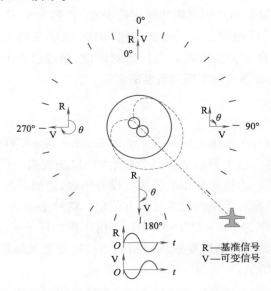

图 9.2　伏尔导航系统基准相位信号和可变相位信号的相位关系

测量的基本原理是测量地面台发射的基准相位 30 Hz 信号和可变相位 30 Hz 信号的相位差,接收台的径向方位变化正比于这两个 30 Hz 信号的相位差变化,提取二者的相位差是 VOR 系统信号处理的关键所在。VOR 定位原理如图 9.3 所示。

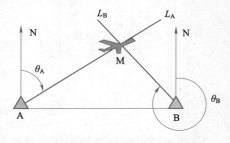

图 9.3　VOR 定位原理

2)性能与特点

伏尔导航系统应用在航路上和终端区。在航路上,它构成航道和航道网的基准,也是仪表飞行时的必要装备。航路上使用的伏尔台的辐射功率为 200 W,作用距离随飞行高度而变化。

在小高度上仅 30 海里,大高度上最远可达 200 海里。终端区伏尔台用于引导飞机进场,辐射功率 50 W,作用距离 25 海里(约 46.3 km)以上。终端伏尔台与仪表着陆系统中的航向信标使用相同频段,即 108 ~ 112 MHz。

伏尔导航系统与 DME 导航系统合装在一起成为极坐标导航方式,既提供方位,又提供距离。DME 导航系统与塔康导航系统的测距部分完全相同,伏尔导航系统与塔康导航系统合装在一处,就是伏尔塔克导航系统,属于军用和民用共用系统。

伏尔导航系统的计算准确度为 ±3.9°(95% 概率),实际准确度为 ±4.5°(95% 概率)。伏尔用于监测站监视信号状态。现代伏尔地面系统由遥测遥控站进行管理,机上设备带有视觉告警装置。

伏尔台发射信号存在多径反射干扰的缺点,对选择设台场地有一定要求。多普勒伏尔导航系统对于环境要求有所降低。为了提高伏尔导航系统的准确度,可改用多瓣伏尔导航系统,即精密伏尔导航系统。现代伏尔地面系统正以固态电子器件取代电子管。全向信标和 VOR 台实物图如图 9.4 所示。

图 9.4　全向信标和 **VOR** 台实物图(右侧为澳大利亚 AWA 公司 VRB-52D DVOR)

2. DME 系统

1)系统组成

DME(distance measurement equipment,距离测量设备或测距器)用于测量载体到某固定点的直线距离,由于采用询问-应答的工作方式来测量距离,又称应答/测距系统。1959 年,DME 成为 ICAO 批准的标准测距系统。它由机载 DME 机(也是询问器)和地面 DME 台(应答器)组成,形成极坐标近程定位导航系统。DME 的工作波段为 962 ~ 1 213 MHz,每隔 1 MHz 安排一个工作频段,机载 DME 询问器的载频安排在 1 025 ~ 1 150 MHz 范围内,共有 126 个询问频率;地面应答器的载波频率安排在 962 ~ 1 213 MHz 范围内,共有 252 个应答频率。按 ICAO 的规定,DME 的系统精度为 ±370 m(95%)。DME 系统工作示意图如图 9.5 所示。

2)工作原理

由于电磁波具有恒速直线传播的特点,因此距离的测量可以通过测定电磁波发射

点到接收点的传播时间来确定。在飞机导航中,询问器通常安装在载体上,应答器安装在地面固定点,即 DME 台站。其基本工作原理为:机载设备发出成对的询问脉冲,地面台应答器接收到之后,经过一定的时延(一般为 50 μs)发出成对应答脉冲。应答信号被机载设备接收到后,将发出询问和收到应答信号之间所经过的时间减去地面台的时延,便可算出飞机和地面台的距离。DME 机载设备和地面台之所以发射的都是脉冲对,是为了减少由其他脉冲系统所造成的干扰。

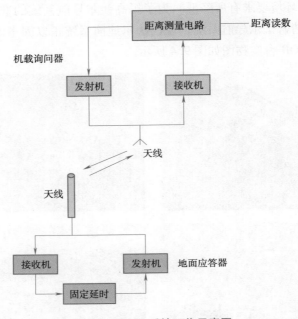

图 9.5   DME 系统工作示意图

询问器接收到的信号相对于发射信号的延迟时间为

$$t_r = \frac{2r}{c} + t_0 \qquad (9.1)$$

式中,c 为光速;t_0 为信号传播时间;r 为测量斜距。

无线电导航测距系统的位置线是一个圆周,它由地面导航台等距的圆球位置面与飞机所在高度的地心球面相交而成。利用测距系统可引导飞机在航空港作等待飞行,或由两条圆位置线的交点确定飞机的位置。定位的双值性(有两个交点)可用第三条圆位置线来消除。测距系统可以是脉冲式的、相位式的或频率式的。DME 定位示意图如图 9.6 所示。

3)性能和特点

DME 导航系统使用 126 个频道,可与伏尔导航系统配对使用。DME 导航系统询问和应答脉冲对编码的间隔原来只有 12 μs。近年来增加了一种询问脉冲对间隔 36 μs,应答脉冲对间隔 30 μs 的编码。12 μs 编码称为 X 模式,36 μs 编码称为 Y 模式。这样,系统的工作频道已

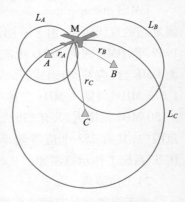

图 9.6   DME 定位示意图

由原来的 126 个扩展为 252 个。DME 台实物（澳大利亚 AWA 公司 LDB-102），如图 9.7 所示。

图 9.7　DME 台实物——澳大利亚 AWA 公司 LDB-102

询问器发射的脉冲峰值功率为 200 ~ 1 000 W。应答器发射的脉冲峰值功率为 100 ~ 1 000 W，小功率台用于终端，大功率台用于航路。DME 导航系统的测距准确度，近距为 ±185 m，远距为 ±370 m。导航系统测出的飞机至地面台的距离为斜距。如果飞机在地面台的 1 海里之外，飞行高度在 300 m 以上，则斜距与地面水平距离的差别可以忽略。DME 导航系统发射信号由于多径反射，机上可能遇到假锁定。假锁定产生的距离误差有时可大到几海里。采用多路径波抑制技术后，可消除多径反射影响。

3. TACAN 系统

塔康（TACAN，即 tactical air navigation，战术空中导航）的有效作用距离在近程范围内且只用于航空导航，所以又称航空近程导航系统，是世界上第一个为飞机提供方位和距离信息的系统。塔康系统能够直观提供方位、距离指示，并实现单台定位，能够直接导出位置坐标。是现代军用飞机重要的航空电子设备，作为军用标准导航系统，其主要功能是建立航线、归航、空中战术机动和作为位置坐标传感器。

1）系统组成

塔康导航系统是一种近程极坐标式无线电导航系统。由地面信标台（地面台）和机载设备组成。地面信标台可架设于机场、航路点或航空母舰上，机载塔康设备安装在飞机上与塔康信标配合工作，其组成原理如图 9.8 所示。它与航向系统等交联后能够为 350 ~ 400 km 范围内飞机连续提供飞机相对于地面信标台以磁北为基准的全向方位角和斜距，从而确定飞机所处地理坐标即飞机位置。主要完成导航方式下测量飞机相对于地面信标台的方位和距离，在着陆状态下与地面着陆信标台配合工作，确定至着陆点的距离及预定航向偏差、预定下滑道偏差；在空中汇合方式下，确定飞机间距离和飞机相对方向，即飞机间同时测量距离和方位。测向原理与伏尔导航系统相似，测距原理与测距器相同，工作频段为 960 ~ 1 215 MHz。系统测距采用询问应答方式，测角是通过

基准脉冲信号和脉冲包络信号之间的相位关系实现的。当飞机位于塔康地面台不同方位时,其机载塔康设备所接收到的基准信号和脉冲包络信号之间存在着不同的相位关系,经过信号处理就可以确定出飞机相对于塔康地面台的方位角。

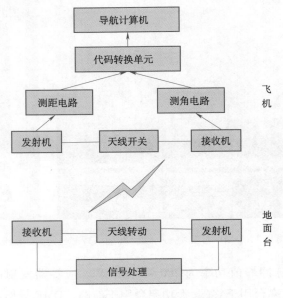

图9.8　塔康系统组成原理

　　地面台的天线是圆筒形的,是由中心天线阵列和内外调制圆筒组成,它在水平方向辐射场形成一个心脏形图,上附有九瓣调制,当它以15 Hz匀速旋转时,在它周围空间的任意一点形成一个其振幅变化规律以15 Hz为频率的正弦波,这样,将以地面台为中心的周围空间化为一个15 Hz正弦波360°的相位空间。由于又叠加了9个波瓣,即相当于将15 Hz正弦波360°的相位空间分成9个40°空间,每个40°相位空间相当于一个135 Hz正弦波360°的相位空间。这样使得地面台发射的信号又增加15 Hz和135 Hz可变方位信息。方位测量就是机载设备接收地面台发射的方位信号为主,即主、辅基准信号及15 Hz和135 Hz调制信号,取它们合成包络的相位差而换算出来。

　　从飞机上每秒发射30对、间隔为12 μs的询问脉冲对(成对发射的脉冲),地面台收到询问脉冲对后发射同样间隔的回答脉冲对。在飞机上把收到回答脉冲对的时间与询问脉冲对的时间相比较,得出脉冲电波在空间传播的时间,从而得到飞机到地面台的距离,并加以显示。地面台天线发射电波的方向图呈有9个波瓣的心脏形,并以900 r/min转动。飞机接收到地脉冲信号是调幅形式的,这一调幅包络包括由旋转心脏形方向图产生的15 Hz方位信号和由9个波瓣旋转产生的135 Hz方位信号,这两个信号的相位与地面台相对飞机的空间方位有关。为测定相位需要有基准信号,因此当心脏形方向图转过正东方向时,发射一组由12个脉冲对组成的基准脉冲信号,当8个波瓣(除去与心脏形最大值重合的那个波瓣)中每一个的最大值转过正东方向时,还发射一组由6对脉冲组成的辅助基准脉冲信号。比较15 Hz方位信号和基准脉冲信号的相位,得到地面台相对飞机的粗略方位,用它来消除精测方位时的多值性。比较135 Hz

方位信号和辅助基准脉冲信号的相位即得到地面台相对飞机精确的方位值。发射天线方向图和调制包络波形图如图 9.9 所示。

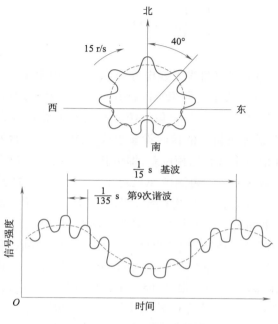

图 9.9　发射天线方向图和调制包络波形图

2）定位原理

塔康定位的基础是测距和测角。在国际民航目前采用的标准近程导航中采用两套独立的系统分别完成。测距利用 DME 测距系统,它和塔康测距功能的信号体制类似,设备之间可以兼容;测角采用 VOR(或 DVOR)系统,其测角方法与伏尔测角功能类似,但信号体制根本不同,不能兼容。DME 和 VOR 是两个不同频段、不同信号体制、相互独立的单功能系统。而塔康测距、测角则不然,它是在统一的频道和信号体制基础上来实现的。塔康定位示意图如图 9.10 所示。

塔康系统距离测量利用二次雷达原理,机载 TACAN 设备发射询问脉冲,地面台收到询问脉冲后经固定延时再发射距离回答脉冲,机上设备取询问脉冲和回答脉冲之间的延时进行计算。其距离测量关系为

$$R = (t - t_0)C/2 \qquad (9.2)$$

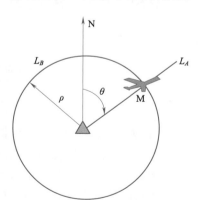

图 9.10　塔康定位示意图

式中　C——电波在空间的传播速度;

　　t——测量延时时间;

　　t_0——应答器固定延时;

　　R——地面台与飞机之间的斜距。

如图 9-10 所示,θ 是飞机真方位,即塔康地面台所在位置的北向与它到飞机的连线顺时针方向夹角的水平投影。它同飞机上塔康设备测得的无线电方位 α 相差 180°,飞

机真方位 θ 的计算公式为

$$\theta = \begin{cases} \alpha + 180° & \alpha \leq 180° \\ \alpha - 180° & \alpha > 180° \end{cases} \tag{9.3}$$

4. 罗兰-C 系统

罗兰-C 系统是一种远程双曲线无线电导航系统,作用距离可达 2 000 km,工作频率为 100 kHz。它成功地解决了周期识别问题并采用了比相、多脉冲编码和相关检测等技术,成为陆、海、空通用的一种导航定位系统。罗兰-C 系统由设在地面的 1 个主台与 2～3 个副台合成的台链和飞机上的接收设备组成。测定主、副台发射的两个脉冲信号的时间差和两个脉冲信号中载频的相位差,即可获得飞机到主、副台的距离差。距离差保持不变的航迹是一条双曲线。再测定飞机对主台和另一副台的距离差,可得另一条双曲线。根据两条双曲线的交点可以定出飞机的位置。这一位置由显示装置以数据形式显示出来。由于从测量时间差而得到距离差的测量方法精度不高,只能起粗测的作用。副台发射的载频信号的相位和主台的相同,因而飞机上接收到的主、副台载频信号的相位差和距离差成比例。测量相位差就可得到距离差,由于 100 kHz 载频的巷道宽度只有 1.5 km,测量距离差的精度很高,能起精测的作用。测量相位差的多值性问题,可以用粗测的时间差来解决。罗兰-C 导航系统既测量脉冲的时间差又测量载频的相位差,所以又称它为低频脉相双曲线导航系统。1968 年研制成功的罗兰-D 导航系统提高了地面发射台的机动性,是一种军用战术导航系统。

罗兰-C 系统的电子设备分为地面发射台的发射设备、同步监测与控制设备和用户接收设备三大部分。

1)发射设备

罗兰-C 系统的核心是地面发射台,它实际上是一个发射系统,包括时频分系统、发射机分系统和发射天线分系统。发射系统设备组成方框图如图 9.11 所示。

图 9.11　发射系统组成框图

(1)对发射系统的主要要求:

①定时发射特定信号格式的大功率导航信号。

②对信号发射时刻和信号波形可以调整与控制。

③高度的可靠性和高可利用性。

④便于管理和维修,操作简单。

时频分系统的功能是为系统提供高稳定度的时间频率基准。通常发射台的频率源都采用商用的艳束频标。为了保证频率源高度稳定可靠,需要使用几部艳束频标组合在一起工作。系统设计要保证某一部艳束频标输出发生问题时,给发射机提供的频率信号相位不能中断。

（2）发射机分系统的功能：

①接收时频分系统输出的 5 MHz 频率信号，形成发射台本地时间基准。

②产生规定格式的大功率标准罗兰-C 信号。

③具有全部必要的自动控制环路，以确保本机输出信号稳定、精确和严格同步，天线可以自动调谐。

④能够长时间连续工作，主要环节应有备份，备份设备允许在工作状态下进行维修。

⑤具有遥控界面，可以接收远方控制中心的状态查询以及工作转换、本地相位调整、闪烁告警等发射状态控制。

2）同步检测和控制设备

罗兰-C 系统发射设备的根本任务是完成系统规定的特定要求的信号发射。要达到定位的目的，系统要求同一台链内的各个发射台必须保持同步发射。为了保证在系统工作区内任何位置接收的各个发射台的信号互不重合和干扰，也不产生定位的多值性，系统规定同一台链内的各个副台必须要滞后主台一定的时间再发射，这个滞后时间称为副台发射延迟（ED）。在工作中，这个发射延迟值应保持一定的精度，即其变化不能超过某个范围。所谓"同步"，就是指保证实际的发射延迟值在规定的容差范围内变化。

在罗兰-C 系统投入工作前，通过系统的校准，一个台链中各个副台的发射延迟值虽然可以调整到规定的数值，但在以后的运行中客观上有许多因素会使发射延迟值发生变化，从而使同步偏离。这些因素大致分成两类：一是发射台时频分系统的守时能力，包括各发射台所用频率源的质量；二是发射机中各种分频及控制环路的工作状况和稳定程度。

同步监测与控制设备的作用就是从系统的角度去监视并控制主副台的同步工作。显然只有先监测出同步状况的变化，才谈得上控制。为此，系统规定了几个监测标准量，它们是：

（1）系统工作区监测站控制标准时差（CSTD）。

（2）系统工作区监测站控制标准包周差（CSECD）。

（3）主台同步监测分系统伪时差。

（4）副台同步监测分系统伪时差。

系统的同步监测与控制部分包括系统工作区监测站、地面发射台的同步监测设备和系统控制中心三部分。

系统工作区监测站是一个位置已知的固定站，它的基本任务是连续监测一个或数个主副台对的时差和各个发射台发射信号的包周差与信号场强，由此就监测了台链的同步状况和发射台的信号质量。监测站测得的各种数据通过通信系统适时地报送台链主台或控制中心。系统工作区监测站的配置主要取决于台链发射台的配置和工作区的自然地理环境，发射台的配置将决定一个台链中应设置几个监测站，而自然地理环境条件则涉及某一地区是否适合设立监测站。从系统角度分析，监测站主要是监测发射台

对发射延迟的变化。考虑到路径对信号传播的影响,监测站设置在主副台对基线的中垂线上最好。如果要求用一个监测站监测两个台对,监测站设置在两个主副台对基线中垂线的交点处最佳。但这仅仅是理论上的一厢情愿,自然环境条件不一定允许。

系统工作区监测站的基本设备包括罗兰-C 监测接收机、数传通信收发机、微型计算机及其接口、供电和稳压电源设备等。

同步监测分系统包括主台同步监测分系统和副台同步监测分系统,分别设在主台和副台,其主要任务有如下两项:

一是监测远方发射台与本地发射台基准间的时间差,对于台链,主台就是监测每个远方副台与本地主台基准间的时间关系;对于副台,则是监测远方主台信号与本地副台基准间的时间关系。因为同步监测分系统测量的结果并不是主副台间严格的发射时差,但与真正的发射时差仅相差一个固定的常量,所以通常称为伪时差。

二是监测主副台工作频标之间的频率差,这点对于保持台链同步非常重要。同步监测分系统的基本设备有罗兰-C 同步定时接收机、计数器、示波器微型计算机及其接口、供电和稳压电源设备等。

系统控制中心的职能是收集并处理整个台链的工作数据,向各发射台发布状态查询或控制调整指令。控制中心可以单独设置,也可以设在某个发射台或监测站。控制中心的主要设备包括固态发射机的遥控单元和状态监视单元、数据处理计算机、数传通信设备以及供电设施等。控制中心可以遥控控制及调整各台发射机和监测站的监测接收机的工作状态,而且可以复制其实时面板显示。

3)用户接收设备

罗兰-C 接收机是实现和完成系统功能的最终设备,由于发射和监测设备大都由政府授权部门掌管,而接收机多由部门或个人使用,所以接收机又称用户设备。用户接收设备按操作人员参与信号处理的程度,分为人工搜索接收机、半自动接收机和全自动接收机。它还可以按使用环境来分类。目前已面世的有海用接收机、空用接收机以及陆上车载接收机等。按电路设计可以分成模拟式、数字式和微处理机式。按处理信号方式又可以分为线性和硬限幅式等。典型的接收机包括五大部分,即天线系统、射频信号处理单元、数字信号处理单元、键盘显示单元以及电源,其原理如图 9.12 所示。

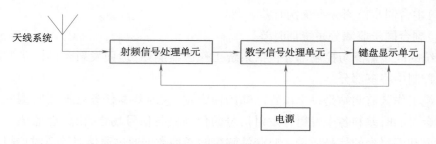

图 9.12　接收机原理

天线系统包括接收天线、天线耦合器和馈线电缆。船用接收天线多采用 2.7 m 左右的鞭状天线;空用接收天线一般采用抗静电干扰的刀形天线或特殊结构的 0.5 m 左右的斜天线;车载和手持式接收天线则采用 0.7 m 左右的拉杆天线。天线耦合器通常由有限带宽的滤波器和有源前置放大器组成,其主要性能是:

（1）实现天线和接收机之间的阻抗匹配。

（2）使接收天线调谐,以获最佳接收效果。

（3）滤除部分带外干扰。

（4）防止接收机本机遭受雷击。

射频信号处理单元包括带通滤波器、射频放大器、自动增益控制电路、陷波器、限幅放大器和延迟相加电路等。它的功能是对天线耦合器来的信号进一步加工处理,从而实现:

● 抑制外来噪声和其他无线电业务的干扰。

● 对信号放大,限幅和延迟相加。

● 提取载波相位和脉冲包络信息。

数字信号处理单元包括定时/计数器、取样和数/模转换器、微处理器、ROM/RAM以及各种接口电路。该单元的主要功能如下:

（1）完成信号的搜索、台链选择、天地波识别、锁定和跟踪。

（2）完成时差测量,附加二次因子（ASF）修正和时差/地理经纬度转换。

（3）完成各种导航参数的计算和航行管理。

（4）完成与其他单元以及外设的接口。

控制和显示单元包括控制键盘（旋钮）和显示器,其功能是完成人机对话。电源单元有三种形式,即交直流变换电源、直流电源和电池电源。

4）工作原理

罗兰-C 作为一种无线电导航系统,它依靠无线电信号来传输导航信息。不同频率的无线电信号的传播特性是不一样的,罗兰-C 系统要实现远程高精度的导航定位,所选择的工作载频必须具有下述特性:

（1）信号幅度和相位在传播中十分稳定。

（2）信号的传播衰减必须很小。

（3）工作频段应符合国际电联有关频率划分的规定。

（4）工程上易于实现。

罗兰-C 系统的工作载频选择为无线电波低频段（30 ~ 300 kHz）的中段 90 ~ 110 kHz,所有罗兰-C 发射台和用户接收设备都在这一相同的频段上工作。这里应该注意的是系统所规定的 90 ~ 110 kHz 的工作频率范围并不是通常定义下的信号能量谱的半幅度宽度,而是特别定义的包括 99% 以上辐射信号能量的宽度。之所以要采用这种规定,是因为罗兰-C 系统发射台的功率很大,容易造成对附近其他无线业务的干扰,所以要求它的信号能量集中在一个比较小的带宽内。

系统主要利用地波定位,沿着完全导电的地球表面传播的罗兰-C 地波信号功率密度反比于到发射台距离的平方。因为任何实际传播路径都不是理想的完全导电的地面,信号的地波场强还将再衰减,而衰减的程度与信号频率有关。理论研究和实际试验表明,100 kHz 无线电波的衰减较小,可以传播较远的距离。

笔记栏

9.2 ||| 民用航空导航定位技术

民用航空导航定位技术是利用机载导航设备接收和处理导航信息,确定航空器位置、航向和飞行时间,引导航空器沿预定航线从地球表面上的一点出发,准确、准时地飞往地球表面上另外一点的过程。

9.2.1 概述

空中导航学是一门涉及天文学、地理学、气象学、电子学等众多学科在内的综合性学科,并随着现代空中导航技术的发展逐渐发展成为一门包含方法学及设备设施应用学在内的完整的理论和实践体系。就民用航空而言,空中导航服务是民航空中交通管理的主体业务之一,空中导航基础设施是现代空中交通管理的技术装备基础,也是整个民航运输业的重要基础设施。空中导航服务的持续正常发展与能力的不断提升对民航业的持续安全运行发挥着至关重要的作用。

9.2.2 民用航空空中导航系统发展及应用

1. 陆基导航系统的发展

适用于民用航空的空中导航技术始于 20 世纪,特别是在第二次世界大战期间和之后有了蓬勃的发展,空中导航技术在民用航空领域使用初级阶段以陆基导航为主,主要包括中波导航系统、仪表着陆系统(ILS)、测距仪系统(DME)和全向信标系统(VOR)。主要导航系统的发展使用情况见表 9.1。

表 9.1 陆基导航主要导航系统发展使用情况

系统名称	起始年代	导航方式	性能水平	优点	缺点
中波导航系统(ADF NDB)	20 世纪 20 年代	侧向	$\pm 5°$(95%)	简单灵活	易受大气影响,精度不高
仪表着陆系统(ILS)	20 世纪 30 年代	侧向	水平:± 10.5 m,RDH,I 类;垂直:$\theta_0 \pm 0.075\theta_0$,$\theta_0$ 为标称下滑角	终端区引导,精度高	单一航(下滑)道引导,频道有限,场地要求高
测距仪(DME)	20 世纪 40 年代	测距	± 0.2 海里(95%)	频道资源丰富,场地影响弱	精度不高
全向信标(DME)	20 世纪 40 年代	侧向	$\pm 1.4°$(95%)	工作容量不受限	场地要求高

20 世纪 20 年代出现了地面无方向信标系统(NDB)及其配套的机载自动定向仪(ADF),20 世纪 30 年代出现了仪表着陆系统(ILS),20 世纪 40 年代出现了测距仪系统(DME)和全向信标系统(VOR)。作为航空器运行的传统导航源,上述四套导航系统构成了民航陆基导航技术的关键基础架构,时至今日仍广泛部署于包括我国在内的全球各地,在民用航空空中导航领域发挥着非常重要甚至不可替代的作用。

2. 航空器运行全程导航应用需求

一次完整的航班飞行一般由航空器起飞、离场、巡航、进场、进近、着陆六部分组成，如图 9.13 所示。

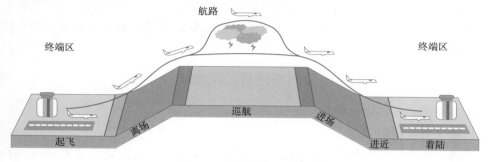

图 9.13　航空器运行架构

在航空器的离场、巡航、进场及进近航段，均需要陆基导航源或星基导航源为其提供飞行引导，除了现代航空器自身配备的惯性导航系统(INS/IRS)外，航空器运行各阶段所需的导航源见表 9.2。

表 9.2　航空器运行各阶段所需的导航源

运行阶段	所需导航源
离场	VOR、DME、NDB 或 GNSS
巡航	VOR、DME、NDB 或 GNSS
进场	VOR、DME、NDB 或 GNSS
进近	VOR、DME、NDB、ILS 或 GNSS

进场和进近航段是整个航空器运行过程中最关键的部分，也是最复杂的部分。基于传统陆基导航的典型航空器仪表进近程序结构如图 9.14 所示

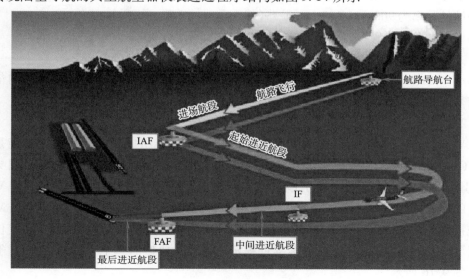

图 9.14　基于陆基导航的典型仪表进近程序架构

对于处于最后进近航段的航空器,如果导航设备不能够提供足够精度的水平引导和垂直引导,则该航空器处于非精密进近模式,可以为非精密进近模式的航空器提供引导的导航设备包括 VOR、DME、NDB 以及没有进行性能增强的 GNSS。对于处于最后进近航段的航空器,如果导航设备能够提供足够精度的水平引导和垂直引导,则该航空器处于精密进近模式,可以为精密进近模式的航空器提供引导的导航设备包括 ILS 以及进行了性能增强的 GNSS。

9.2.3 国内空中导航系统设施概述及运用现状

1. 陆基导航系统及设施

1)中波导航系统

中波导航系统由地面无方向信标系统(NDB)及其配套的机载自动定向仪(ADF)组成。NDB 与 ADF 协同工作。通过 ADF 测量 NDB 发射机的无线电信号来波方向,借助机载指示仪表,为航空器提供相对于 NDB 的方位角、航空器航向等信息,引导航空器沿预定航路(线)飞行、进离场和非精密进近,并可以通过接收两个 NDB 信号的形式进行空中方位-方位定位。典型的基于 NDB 的空中导航架构如图 9.15 所示。

NDB 的台站识别信号采用 1 020 Hz 调制的两个英文字符的莫尔斯码格式,工作频率一般在 190 ~ 1 750 kHz 范围内。

根据航空器运行的导航需求,将 NDB 区分为近距无方向信标台、远距无方向信标台和航路(线)无方向信标台。机场近距和远距无方向信标台设置在跑道中线延长线上,距跑道着陆端的距离为 900 ~ 11 100 m。航路(线)无方向信标台通常设置在航路(线)转弯点、检查点下方。近距无方向信标台的信号覆盖区半

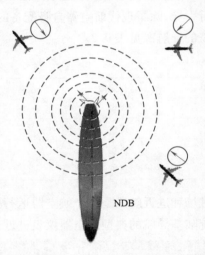

图 9.15 典型的基于 NDB 空中导航架构

径不小于 18.5 km,不大于 70 km(日间)。远距无方向信标台和航路(线)无方向信标台信号覆盖区半径为 150 km(日间)。

2)全向信标系统

VOR 系统由地面设备 VOR 信标和 VOR 机载接收机组成。VOR 系统的功能是通过 VOR 机载接收机接收地面 VOR 信标发射出的信号,为航空器提供全方位的引导信息,引导航空器沿预定航路(线)飞行、进离场和非精密进近,并可以通过接收两个 VOR 信号的形式进行空中方位-方位定位。对于 VOR 和 DME 合装的系统,则可以根据 VOR 系统提供的方位信息和 DME 系统提供的距离信息实现空中距离-方位定位,该定位方式是 ICAO 优先推荐的民用航空标准近程定位方式。典型的基于 VOR 的空中导航架构如图 9.16 所示。

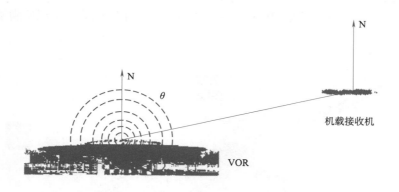

图 9.16　典型的基于 VOR 的空中导航架构

VOR 的工作频段为 108～117.975 MHz,综合利用无线电波传播的定向性和信号调制技术为航空器进行导航。VOR 信标天线同时辐射 30 Hz 的基准信号和 30 Hz 的可变相位信号,机载接收机收到 VOR 信号后进行解调,并对解调出的基准信号和可变相位信号进行比较,这两个信号的相位差即为航空器相对于 VOR 信标的磁方位。

根据航空器运行的导航需求,将 VOR 区分为机场 VOR 和航路 VOR。机场 VOR 可设置在跑道中心线延长线上或跑道的一侧,应满足机场净空要求;航路 VOR 设置在航路中线上,通常设置在航路的转弯点或空中走廊口。

3)测距仪系统

DME 系统由 DME 地面设备和 DME 机载接收机组成,为航空器提供连续距离信息,引导航空器沿预定航路(线)飞行、进离场和进近。DME 系统是询问-回答脉冲式测距系统,工作频段为 960～1 215 MHz,采用脉冲信号体制,即机载设备和地面设备所发射的都是脉冲信号,天线为垂直极化。DME 机载设备发出成对的询问脉冲,地面信标接收到后,经过一定的时延(X 模式为 50 μs,Y 模式为 56 μs)发出成对应答脉冲。应答信号被机载设备接收到后,将发出询问和收到应答信号之间所经过的时间减去地面设备的时延,便可计算出飞机与地面设备的直线距离。

在实际运用中,DME 通常采用与其他导航设备合装的方式进行工作。DME 和仪表着陆系统相配合时,可设置在下滑信标台或航向信标台;DME 和全向信标台相配合时,测距仪天线可与全向信标中央天线同轴安装,也可偏置安装,国内通常采用偏置安装。

4)仪表着陆系统

ILS 由 ILS 地面设备和 ILS 机载设备组成,ILS 地面设备包括航向信标台、下滑信标台、指点信标台(或测距仪台)三部分,机载设备则包括相应的机载天线、机载接收机、控制器及指示系统。典型的仪表着陆系统工作架构如图 9.17 所示。

航向信标沿跑道中心线的航道线对航空器进行引导。航向信标的工作频段为 108～112 MHz,有效作用范围为 25 海里。航向道的每一侧均有一个狭窄的扇区,在该扇区内分别以 90 Hz 和 150 Hz 两个调制单音以不对称的形式进行辐射,在面向航向信标的右侧 90 Hz 单音占优,在面向航向信标的左侧 150 Hz 单音占优,在航向道上两个单音相等,仪表会显示航空器正处于航向道上。飞行员在仪表上以指针偏转的形式获得飞向航道线的命令。距离航向道越远,仪表上的偏转就越大,在每一侧航道扇区的边缘,仪表上

的指针会达到满偏,从每一侧航道扇区边缘至±35°的范围内,仪表将会保持满偏。

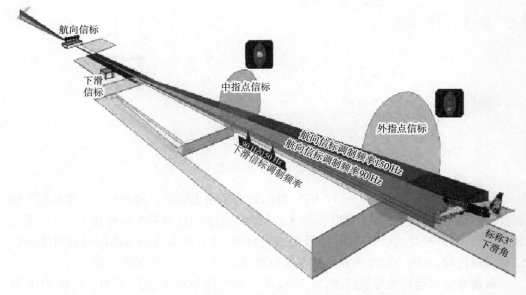

图 9.17　典型的 ILS 运行架构

在一般情况下,下滑信标沿 3°的标称下滑角对航空器进行引导。下滑信标的工作频段为 329 ~ 335 MHz。在下滑道的上方和下方均存在一个狭窄的扇区,在该扇区内分别以 90 Hz 和 150 Hz 两个调制单音以不对称的形式进行辐射,在下滑道上部,90 Hz 单音占优;在下滑道的下部 150 Hz 的音频占优,两种单音在整个下滑道上保持相等,仪表也会提示航空器正处于下滑道上。

指点信标使用 75 MHz 的频率在顶部窄扇区内辐射调制度为 95% 的音频信号,指示或者标记距离跑道入口的剩余距离。指点信标并不发射任何距离信息,其精确位置已预先在进近程序中确定。当航空器飞越指点信标时,飞行员就知道其与跑道入口的距离。近些年来,飞行员希望在整个进近的过程中可以得到连续的距离指示,因此指点信标逐渐被更高级的距离测量设备 DME 所替代。

值得指出的是,ILS 的航向信标台和下滑信标台对外部场地条件要求较为严格,也更容易受到外部建筑物增长以及地形地物的影响,需要对其相应的临界区、敏感区、建筑物限制区等区域进行严格的保护。且一套 ILS 仅可为跑道一端提供进近引导,双向运行的跑道则需要配备两套 ILS。

2. 国内陆基导航系统及设施运用现状

陆基导航是民用航空导航服务普遍采用的技术,通过机载接收机和相应的地面导航台站配合工作,以向台/背台飞行的方式实现航空器的逐台飞行。

NDB 是出现最早的陆基导航地面设备,与机载自动定向仪配合工作为航空器提供导航信号。NDB 可以设置于航路作为航路导航台为航空器提供导航服务,也可以设置于终端区,为航空器提供进场及非精密进近引导服务。中国民航于 20 世纪 60 年代开始使用全向信标设备。1964—1973 年先后引进 14 套传统全向信标(CVOR)设备。改进型的多普勒全向信标(DVOR)设备于 1965 年开始出现,中国民航于 1987—1988 年引进了 25 套 DVOR 设备。中国民航从 1993 年开始进行大规模的航陆基础设施改造，引进了数量超过 150 套的 DVOR 设备，构成了我国民航航路的主干节点。仪表着陆系统（ILS）是用于引导航空器精密进近的国际标准导航系统，由航向信标、下滑信标、指点信标（MB）（或 DME）组成。任何配备仪表着陆系统机载接收机的航空器在任何配备仪表着陆系统引导设备的机场都能得到满意的引导服务。中国民用航空第二研究所是国内仪表着陆系统研发的先导单位，以林立仁为骨干的研发团队于 1962 年研制成功的"安全 58-1 型"仪表着陆系统先后在北京、上海和广州等十余个机场安装使用，是我国自主研发的第一套仪表着陆系统，成为新中国民航科技事业的扛鼎之作。在后续的中国民航大规模航陆基础设施改造过程中，我国大量引进 INDRA、THALES 等公司的 ILS 设备，为后续民航的持续高速发展奠定了基础。

3. 与陆基导航相关的标准化工作

陆基导航领域行业标准的制定属特殊属性的行业职能，一般由民航局及其认可的相关机构提供。对于陆基导航而言，其标准一般由民航局空管行业管理办公室提出，民航局航空器适航审定司进行流程管理，由民航科学技术研究院归口，由具体执行单位负责起草。陆基导航标准属民用航空非工程建设类行业标准，主要分为电磁环境要求、设置场地规范、设备技术要求以及设备性能要求以及测试方法四类，见表 9.3。

表 9.3　陆基导航领域现行有效标准

标准号	标准名称	发布日期	实施日期
MH/T 4006.1—1998	航空无线电导航设备　第 1 部分：仪表着陆系统（ILS）技术要求	1998 年 11 月	1999 年 8 月
MH/T 4006.2—1998	航空无线电导航设备　第 2 部分：甚高频全向信标（VOR）技术要求	1998 年 11 月	1999 年 8 月
MH/T 4006.3—1998	航空无线电导航设备　第 3 部分：测距仪（DME）技术要求	1998 年 11 月	1999 年 8 月
MH/T 4006.4—1998	航空无线电导航设备　第 4 部分：无方向性信标（NDB）技术要求	1998 年 11 月	1999 年 8 月
GB/T 14282.1—2006	仪表着陆系统（ILS）　第 1 部分：下滑信标性能要求和测试方法	2006 年 10 月	2007 年 2 月
GB/T 14282.2—1993	仪表着陆系统（ILS）　下滑信标接收机性能要求和测试方法	1993 年 4 月	1993 年 12 月
GB/T 14282.3—2006	仪表着陆系统（ILS）　第 3 部分：航向信标性能要求和测试方法	2006 年 10 月	2007 年 2 月
GB/T 14282.4—1993	仪表着陆系统（ILS）　航向信标接收机性能要求和测试方法	1993 年 4 月	1993 年 12 月
GB/T 18897—2002	多普勒甚高频全向信标性能要求和测试方法	2002 年 12 月	2003 年 5 月
GB/T 9027—2000	无方向信标性能要求和测试方法	2000 年 8 月	2001 年 5 月
GB 6364—2013	航空无线电导航台（站）电磁环境要求	2013 年 11 月	2014 年 7 月
MH/T 4003.1—2021	民用航空通信导航监视台（站）设置场地规范　第 1 部分：导航	2021 年 10 月	2021 年 11 月

笔记栏

4. 国内陆基导航技术科研进展

以 ILS、DVOR 等为代表的民用航空核心导航基础设施可为航空器运行提供安全可靠的导航服务,其应用直接关系民用航空的安全生产。我国民航局鼓励民用航空核心装备的自主创新应用,并专门成立了相关国产化推进工作组,推进国产陆基导航设备的系统设计、研发、制造和验证等工作。在"十四五"期间,空管系统也将稳健有序地推进民用航空导航设备的国产化工作,进行陆基导航设备研发为当前国内陆基导航技术的科研方向。

我国作为 ICAO 缔约国,确保我国民用航空陆基导航技术执行标准与 ICAO 保持一致是我国履行国际义务的重要标志。我国民用航空陆基导航领域的国家标准和行业标准主要参考国际民用航空公约及其附件,并力求与美国联邦航空管理局、欧洲民用航空设备组织等国际组织的规则保持协调。随着技术的发展,相关组织的规则持续保持更新,进行民用航空导航理论及政策研究为当前国内陆基导航行业技术支持单位的研究方向。

9.3 ‖‖ 塔康系统

塔康导航系统是一种组合陆基导航手段,同时也是我军未来主要的发展方向。一个塔康台相当于一个 VOR-DME 组合台,能够在用户飞行高度已知的条件下完成定位。塔康信标台主要配置在野战机场、临时航路点及机场较密集地区导航点,可同时为空中 100 架飞机提供导航方位信息、距离信息和识别信息。鉴于塔康系统的战略重要性,下面对塔康系统进行更加详尽的说明。

9.3.1 概述

战术空中导航系统简称塔康(TACAN),该系统由塔康地面设备(又称塔康信标)和机载设备组成,为以地面设备为中心,半径 350 ~ 370 km 范围内的飞机(高度 10 000 m)提供导航服务。

信标可架设在机场、航路点或航空母舰上。机载塔康设备安装在飞机上,与塔康信标配合工作,可连续给出飞机所在点相对于信标的方位角和距离(斜距)。在特殊需要时,也将信标装在大型飞机上,但这种信标比较简单,实际上是机载塔康设备的修改型。

9.3.2 工作原理

塔康系统是用极坐标方式定位的,如图 9.18 所示,图中已知点 O 为塔康信标,B 点为装载了机载设备的飞机。在 B 点,以磁北 N 为参照方向,测量出顺时针方向的 θ 角和 OB 的距离 D,即定出了飞机(B)相对于信标(O)的位置。旋转的心形图形用于方位测量,如图 9.19 所示。

塔康方位测量是按极坐标系的三角正余弦函数方法进行的。

在图 9.18 中,以塔康信标所在地 O 为原点,建立一个极坐标系:以 O 为原点 Ox 为起始轴,函数 $\rho(\theta) = 1 + A\cos\theta (A < 1)$ 的图像是一个心形图形,如图 9.19 所示。当选

定一个角度 θ,在图中可找到唯一的函数值∣ρ(θ)∣与它对应,即每一个角度 θ 都有一个对应的函数值∣ρ(θ)∣;但是,当给定一个函数值∣ρ(θ)∣时,除了0°和180°之外,在图中可以找到两个 θ 角与它对应。因此,由于多值性,该图形不能完成塔康方位测量。

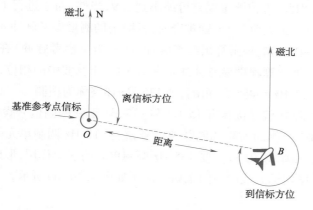

图9.18　塔康原理

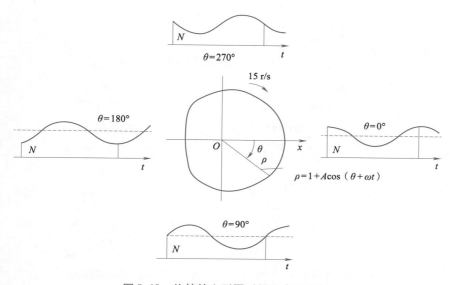

图9.19　旋转的心形图形用于方位测量

当将图9.19以 $f=15$ Hz 即(15 rad/s)顺时针方向旋转时,函数 ρ(θ) 可表示为

$$\rho(\theta) = 1 + A\cos(\theta + \omega t) \tag{9.4}$$

式中,$\omega(\omega = 2\pi f)$ 为角频率,单位为 rad/s 或 (°)/s;$f=15$ Hz 为频率;t 为时间,单位为 s。

并且,在函数值∣ρ(θ)∣为最大值且与 Ox 重合时,发射测量参考脉冲 N。在坐标系内的每个 θ 方向都可得到一个随时间,扫描的正弦波形,频率为15 Hz,参考脉冲 N 恰好在该正弦波的 θ 相位出现,如图9.19所示。在方位角 θ 分别为0°、90°、180°、270°位置上得到正弦波形,参考脉冲 N 就正好在正弦信号的0°、90°、180°、270°相位上。由此可以看出,当解算出参考脉冲 N 所在的正弦波相位 θ 时,就完成了方位测量。

通信导航技术

笔记栏

为了提高方位测量精度,塔康系统除了 15 Hz 正弦环路之外,又附加了 9×15 Hz = 135 Hz 正弦测量环路,形成一个 9 瓣的心形图形[见图 9.20(c)],将 15 Hz 正弦信号所包含的 360° 分成 9 个相等的 40° 区域,每个 40° 恰好是一个 135 Hz 正弦周期,又被扩大成 360° 进行测量,因此,方位测量误差可缩小到 1/9,当然,为了进行 135 Hz 环路测量,九瓣心形图形的每个最大值与 Ox 轴重合时,发射辅助测量参考脉冲 a。

方位测量时,首先粗略地解算出参考脉冲 N(称为主参考脉冲)在 15 Hz 正弦波形的相位。然后精确地解算辅助参考脉冲 a 在 135 Hz 正弦波中的相位,这就是塔康方位测量原理,一般把 15 Hz 环路称为粗测,把 135 Hz 环路称为精测。

塔康信标天线结构就是按具有 15 Hz 和 135 Hz 正弦调制信号设计的。在图 9.20 中,中心天线阵馈以等幅的射频调制脉冲信号,它受 15 Hz 调制单元的反射作用,产生心形水平方向图[见图 9.20(a)],受 135 Hz 调制单元的引向作用,形成 9 瓣方向图[见图 9.20(b)]。塔康信标天线的空间辐射方向图如图 9.20(d)所示。

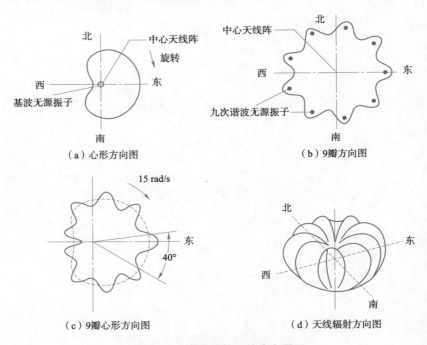

图 9.20 塔康信标天线方向图

15 Hz 调制单元和 135 Hz 调制单元共同固定在一个圆盘上,圆盘由天线伺服系统驱动,以 15 rad/s 顺时针方向旋转,从而在空间形成一个旋转的九瓣心形的方向图。

与旋转圆盘相重叠的,还有一个不旋转的固定圆盘。在旋转盘边上,等弧安装有 9 个软铁芯片。固定圆盘边上安装有两个带线包的永磁 C 形铁芯,其中一个用来产生指向北基准触发脉冲信号,另一个用来产生辅助基准触发脉冲信号。当圆盘旋转一周时,有一个软铁芯片要经过用来产生指向北基准触发脉冲的 C 形永磁铁一次。在经过的那一时刻,线包被感应产生一个脉冲信号,该脉冲就是指北基准的触发信号 N;旋转圆盘上的其余 8 个软铁芯片,各经过用来产生辅助基准触发脉冲的 C 形永磁铁一次,一共产生 8 个辅助基准触发脉冲 a。因为一个圆周为 360°,所以基准触发脉冲间的间隔与

40°的旋转角度相对应。又由于旋转芯片与天线内、外调制圆筒共同安装在一个旋转圆盘上,因此,指北基准和辅助基准触发的时刻与九瓣心形方向图的指向之间有恒定的关系。塔康信标天线结构示意图如图 9.21 所示。

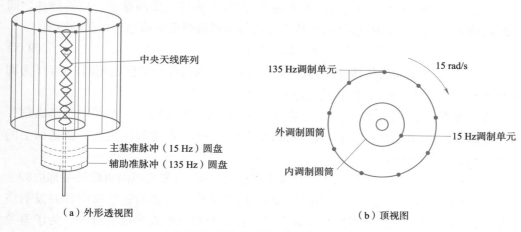

（a）外形透视图　　　　　　　　　　　（b）顶视图

图 9.21　塔康信标天线结构示意图

指北基准触发脉冲输入到一个脉冲群产生器,产生 12 对脉冲,称为指北基准脉冲群。同时,辅助基准触发脉冲也输入到一个脉冲群产生器,产生 6 对脉冲,称为辅助基准脉冲群。

塔康信标规定,当九瓣心形方向图最大值旋转到对准正东方时刻,产生并发射指北基准群,然后方向图顺时针方向每转过 40°产生并发射一个辅助基准群,基准群以外的时间发射测距应答脉冲对和随机填充脉冲对。这些脉冲信号从中央天线阵列发出来时都是等幅度的,但由于受到旋转的内外圆筒的影响,在信标周围空间收到的信号,其幅度受 15 Hz(内调制圆筒引起)和 135 Hz(外调制圆筒引起)的调制,而且,指北基准群、辅助基准群与调制信号之间的相对相位关系随接收机相对于天线的方位不同而不同。

脉冲幅度调制信号总的表现为正弦波,塔康方位测量最后归结为测量基准群与这个正弦波之间的相位关系。例如,当在信标的正南方向接收信号时,在发射指北基准群的那一时刻,九瓣心形方向图最大值对准正东方,此时正南方向处于心形方向图的侧面,信号幅度为平均值;随着天线方向图顺时针旋转,最大值向南方移动,正南方接收的信号场强也随之变化;经过 1/4 周期,方向图最大值对准正南方,此时收到的信号最强,即振幅最大;随着方向图顺时针旋转,正南方收到的信号场强减小,当方向图转过 1/2 周期,信号场强变为平均值;再经过 1/4 周期,即方向图旋转 3/4 周期,最小值方向对准正南方,此刻,收到信号最小;所以在正南方,指北基准群处于调制正弦波的 0°。同样,在正东方接收,指北基准群处于调制正弦波的 90°,正西方在 270°,正北方在 180°。

不过,为了适应人们的习惯,塔康系统规定:机载设备在信标的正南方接收时,飞机的方位指示器应指示 0°;在正西、正北、正东方向接收时,指示应为 90°、180°和 270°。

现在塔康信标天线还可以用电扫描方法形成旋转的九瓣心形的方向图。这种天线没有机械旋转部分,因此寿命长、质量小、启动功率小,比以往的机扫天线更好。

笔记栏

塔康系统距离测量依据二次雷达工作原理。机载设备以 80 ~ 120 Hz（搜索状态）或 20 ~ 30 Hz（跟踪状态）速率发射询问脉冲对信号，地面信标接收到询问脉冲信号后，经过一个固定延迟，再向机载设备发射应答脉冲对信号。机载设备接收到信标发射的信号后，经过识别，选择出对自己的测距应答脉冲，并测量出询问脉冲与应答脉冲之间的时间间隔。利用这个时间间隔，可按下式换算出机载设备与信标台之间的距离

$$D = 12 \times C(t - T_0) \tag{9.5}$$

式中，C 为电波在空间的传播速度，取 3×10^8 m/s；T_0 为信标台的固定延时（μs）；t 为询问脉冲和应答脉冲之间的时间间隔（μs）。

由于飞机在地球表面上空的一定高度上飞行，机载设备测出飞机相对于塔康信标台的距离是斜距，在远区（飞行高度 $h \leqslant$ 斜距 D 时），可将 D 近似认为飞机在地面上的投影点与信标台的距离。

一般情况下，当信标台作用区内有多架飞机飞行时，每架飞机的机载设备都以80 ~ 120 Hz（或 20 ~ 30 Hz）速率发射询问脉冲信号，信标台应答器对这些询问都要发射应答脉冲，每架飞机从信标所有应答脉冲中只选择出对自己的那些应答脉冲。为了避免机载设备出现错误选择，每个机载设备并不按照某一严格规定的速率发射询问脉冲，而是采用一个不稳频振荡器产生在时间上有一定随机变动的询问脉冲。然而，每个机载询问脉冲和信标的应答脉冲是同步的，因此，机载设备可借以从来自地面台的信号中选择出对自己的应答脉冲。

9.3.3 系统的应用与技术指标

1. 系统应用

1）军用飞机导航

美国最初设计的塔康系统用于航空母舰编队，为航空母舰舰载飞机提供导航服务。塔康信标天线安装于舰桥顶部。在以航母为中心，半径 350 ~ 370 km 的范围内，无论航母如何运动，飞机都可完成相对航母的方位和距离测量。由于塔康系统测位测距精度较高，系统能提供二维定位，信标天线体积小、便于机动等，很快被空军采用。经过多年的使用和发展，塔康系统不仅用作航路导航，而且用作空-空导航，如空中加油、编队飞行等。

2）工作频段及波道划分

塔康系统工作于 L 波段，频率范围 962 ~ 1 213 MHz，共有 252 个波道，其中 X 工作模式 126 个波道，Y 工作模式 126 个波道。波道间隔 1 MHz。

X 模式的工作波道和频率配对。塔康系统中，无论是地面信标还是机载设备，都具有收/发功能，接收频率和发射频率恒定差一个中频 63 MHz。机载设备、地面信标的工作波道号、频率配对关系如图 9.22 所示。

从图 9.22 可以看出：X 工作模式，从 1X 波道到 126X 波道，机载设备发射频率为 1 025 ~ 1 150 MHz，连续地占据 126 个波道频率；地面信标发射频率分成两段，1X ~ 63X 波道的发射频率为 962 ~ 1 024 MHz，64X ~ 126X 波道的发射频率为 1 151 ~ 1 213 MHz。通常把 1X ~ 63X 称为低波段，64X ~ 126X 称为高波段。

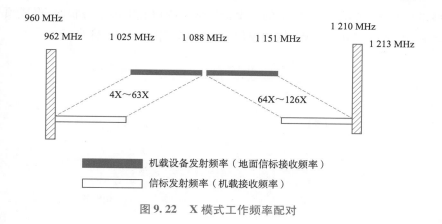

图9.22　X模式工作频率配对

X波道采用脉冲对编码，间隔 12 μs。指北基准群为 12 对脉冲，对与对的间隔为 30 μs。辅助基准群为 6 对脉冲，对与对的间隔为 24 μs。

Y模式的工作波道和频率配对。Y模式工作波道是考虑到 X 模式的地面信标从 1 025 ~ 1 150 MHz 这一段频率资源被闲置，地面布台用频拥挤而发展起来的。Y模式工作波道的地面设备和机载设备频率配对关系如图9.23所示。

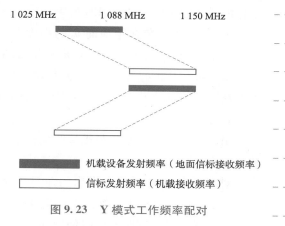

图9.23　Y模式工作频率配对

从图9.23可以看出：Y模式时，机载设备从 1Y ~ 126Y 波道的发射频率为 1 025 ~ 1 150 MHz，与 X 模式完全相同；信标从 1Y ~ 63Y 波道的发射频率为 1 088 ~ 1 150 MHz，64Y ~ 126Y 波道的发射频率为 1 025 ~ 1 087MHz，恰好是机载设备高、低波段发射频率的对换。

Y模式与X模式的脉冲对编码间隔不同：机载设备的询问脉冲对编码间隔为 36 μs；地面应答和随机填充的脉冲对编码间隔为 30 μs；指北基准群发射 13 个脉冲，脉冲间隔 30 μs，辅助基准群发射 13 个脉冲，脉冲间隔 15 μs。

另外，信标对测距的应答脉冲固定延迟时间不同，X 模式延迟 50 μs，Y 模式延迟 56 μs。

3）系统工作区

系统工作区，指该系统能可靠地为飞机提供具有精度保证的定位（方位和距离）的最大立体区域，由系统所选定的工作频段的电波传播特性、信标天线的结构及其架设高度来决定。

塔康系统的工作频段为 962 ~ 1 213 MHz，该频段的电波为直线传播，且不在高空电离层发生反射，因此，系统工作区只能限定在信标的视区范围内。地球具有半径 r，从天线架设高度向周围观察，在沿地球表面的 S 点之外存在着看不到的区域——阴影区（见图9.24）。飞机在阴影区内飞行时，机载设备收不到信标发射的信号，不能工作。另

外,天线的中央天线阵列在顶空上的一个锥形区域内没有电波信号辐射,形成顶空信号盲区,该盲区大约为90°~120°,塔康系统工作区示意图如图9.24所示。

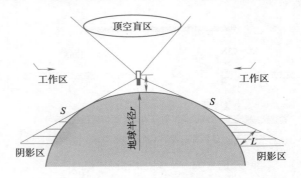

图9.24 塔康系统工作区示意图

当天线架设高度为 h_1(m),飞机飞行高度为 h_2(m),并考虑大气折射时,塔康系统工作的最大距离约为 $D = 412(h_1 + h_2)$。

另外,天线安装在距地面 h_1 的高度上,天线辐射出的一部分能量照射到地面后被反射到空中,与天线辐射的直射波相叠加,形成信号的干涉区。在干涉区内,由于直达波和反射波经历的路径不同,因而相位不同,叠加结果形成信号的衰减增大,这种区域大约从离天线的十几个波长处开始,一直向外向上延伸。

4)系统工作容量

塔康系统的方位测量只需接收信标信号即可完成,因此,允许无限个机载设备同时使用一个信标台。

对测距来说,机载设备发出的询问,需要地面信标进行应答。但地面信标的填充脉冲约有2 700对可用于应答。当保证95%的机载设备处于测距跟踪状态时,系统的设计值为100个机载测距器同时使用同一个信标台。现在,由于微处理技术的普遍使用,机载测距器询问频率上限可以下降到80 Hz左右,因此,同一信标台可允许110个机载设备同时工作。

5)塔康信标安装要求

塔康系统的使用效能与信标安装场地选择紧密相关。一般来说,要安装在地面平坦区,附近没有障碍物及反射物,对远处飞行的飞机没有地物(如山峰)遮挡,这样的信标台能满足工作覆盖区的要求,导航精度也高。否则,将有部分扇区不能满足要求,甚至大部分扇区不能提供满意服务,导致该信标台不能正常使用而报废。

地形地物对塔康信标台的影响,最重要的是对电波形成的反射和侧反射,以及山峰对电波的遮挡。山峰对电波遮挡的那个扇区工作距离将大幅缩小。反射对信号的影响,是由于直达波和反射波在空中叠加产生干涉现象而引起的,双路径干涉(见图9.25),由于直射波和反射波路径不同,在 C 点延迟后到达的反射波与直达波信号叠加。

关于 C 点叠加信号的情况,涉及的因素很多,例如反射地面的特性(介电常数 ε 和导电率)及平坦情况、天线架设高度 h_1,及接收天线高度 h_2(即飞机飞行高度)、信号频率等都有直接关系。精确的计算和分析是极其复杂的,这里仅指出 C 点的合成信号场强随距离变化是有规律的。电波传播专家计算出美国 AN/GRA-60 天线的双路径干涉辐射图如图 9.26 所示,在信标工作范围内,某些距离上信号场强有较大的衰减。为了降低反射的影响,最有效的方法是减弱或消除反射,以粗糙地面的漫反射代替光滑地面的镜反射情况如图 9.27 所示。

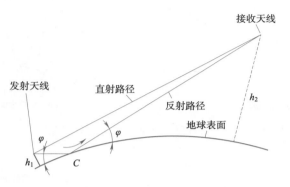

图 9.25　双路径干涉

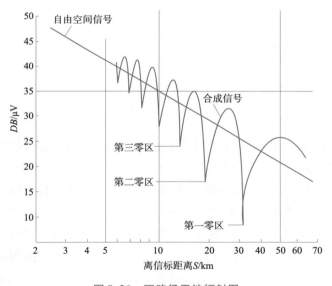

图 9.26　双路径干涉辐射图

　　还有一种称为侧反射,如图 9.28 所示。它是由信标台附近的机库、飞机、机动车辆等垂直于地面的金属表面产生的反射。如果存在这种强反射,在某一方向上,机载设备测位电路往往会出现错误跟踪,即跟踪在反射信号上,产生方位错误锁定。如果反射延迟超过 1 μs,则会带来测距误差。

　　为了保证安装好的塔康信标台有预期的效能,塔康系统有关建台方面的要求及处理方法都有较详细的规定。

　　6) 机载设备天线安装要求

　　机载设备天线安装在飞机的蒙皮上。有两根天线,一根安装在机头,另一根安装在

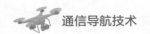

笔记栏

后机腹。天线安装的位置,除了应考虑飞机蒙皮的表面形状、遮挡物(如副油箱)、外挂设备和其他设备天线外,还应考虑飞机的飞行状态。在各种姿态飞行时,天线对信标的信号都有较大的接收场强。其安装原则是:①满足飞机飞行动力学要求;②飞机的各种飞行姿态,都不遮挡从信标来的信号;③天线方向图的主波瓣应指向信标天线。

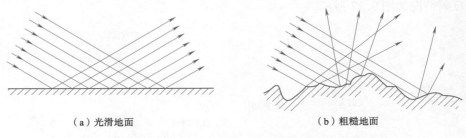

(a)光滑地面   (b)粗糙地面

图 9.27 粗糙地面产生漫反射,光滑地面产生镜面反射

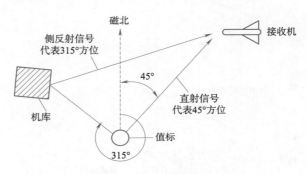

图 9.28 错误方位来源的侧反射

飞机上的副油箱、外挂设备等体积都比较大,对于矮小的塔康机载天线来说,在飞机外蒙皮上很难找到一个安装位置,在飞机的任何飞行姿态都不遮挡信标传来的电波。

塔康机载设备都在飞机上安装两根天线。机载设备工作时,根据天线上的信号场强弱,自动搜索选择一根具有足够信号场强的天线进行接收和发射,以此避开遮挡。机载天线是单振子天线,其水平方向图是一个圆,垂直方向图如图 9.29 所示,以飞机外蒙皮为基面,负仰角约 10°以内为信号盲区,10°以外 25°~30°为方向图的最大方向。在地面信标覆盖区的边远地区飞行时,只要保证方向图主瓣指向信标台,就可在全覆盖区获得较满意的接收效果。

若只考虑飞机的平飞和侧飞姿态,飞机腹平面基本上与地球表面平行。在距离信标台 350 km 的飞机腹平面与直射电波束向夹角约为 3°,因此,机头天线应该安装在机头的前端,使天线方向图基面与机身大平面保持有 15°~25°的夹角最为理想。机腹天线也应该这样选择安装位置。

7)系统专用设备

为了发挥最高效能,塔康系统必须有专用设备在各种环境中配合使用。

外场检测仪为检查地面停放着的飞机上装载的塔康设备,本系统设计了外场检测仪。该设备一般固定在 31 波道和 91 波道工作。对方位和距离各设 8 个固定检查点,可用"自动"或"人工"控制工作。工作距离一般为 1.5～10.0 m。

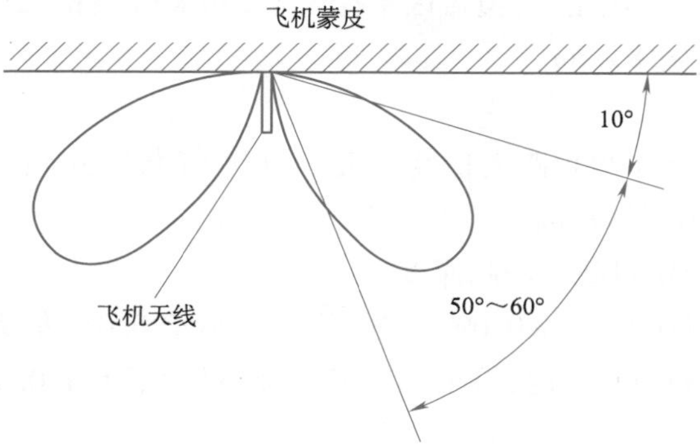

图 9.29　机载天线方向图(垂直面)

该检测仪通常在飞机飞行前后为检查塔康机载设备工作是否正常时使用。

塔康信标模拟器是塔康机载设备在工厂生产调试过程的标准专用信号源,具有以下功能:①测试机载接收机工作灵敏度;②测试和校准测距器的可工作距离和指示精度,以及具有速度情况下的工作能力;③测试和校准测位分机的指示及精度,在有角速度情况下的工作能力;④测试机载设备的发射功率;⑤检查识别信号通道功能;⑥可任意设置塔康系统的任一波道和任一工作状态;⑦可模拟塔康系统内的任一参数改变。

塔康信标模拟器在空军修理所或定检中队也应该配备,以作为检修塔康机载设备的标准信号源。

塔康机载设备功能测试台(又称检修台)一般装有与机载设备配套显示的指示器、功能件,以及与机载设备有交联关系的磁方位信号产生器等,此外,它还有为测量精度指标的精度等级更高的一些专用件。它是塔康机载设备的专用设备,通过该设备及其电缆、托架等附件,对机载设备进行通电及各种功能显示。

功能测试台配置在工厂生产调试车间及修理厂。在那些需要单独对塔康机载设备通电的地方,也需配置。

2. 系统主要技术指标

1)工作频率

962～1 213 MHz,分 126 个 X 波道和 126 个 Y 波道。

X 模式地面发射载频为 962～1 024 MHz 和 1 151～1 213 MHz;机载发射载频为 1 025～1 150 MHz。

Y 模式地面发射载频为 1 025～1 150 MHz;机载发射载频 1 025～1 150 MHz。

波道频率间隔 1 MHz。

2)发射功率

地面设备大于 500 W(脉冲峰值功率,对机动台);3 000 W(脉冲峰值功率,对固定台)。

机载设备 700 W 或 500 W(脉冲峰值功率)。

3）工作区范围

以信标台为中心，对固定台，覆盖区半径大于 350 km（飞机飞行高度 10 000 m）；对机动台，覆盖区半径为 185 km。

4）精度

方位精度优于 2.5°（20）；距离精度不大于 400 m（数字式）；不大于（400 + 0.25% D）mm（模拟式），D 为测量距离。

5）15 Hz 和 135 Hz 对载波调制深度

标准 15 Hz 调制在 0.21 ±0.09 之内，最小不小于 0.05，最大不大于 0.40；标准 135 Hz 调制在 0.21 ±0.09 之内，最小不小于 0.05，最大不大于 0.40；15 Hz + 135 Hz 合成调制度不大于 55%。

另外，仰角 0°以下的能量占总能量的 10% 以下，0°以下的最大副瓣比主瓣峰值至少低 18 dB。

9.3.4　设备与应用技术

塔康系统的基本设备包括塔康地面信标台和塔康机载设备。塔康信标台一般安装在地面某已知位置，有时也安装在大型军舰或大型飞机上；塔康机械设备安装在飞机上。

1. 塔康地面信标台

地面信标台包括天线和主机两部分。一套地面设备，天线只有一副，主机可以是单机，但更多的情况是双机备份。

1）天线

天线包括天线和形成天线方向图所需的电路及天线方向图旋转扫描的控制驱动电路。

天线方向图形成及其旋转扫描可以是传统的机械结构进行尺寸保证、电机伺服驱动旋转的机械扫描方法，也可以用现代的相位控制天线阵列的电子扫描的方法。

天线形成九瓣的心形方向图，并以恒定的 15 Hz 速率顺时针扫描，这是塔康系统测位的基本条件。

天线有两个关键技术：第一是在结构上保证天线产生的方向图，在垂直面有较小的顶空盲区和 0°以下仰角有较小的能量辐射及峰值较小的副瓣，在水平面内，15 Hz 和 135 Hz 调制深度及两个调制分量的相位偏差都应控制在某一范围之内；第二是伺服电路必须保证旋转周期恒定。并且偏离 15 Hz 的误差应严格控制在一个最小值内。因为 0°以下仰角能量太大且第一副瓣峰值较高，一方面使 0°以上仰角能量辐射减小，有用能量被损耗了，另一方面对地表面辐射的能量大，引起地面反射信号场强大，会加大零区的深度。必须保证 15 Hz 和 135 Hz 调制深度并且两者相位差要在一定的范围之内。原因是很明显的：调制深度太深，在信号的波谷会影响机载接收机对基准（特别是对指北基准）的检测，一旦检测不出指北基准，将导致方位测量失效；调制深度太浅，15 Hz 或 135 Hz 正弦分量太小，过零拐点的分辨率下降，机载设备方位测量误差增大，方位指示器指针将在大范围内摆动。根据塔康系统原理，135 Hz 应根据 15 Hz 所划分的每个 40°区起辅助测量、提高方位精度的作用，所以 135 Hz 相位最好应在 15 Hz 划分的每个

40°区保持同步关系,以免造成方位借位40°。实际上,天线加工尺寸及安装误差,都会带来15 Hz和135 Hz的相位不同步。

天线扫描应严格保证15 Hz速率恒定,因为塔康系统按一个1/15 s时间把周围空间划分成360°,即1°所占时间为185.185 μs,如果扫描速率减慢或加快,1°所需的时间将增大或减小,对机载设备的方位测量将起到坏的影响,特别是现在用计算机以时钟周期来定时处理的设备,这个误差会累积形成系统测量误差,当计算机一定要去适应这种变化而不得不经常测量15 Hz速率时,会加大运算量及信号在实际环境传输过程中形成的起伏变化,计算机几乎无法对这种信号进行处理而导致无法进行方位测量。

2)主机

塔康地面设备主机,包括发射机、接收机、编码-译码器、电源等分机。发射机保证有大功率发射和较满意的频谱特性;接收机有较高的灵敏度及对数控制特性的自动增益控制(AGC)电路,既能保证对近距离塔康机载设备的测距询问信号提供准确的延迟回答及对远距离塔康机载设备的测距询问,也能提供同样满意的延迟回答。发射和接收使用同一根天线,由收/发转换开关控制发射信号安全地馈送给天线,并将接收信号单向馈送给接收机。

编码-译码器的作用是完成塔康信标各种输出信号脉冲的编码,并对接收机来的测距询问脉冲进行译码,经过固定延时,形成应答脉冲编码。

该电路的输入信号是:天线来的指北基准和辅助基准触发脉冲、接收机来的询问脉冲信号、随机噪声信号产生器来的随机填充触发脉冲、导航信标台识别呼叫触发脉冲。

输出信号是:指北基准编码脉冲群、辅助基准编码脉冲群、测距应答编码脉冲对、随机填充编码脉冲对、识别呼叫编码脉冲。

该电路的技术要求是:

(1)编码脉冲参数符合系统技术要求。

(2)按优先权等级输出、封闭各类脉冲:基准群优先,即在发射基准群之前50 μs直到基准发送完成为止的时间内,只发基准不发其他信号,在发射识别声期间,不发射测距应答脉冲和随机填充脉冲。

(3)测距应答脉冲的延迟时间必须准确,其中包括测距询问脉冲的译码延迟、译码定时点的误差和线路路径延迟。

(4)随机填充脉冲和测距应答脉冲符合正态分布规律,即在脉冲对发射前或发射后50~60 μs内不发射脉冲信号,脉冲对与脉冲对间隔为100~120 μs时具有最大发射概率。

(5)识别呼叫脉冲群与基准脉冲群保持着同步关系。

2. 塔康机载设备

塔康机载设备由天线、发射机、接收机、频率合成器、方位测量电路、距离测量电路及控制盒组成。

设备的发射和接收用同一副天线。为了使发射信号和接收信号互相隔离,利用一个环行器将发射和接收信号各行其道,隔离度达20 dB。

机载设备的天线按其外形,习惯上称为"刀形天线"。它是一个半波振子天线。水平方向图为圆,全向不均匀度不大于 3.5 dB;垂直方向图扇区 50° ~ 60°,最大值方向 30°左右,轴向盲区约 30°。

通常,飞机上安装两根天线:机头蒙皮上一根,机腹部一根。机载设备工作时,只与一根天线接通,当这根天线上接收的信号弱或没有信号时,通过双天线转换开关,设备自动搜索,寻找信号足够强的那根天线,并锁定在这根天线上工作。

天线按垂直极化波场型工作,频率范围 962 ~ 1 213 MHz,波段内驻波系数不大于 1.8,特征阻抗 50 Ω。

接收机按外差式工作,中频频率为 63 MHz,接收频率为 962 ~ 1 213 MHz,接收前端有波道预选电路,带宽为 6 ~ 8 MHz。

为了保证接收机输出的视频信号调制包络不失真,即 15 Hz 和 135 Hz 正弦调制分量为线性,从接收的最弱信号到最强信号,AGC 的线性控制范围不应低于 50 dB。

方位测量电路包括粗测通道和精测通道的判别、控制、转换电路三部分。首先将主基准脉冲从接收的视频信号中识别出来,并与 15 Hz 正弦信号的 0°相位比较,解算出粗方位,然后转换到辅助基准脉冲与 135 Hz 正弦波 0°相位比较,解算出精方位,经过平滑处理后送显示器显示。

距离测量电路包括询问脉冲产生、回答信号识别提取,距离数据运算及测距器工作控制、转换等。

测距分机的不稳定多谐振荡器产生 80 ~ 120 Hz 脉冲,首先被晶体振荡器产生的某个时钟脉冲同步,然后根据测距器当时处在搜索或跟踪状态,产生 tp 询问脉冲对(80 ~ 120 Hz 或 20 ~ 30 Hz),送发射机调制器和发射机功放进行功率放大,发射到地面设备,以便地面设备进行回答。

正确提取回答脉冲信号是测距器正常工作的基础。它的工作原理是由于某架飞机到信标的距离是确定的,即使飞机高速飞行,在连续询问的几个周期内,距离变化也不大,即飞机发出测距询问脉冲之后到接收到回答脉冲的时间是确定的,其他填充脉冲就不存在这种规律。因此,测距器可设计一个具有 4 ~ 5 μs 宽度的回答脉冲提取闸门,使每次询问后的地面回答脉冲都可靠地落在该闸门之内,其他填充脉冲只偶尔落在闸门中,再根据多数判决原则,准确提取出回答脉冲信号。

在搜索状态,测距器在产生询问脉冲 tp 之后,距离计数器按时钟脉冲周期由小到大进行计数,并带动提取闸门从 0 km 位置向后移动。当有由接收机来的视频脉冲在闸门内出现时,计数器停止计数,闸门也停留在该时间位置上。接着的下一个询问周期,在停留的闸门位置内,没有出现接收的视频脉冲,说明上一次遇到的是一个随机填充脉冲,距离计数器又在这个时间位置上继续计数,闸门也开始继续向后移动。当再一次在闸门内出现视频脉冲时,计数器又停止计数,闸门也在新的时间位置上停留下来,等待下一个询问周期,检查在该闸门位置上是否继续有视频脉冲到来:如果没有脉冲出现,说明上一周期遇到的仍然是随机填充脉冲,测距计数器仍重复以前的状态继续计数向后搜索,直到连续几个询问周期,在提取闸门内都出现接收视频脉冲,说明已经搜索到对自己的回答信号,提取闸门变换为跟踪闸门,并按多数判决准则,对距离跟踪—记忆—搜索,便把正确距离数据送显示器显示。

在跟踪状态,跟踪闸门代替提取闸门,它由时间上紧紧连接的两个闸门组成:前一个称前跟踪闸门,后一个称后跟踪闸门。当距离准确跟踪时,回答脉冲应在两个闸门内出现的时间相同;当回答脉冲在前跟踪闸门内出现得多,在后跟踪闸门内出现得少,或者相反,前跟踪闸门内出现得少,后跟踪闸门内出现得多时,比较之后形成一个误差信号去调整距离计数器,使跟踪闸门移动,回答脉冲落在前、后闸门的时间相同,达到距离跟踪。

9.3.5　塔康系统的发展与展望

塔康系统经过几十年的使用和发展,技术上取得了很大的进步,功能得到了多方面的开发,是一个较为完备的导航系统。

1. 塔康系统已经取得的发展

塔康系统已经得到全世界的公认,将多方面系统推向全世界。

最初、塔康系统只有 X 模式,只利用了 962 ~ 1 213 MHz 频率的一半。后来,又研制了具有 X 模式和 Y 模式的塔康系统,使地面设备频率扩展到全波段,以满足机场布台的需要。

对于机载设备来说,早期设备只有 X 模式和空-地导航功能,以后开发了空-空导航功能,为空中多架飞机的编队飞行和空中加油提供了极大方便。后来又研制了同时具有 X 模式和 Y 模式及空-空导航的机载设备,不过机载设备所使用的频段仍然是 1 025 ~ 1 150 MHz(发射频率)。

现在,绝大多数的飞机装载的塔康机载设备的空-空功能只能进行相互测距。要完成空-空方位测量,机载设备必须具备一副这样的天线:它能产生类似于地面信标天线产生的扫描心形方向图,并且无论飞机向任何方向飞行,该方向图的最大值指向正东时刻发射指北基准群这条原则,始终不能改变。这无疑使天线体积庞大且复杂,同时,还必须有一个提供稳定指北的定向平台,显然,一般歼击机承载不了。另外,为了保证心形方向图有较好的包络外形,发射的脉冲数必须比地-空导航时的询问脉冲数大几倍,发射机的功率容量增大了,其功耗、体积、散热等一般歼击机也受不了。因此,具有空-空测位功能的机载设备只安装在大型飞机上,为其他飞机提供空-空方位和距离信息。这种空-空设备相当于代替了地面信标的作用。

具有空-空方位功能的机载设备,天线方向图只提供"心"形,不具有九瓣。空-空测位误差增大,一般在 ±5° 以内。

具有空-空功能的机载设备有三种类型:①只具有空-空测距功能和空-地导航功能,这种设备大量地装在歼击机上,容量为 5 ~ 10 架飞机。空-空工作过程是,一架飞机(长机)作为信标机,其他飞机(僚机)相对长机进行空-空距离测量,长机测量距长机最近的那架僚机的距离。当只有两架飞机时,互相测量到对方的距离。②一架大型机(如轰炸机或预警机)装载着具有提供空-空测位功能的塔康机载设备,其他飞机利用该飞机提供的方位信息完成空-空方位测量,同时进行距离测量。③逆式塔康。一架飞机(如长机)装载了塔康设备除了给其他飞机提供距离应答脉冲之外,还发射填充脉冲,使每秒发射的脉冲总数不少于某一下限值,该设备的天线方向图具有全向性;其他飞机

(如僚机)装载的机载设备的天线具有旋转扫描方向性图。僚机利用具有扫描方向图的天线接收全向辐射信号,得到一个正弦调制的信号。当僚机将该天线方向图最大值与飞机纵轴平行或指向右方与纵轴成垂直时,僚机就可利用该正弦调制信号测得长机的方向。显然,具有扫描的心形方向图的设备装载在飞机上,它接收 DME 地面信标信号,同时可以完成距离和方向测量。

2. 导航和数据传输相结合

美国在 1955 年研制了导航和数据通信相结合的塔康数据传输双向设备,并由美国海军进行了鉴定。该系统在保证塔康系统的测距测位功能不受影响条件下,3 s 内可传输 30 余条指令。指令由一帧组成,每 7 个码元组成一个字,每个码元由三脉冲编码组成。传送一个字的时间约为 3.6 ms,但是,美国并没有将塔康数据传输系统进一步发展,其主要原因是该方案的数据传输抗干扰性能差、数据率低、受视界限制等。

另一种数据传输方案是将塔康信道做成专用的数据通信设备,机载设备做成导航和数据传输两种功能兼备的设备,由控制盒选择控制。这种系统的地-空上行指令数据量可多些,它包括被传送接收指令的飞机梯队批号、指令内容和数据等,该指令有校验检验码,并且,在必要时可进行加密处理,该系统的空-地下行指令,因受发射机功率容量的限制,数据量较小。这种系统的改进型是采用检错、纠错和扩频跳频技术以提高系统的抗干扰性能和提高系统的数据信息量。

利用塔康信道做成导航和数传的兼容系统,有两种方案。

一是利用机载塔康设备测位测距有记忆功能这一特点,地面的塔康信息发送和数传信息发送可以按时分制工作,这种系统的地面设备配置可以按塔康发射设备和数传发射设备同时配置,用一个定时控制设备控制这两种设备轮流工作,也可以用一套发射机配备塔康信标天线和数传天线,用控制设备按时分制将发射机与两天线轮流接通发射。机载设备则是数传和导航两个终端都在守候执行工作,接收和发射通道,导航和数传共用。这种系统在机载设备采用微处理器以后,利用计算机的强大处理功能,在保证导航功能不受影响的条件下,达到满意的数据传输性能是完全可能的。

二是将数据传输信号插入塔康随机填充脉冲序列中由塔康天线发射传送。这种方案对测距来说也是时分制。因此,该方案必须考虑并计算以下要素:①塔康系统每次可以让出多少时隙进行数据传送;②数据传输信息落在塔康调制包络波谷的哪些码元,可能形成信息丢失,概率是多少? 采用纠错码进行纠错恢复原数据信息,成功概率又是多少?

3. 塔康系统与 JTIDS 系统兼容

塔康系统从 1950 年投入使用以来,得到了广泛应用和开发,被认为是很好的近程无线电导航系统。但是,它只采用了双脉冲编码,抗干扰性能不强,布台时,选址也较麻烦。美国从 20 世纪 70 年代开始研制 JTIDS 系统,为其陆海空三军提供指挥、通信导航、识别服务。

JTIDS 系统的特点如下:

(1)工作频段为 960 ~ 1 215 MHz,与塔康系统同处一个频率段。

(2)采用扩频、跳频、检错纠错的伪随机脉冲编码技术,具有很强的抗有源干扰和防窃性能。

（3）多节点或无明显控制中心的系统。系统中所有台站都是用户，共同构成一个通信、导航、识别网，彼此通过保密通信、测量时差，在知道网中几个成员的位置之后，可以计算出所有成员各自的位置、航向、速度等，完成相对导航。如果网中一个或几个成员失去功能，其他成员仍然照样工作。

（4）系统按时分多址工作。网中每个成员 10～12 s 播发一次信息（对机载设备），彼此能够确知相对位置。

JTIDS 系统的这些设计，发射信号频谱扩宽，某一频率的发射时间只有 6.4 μs，不会影响塔康系统的工作性能。另一方面，塔康系统的发射信号为窄带频谱，JTIDS 系统的宽带和相关接收机不会受到干扰接收，而且在频谱很宽和采用纠错措施后，有干扰也被消除，恢复信息的本来面目，即 JTIDS 系统的设计，充分考虑了对塔康系统的兼容性。

习　题

1. 陆基（通信）导航定位技术的原理是什么？
2. 目前我国主要应用的民用航空导航定位技术是什么？

笔记栏

第10章 其他/自导航系统

知识目标

(1)掌握 MEMS 惯性传感器的关键技术。

(2)了解视觉导航技术的特点,增强对超声波导航技术和 UWB 定位技术的认识。

素质目标

(1)具有理论联系实际的能力。

(2)具有对未知领域不断创新和探索的精神。

无人机自导航系统是保障无人机能够自主、安全、可靠、高效飞行的关键技术体系。除了全球卫星定位导航系统(如 GPS、北斗等)用于获取无人机绝对位置信息,其他自导航系统也在蓬勃发展。多普勒导航系统、视觉导航系统等作为辅助导航手段,以提高导航的精度和可靠性。惯性导航系统通过测量无人机的加速度和角速度来推算其位置和姿态;多普勒导航系统则利用多普勒效应来测量无人机的速度和位置;视觉导航系统通过摄像头等传感器获取周围环境的图像信息,进行图像处理和分析,以实现无人机的导航和避障。以下介绍几种未来主要发展的自导航系统。

10.1 ||| MEMS 惯性传感器

惯性传感器是一种传感器,主要是检测和测量加速度、倾斜、冲击、振动、旋转和多自由度(DoF)运动,是解决导航、定向和运动载体控制的重要部件。

10.1.1 MEMS 惯性传感器的分类

MEMS 惯性传感器包括 MEMS 陀螺仪及 MEMS 加速度计,其分类有多种方式,根据精度由低到高其可分为消费级[零偏 >100(°)/h]和战术级[零偏 0.1(°)/h~10(°)/h]。

根据感知角速度的方式,MEMS 陀螺仪可以分为振动臂式、振动盘式和环形谐振式。振动臂式 MEMS 陀螺仪通过测量扭转振动幅度以及扭转振动相位来获取角速度,典型代表为 ENV-05A 系列音叉式陀螺。振动盘式 MEMS 陀螺通过测量元件与底部之间电容量的变化来获取角速度,典型代表为霍尼韦尔公司的 HG1940 惯性测量单元。环形谐振 MEMS 陀螺仪通过测量磁场变化来获取角速度,典型代表是 SiIMU02 陀螺仪。

根据感知加速度的方式,MEMS 加速度计可分为位移式、谐振式和静电悬浮式。位移式 MEMS 加速度计通过检测电容变化来测量加速度大小,典型代表为 Northrop Grumman 公司的 SiACTM。谐振式 MEMS 加速度计通过测量谐振频率的变化来测量加速度大小,精度很高,典型代表是霍尼韦尔公司的 SiMMA。静电悬浮式 MEMS 加速度计通过测量电容来获取悬浮状态下的圆盘或圆球位置从而测量加速度大小,理论精度

170

高,典型代表是法国 ONERA 公司的 SuperSTAR 加速度计。

　　根据传感原理,MEMS 加速度计可分为压阻式、压电式和电容式三类。压阻式加速度计通过将相应悬臂梁上的电阻转化成电压输出,即可将加速度信息转变为电信号输出,具有体积小、加工工艺简单、精度高、响应速度快、抗电磁干扰强等优点。压电式 MEMS 加速度计通过测量内部压敏阻值变化与被测加速度的关系,从而推算出外界加速度,具有测量范围大、质量小、体积小、抗干扰能力强、结构简单和测量精度高等优点。电容式 MEMS 加速度计通过检测电容值的变化量,从而推算出外界加速度,具有测量精度高、灵敏度高、稳定性好、功耗低等优点。

10.1.2　MEMS 惯性传感器的发展概况

　　从 MEMS 陀螺仪与加速度计研制成功至今,伴随着 MEMS 技术的发展,MEMS 陀螺仪与加速度计器件性能得到明显的提高。

1. 国外 MEMS 陀螺仪发展历程

　　1954 年,C. S 史密斯发现了压阻效应,为微型压力传感器的研制提供理论基础。1967年,表面牺牲层工艺技术被提出,并在此基础上具有高谐振频率的悬梁技术被研制出。1989 年,美国 Draper 实验室研制出第一台振动式微机电陀螺仪,这是惯性技术领域的一大变革;1993 年,该实验室研制出一种音叉线振动式微机电陀螺仪,将陀螺仪的发展向前迈出一大步。1997 年,在美国加州大学伯克利分校,首个表面微机械的 Z 轴陀螺仪被设计出,其分辨率为 1(°)/s。1999 年,横滨技术中心提出一种采用解耦设计的 MEMS 陀螺仪,其分辨率可达 1(°)/h。2001 年,美国 Draper 实验室设计出一种单晶硅音叉式 MEMS陀螺仪,温度漂移为 1(°)/(h/℃)。2004 年,德国的 HSG 公司设计出一款表面微机械的 X 轴陀螺仪,灵敏度为 8 mV/[(°)/s]。2006 年,日本兵库大学的 K. Maenska 报道了一种仅由一个带电极的锆钛酸铅棱柱体构成的新型压电振动固态微机械陀螺。2013 年,法国电子与信息技术实验室设计出一种采用了横向悬挂设计的 3D 电容音叉陀螺。

2. 国外 MEMS 加速度计发展历程

　　20 世纪 60 年代末,对 MEMS 加速度计的研究和开发工作开始启动,主要研发单位为美国的 Draper 实验室、斯坦福大学以及加州大学伯克利分校。20 世纪 70 年代,综合MEMS 工艺与压阻效应,出现了压阻式加速度计,首次实现了 MEMS 加速度计的商业化。20 世纪 80 年代末期,随着表面 MEMS 工艺与传感技术的结合,电容式 MEMS 加速度计得到迅速发展,并在汽车行业得到首次应用。自 21 世纪以来,随着集成电路及计算机行业的迅速发展,MEMS 加速度计更多应用于汽车安全气囊,而且在手机、计算机等电子消费产业中发挥越来越重要的作用。未来 MEMS 加速度计将向着轻量化、高精度、经济化的方向发展。

3. 国内 MEMS 惯性器件发展历程

　　我国的 MEMS 惯性器件的研究起步于 20 世纪 90 年代后期,自 1995 年起得到科技部、教育部、国家自然科学基金委员会等大力支持,国内的 MEMS 陀螺仪研制取得了显著成果。1998 年,清华大学研制出全国第一个音叉式 MEMS 陀螺仪,其分辨率为 3(°)/s。2006 年,电子集团 49 所与俄罗斯应用物理研究所合作研制出分辨率为 70(°)/h 的陀

通信导航技术

螺。2010年,中国科学院传感器技术国家重点实验室报道了一种采用高对称结构的微机械振动环形陀螺。2012年,台湾大学的Chun-Wei Tsai等制作了具有宽驱动频率的双解耦微机械陀螺。经过20多年的发展,我国现有的技术已经形成从设计到生产、测试的一系列体系,国内众多著名MEMS惯性器件公司的器件精度也有了显著提高。

10.1.3　MEMS惯性导航的关键技术

MEMS惯性导航系统软件设计方面主要是导航算法,包括初始对准、惯性解算及误差补偿等算法;其硬件设计方面主要包括电路及结构的设计、惯性导航传感器(陀螺仪、加速度计)及导航计算机的选择等。系统精度不仅与硬件相关,而且与软件有很大关系。在目前硬件加工技术发展较慢的前提下,系统中误差补偿算法尤为重要。对于导航精度要求较高的应用,由于系统具有长航时的特点,MEMS惯性导航误差易发散,多采用组合导航的方式来抑制惯性导航系统的误差发散。下面介绍MEMS惯性传感器的误差分析与补偿以及MEMS组合导航算法设计。

1. MEMS惯性传感器的误差分析与补偿

惯性传感器是惯性导航系统的核心组成,其精度决定了惯性导航系统的精度,所以惯性导航系统的一项主要工作就是将惯性传感器误差进行补偿。提高惯性导航系统精度的手段大致有以下两种,第一种是从工艺上提高惯性传感器的精度,但是此方法技术难度大,且对于加工条件、材料等要求高;第二种就是采用误差补偿方式对系统的误差进行补偿。

MEMS惯性传感器的误差分析与补偿方法大致分为三种:第一种是采用误差补偿算法的方式进行补偿,即将误差通过算法拟合方式进行补偿;第二种是采用旋转调制技术,将IMU(惯性测量单元)加上转动机构进行旋转,通过旋转来消除常值误差(称为旋转调制);第三种是采用Allan方差分析法,以补偿系统的随机误差。

1)惯性传感器的温度误差补偿技术

温度所带来的惯性器件精度误差主要来自惯性器件本身对于温度的敏感程度以及温度梯度或者温度与温度梯度的交叉乘积项的影响。随着温度的变化,惯性器件的结构材料由于热胀冷缩会形成干扰力矩,因此需要对惯性器件的温度特性进行研究,以获取温度对于惯性器件输出性能影响的规律,建立加速度计静态温度模型并且对因温度变化引起的误差进行补偿,是提高其精度的一种有效手段。

对陀螺仪及加速度计的静态温度模型进行拟合的方法一般采取最小二乘法,以此得到陀螺仪和加速度计的数学模型系数与温度的关系并建立静态温度误差补偿模型,从而提高器件精度。国内多家陀螺仪及加速度计生产单位均对温度误差补偿进行研究,使之较补偿前的产品静态误差减小了一个数量级。

2)惯性传感器常值漂移误差的旋转调制技术

旋转调制技术起初应用于静电陀螺系统,通过壳体旋转来自动补偿漂移误差力矩。自激光陀螺面世以来,美国迅速开展了旋转式惯性导航系统的研究,1968年,有学者首次提出通过旋转IMU的方式对惯性传感器的漂移误差进行补偿。20世纪70年代,罗克韦尔公司研制了静电陀螺检测器,壳体采用了旋转技术,使得与其配套的舰船系统具备长时间的精度性能。20 世纪 80 年代,Sperry 公司研制了单轴旋转惯性导航系统,采用了经典的单轴四位置正反转停方案,直到现在该方案仍被广泛应用。1989 年,北约船用标准惯性导航系统即 MK49 型双轴旋转式激光陀螺惯性导航系统,在潜艇以及水面舰艇上进行装备。在国内国防科技大学首先开始旋转调制技术在光学陀螺上的应用。如今旋转调制技术在 MEMS 上主要采用单轴旋转方案,双轴旋转方案由于旋转机构复杂等原因应用相对较少。

由于旋转的需要,导航系统采取捷联算法,从原理上来讲,MEMS 惯性导航系统旋转调制可以有效抵消系统常值误差,系统的误差传播方式

$$\phi_n = -\omega_{in}^m \phi^n + \sigma_{\omega_{im}^n} - C_n^b \sigma_{\omega_{ib}^b}$$

$$\sigma v^n = f^n \phi^n + C_n^b \sigma_{f^b} - (2\omega_{ie}^n + \omega_{en}^n)\sigma_{v^n} - (2\sigma_{\omega_{ie}^n} + \omega_{en}^n)v^n + \sigma_{g^n} \qquad (10.1)$$

在式(10-1)中,由于陀螺仪以及加速度计自身测量误差所带来的系统误差为 $\sigma_{\omega_{ib}^b}$ 和 σ_{f^b},因此式中的 $C_n^b \sigma_{f^b}$ 以及 $C_n^b \sigma_{\omega_{ib}^b}$ 两项误差是由于测量误差引入的,故误差补偿主要补偿这两项误差。由于以上两项均包含 C_n^b,周期性地改变 C_n^b 值即可消除这两项误差,故在惯性导航系统上施加旋转装置,将周期性误差通过旋转抵消,这就是旋转调制技术提高惯性导航系统精度的原理。

旋转调制方案需要确定旋转轴个数(单轴、双轴或多轴)、旋转速率、旋转角加速度、转停时间及停止位置数等参数。静基座及动基座下转停方案不同会对旋转调制效果产生影响。

3)惯性传感器随机误差的 Allan 方差分析

目前常用的随机误差建模方法有时间序列分析法、Allan 方差法及功率谱密度分析法。

由于惯性导航的误差方程推导都是建立在误差为白噪声的基础上,而在现实中,MEMS 惯性器件的输出数据包含的各种噪声都会对系统产生干扰,导致计算结果中出现随机误差。陀螺输出值误差中的随机噪声需要建模来补偿,而 Allan 方差分析法则是目前随机噪声分析中应用最普遍、最广泛的方法之一。MEMS 器件中随机误差主要分为角度随机游走、加速度随机游走、量化噪声及零偏稳定性等。

Allan 法是在 1966 年 David Allan 提出的,其主要是用于分析振荡器相位以及评估频率稳定性。Allan 方差可以反映出两个连续采样区间内平均频率差的起伏状况,基于相位数据和频率数据的阿伦方差估计式为

$$\sigma_y^2(\tau) = \frac{1}{2(N-2)\tau^2} \sum_{i=1}^{N-1} (x_{i+2m} - 2x_{i+m} - x_i)^2$$

$$\sigma_y^2(\tau) = \frac{1}{2(M-1)\tau^2} \sum_{i=1}^{M-1} [\bar{y}_{i+1}(m) - \bar{y}_i(m)]^2 \qquad (10.2)$$

2. MEMS 组合导航算法

MEMS 惯性导航系统具有低成本、体积小、功耗低等优势。但是由于 MEMS 惯性器件精度较低,长时间使用会导致误差发散较快,不能担任长时间的导航任务,所以目前一般采用多传感器融合的方式进行导航,即将 MEMS 惯性导航与其他导航方式进行融

合,通过其他导航系统的导航信息辅助来修正惯性导航系统的误差,由此来提高整个导航系统的精度。若要进行多个导航系统的数据融合,则要使用滤波等方法。

1) Kalman 滤波算法

Kalman(卡尔曼)滤波是一种通过在被提取的观测信号中获得信息来对状态量进行估计的滤波算法。Kalman 滤波是一种实时递推算法,处理对象是随机对象,根据系统噪声与观测噪声,将系统观测值的输出作为滤波器输入,将需要估计的状态量作为输出,即通过上一时刻的观测值估计出下一时刻的系统状态量,故其实质上是一种最优估计方法。

常规的 Kalman 滤波适用于线性高斯模型,而大多数惯性导航系统均为非线性系统,故常规的 Kalman 滤波不能满足要求,必须建立适用于非线性系统的滤波算法。因此发展出扩展 Kalman 滤波方法,其将非线性系统的非线性函数通过泰勒级数等方法线性化,并省去高阶项,得到线性系统模型。

由于扩展 Kalman 滤波是将非线性函数进行线性化,因此不可避免地带来线性化误差,由此发展出无迹 Kalman 滤波。该滤波法针对非线性函数,对其概率密度进行近似,使用已经确定的样本来估计状态的后验概率密度,不需要对非线性函数进行近似。相比于扩展 Kalman 滤波而言,无迹 Kalman 滤波的统计量不仅具有更高的精度,而且具有更高的稳定性。

2) 互补滤波算法

传统的扩展 Kalman 滤波具有雅可比矩阵,存在计算量大,并且白噪声条件不能保证时刻成立等缺点;但是采用互补滤波算法可以减少计算量,提高系统测量精度,并且不需要在白噪声条件下也可成立。利用陀螺仪与加速度计在频域上的互补特性可以将陀螺仪与加速度计的数据融合精度提高,实现高精度的融合。

3) 神经网络

机器神经网络是以生物神经网络为原型。神经网络是机器学习的一种,通过网络系统来训练模型参数,神经网络主要由输入层、输出层及隐含层构成。从 20 世纪 40 年代的 M-P 神经元和 Hebb 学习规则,到 20 世纪 50 年代的 Hodykin-Huxley 方程、感知器模型与自适应滤波器,再到 20 世纪 60 年代的自组织映射网络、神经认知机、自适应共振网络,众多神经网络计算模型已发展成为计算机视觉、信号处理等领域的经典方法,带来了深远的影响。

神经网络有正向神经网络及反向神经网络两种。神经网络具有并行处理、分布式存储、高冗余度、可以进行非线性运算以及良好的容错性等特点。随着神经网络技术的发展,其应用领域也在不断拓宽,如今在惯性导航、图像处理等领域发挥着至关重要的作用。神经网络算法具有广泛的理论基础,其中包括神经网络结构模型、网络通信模型、记忆模型。学习算法表明,基于神经网络算法的大数据分析具有良好的性能和应用前景,在传感器的数据融合中提供了决策依据,为无人系统的自主导航作出重要的贡献。模糊神经网络在数据融合、数据挖掘中性能优越,可以较好利用语言,且知识表达形式易于理解,但存在自学习能力弱、难利用数值信息等缺点,故可将人工神经网络与模糊系统进行结合。

10.1.4　MEMS 惯性导航的应用

　　MEMS 惯性导航技术以其体积小、功耗低、质量小及低成本等特点在多种无人系统,如无人机、无人车、无人船及机器人等系统中得到普遍应用。

　　1. 无人机领域

　　在近几年来,微小型无人机在军用以及民用领域内发挥着越来越重要的作用,而为了实现无人机自身的定位以及定位问题,航姿测控系统发挥着至关重要的作用。航姿测控系统主要由 GPS 天线、GPS 接收板、捷联式磁传感器、惯性测量单元、高度空速传感器以及调理单元构成。传感器的精度直接决定无人机位姿的精度,传感器采集到的数据通过导航算法计算出无人机的位置姿态信息。目前无人机的导航主要采取将 MEMS 惯性导航系统与 GPS 组合的手段,这样既可以提高系统精度,又可以缩短初始对准的时间。如今无人机上面搭载的导航系统精度为消费级,如 Invensense MP6500 的精度为 2°/s,而随着 MEMS 器件精度的提高以及成本的降低,未来无人机的导航精度将提高。

　　2. 无人车领域

　　无人车是通过车载传感器来感知外界环境,并且获取车辆位置、姿态信息以及障碍物信息,从而控制车辆行驶速度、转向以及起停等。目前谷歌、百度等公司均在开展无人车的研制工作,并已经开展道路实验。当无人车行走到高大建筑物下,且 GPS 被遮挡而无法正常工作时,无人车上搭载的惯性导航系统短时间内的精度可以满足车辆自主前行的需求。无人车上的 MEMS 惯性导航系统,一般精度要求较高。

　　3. 无人船领域

　　由于边境巡逻、水质勘探等任务所采取普通的舰船设备较为危险并且成本较高,致使无人船技术发展迅速。获取无人船位置姿态信息是无人船能够自主开展工作的重要前提。如今无人船上配备的传感器主要有 GPS、MEMS 惯性导航系统及避障雷达等。随着 MEMS 惯性导航系统精度的提高,惯性导航系统在无人船的位置姿态信息获取中发挥着至关重要的作用。无人船上搭载的 MEMS 惯性导航系统,一般消费级的中低精度即可满足需求。

　　4. 机器人领域

　　移动机器人是一种可以自主在固定或时变环境中进行工作的自动化设备。近年来在服务业、家居、工业等领域应用广泛。轮式机器人在应用方面与无人车相似,均通过视觉相机、MEMS 惯性传感器、激光雷达及里程计等传感器采集数据进行导航。国内高校也对轮式机器人较早开始研究工作。在采取惯性传感器与里程计的轮式机器人的导航过程中,MEMS 惯性传感器提供精确的姿态角,而由于轮子打滑等对惯性导航以及里程计产生影响,现大多通过视觉里程计与 MEMS 惯性导航组合导航,通过扩展 Kalman 滤波算法进行数据融合,从而提高系统精度。

　　5. 其他领域

　　除了上述领域外,MEMS 惯性传感器还在电子设备,如手机、平板电脑、游戏机、相机、VR 眼镜以及用于室内定位的单兵导航。目前消防员在高楼灭火时以及行动不便

的老人在家的人身安全是社会普遍关注的问题,如果将 MEMS 惯性导航系统放置在探测人员身上进行导航,则可以获得实时位置姿态信息,这样就可以提高被监视人员的安全系数。使用 MEMS 惯性导航系统进行室内人员定位办法大致有以下两种:①利用 MEMS 加速度计对人员步伐状态进行检测识别,再通过磁力计检测人员运动方向,由此来进行室内人员的定向定位;②采用两个或多个 MEMS 惯性导航系统,安装在人员脚部以及腰部位置,通过多个 MEMS 惯性导航系统修正方法进行定位。

10.1.5 MEMS 惯性导航的发展展望

1. MEMS 惯性导航器件

近几年来,MEMS 惯性传感器发展迅速,精度不断提高。虽然相比光纤陀螺、激光陀螺仍有很大差距,但是其价格低、体积小、质量小,使 MEMS 惯性导航系统在惯性导航系统中发挥重要作用。未来随着 MEMS 材料工艺与制造工艺不断发展,MEMS 惯性导航系统精度必将不断提高,其成本也将不断降低,因此采用战略级高精度 MEMS 陀螺仪取代光纤陀螺仪是一个重要发展趋势。随着微加工工艺的不断进步,MEMS 惯性传感器将向着轻质、小型化方向发展。

2. MEMS 组合导航算法

尽管 MEMS 惯性传感器精度在不断进步,但是战术级 MEMS 惯性导航系统误差随时间积累仍然发散较大,在很多场合还不能满足高精度的要求,故 MEMS 惯性导航与 GPS 组合导航仍然是主要导航方式。因此,研究精度以及效率更高、健壮性更强的算法,在软件方面给予组合导航系统支持也是重要的发展方向。

3. MEMS 惯性导航的应用

在 MEMS 技术发展的数十年内,MEMS 惯性导航技术在电子领域、汽车行业以及家居服务行业得到了广泛应用。随着 MEMS 惯性导航精度和稳定性不断提高,未来 MEMS 惯性导航技术必将在无人系统领域,如航天器、卫星、机器人等无人系统中,扮演重要的角色。

MEMS 惯性导航技术具有小型化、低成本等优势,在过去数十年内得到了迅速发展,在无人系统领域内得到了越来越多的应用,其作为未来惯性导航的主要发展方向,正在展现出强大的潜力以及良好的应用前景。

10.2 视觉导航技术

视觉导航主要是指通过飞行器机载的视觉成像设备(可见光、红外、SAR 等)对地拍照的图像进行各种导航参数的测量。视觉导航定位技术是通过图像匹配算法结合含有地理位置信息的基准图实现的。

10.2.1 视觉自主导航技术基本介绍

近年来,无人机在多领域表现出重要应用价值。目前,无人机如何在未知封闭、无辅助导航支撑的环境中,达成"在哪里"和"环境描述"并自主智能地完成特定任务,是一个重要的研究热点方向。

目前视觉导航按照是否需要导航地图(即数字景象基准数据库)可分为地图型导航和无地图导航。地图型导航需要使用预先存储包含精确地理信息的导航地图,利用一帧实拍图像与导航地图匹配即可实现飞行器的绝对定位。当导航地图采用景象图或地形图时,地图导航可分为景象匹配导航和地形匹配导航。由于景象匹配制导的精度比地形匹配制导的精度高一个数量级,因此地形匹配制导一般用于中制导,景象匹配制导一般用于末制导。

其中,"在哪里"和"环境描述"即无人机的自主定位和环境建图,随着图像处理和计算机视觉技术的发展,一种基于视觉的同时定位和建图技术——视觉自主导航,被用于无人机自主定位、导航与建图。该技术使用无人机上搭载的各类视觉传感器获取的环境视觉信息,在一定的处理框架和算法下,不仅能估算 UAV 自身的位姿,还能实现创建环境地图。

典型的视觉自主导航框架,由传感器数据、前端视觉里程计、后端非线性优化、回环检测、建图等部分组成,如图 10.1 所示。

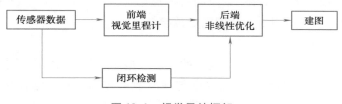

图 10.1　视觉导航框架

(1)传感器数据:传感器信息读取,在视觉 SLAM 中主要是相机图像信息的读取和预处理。

(2)前端视觉里程计:利用从相机中获取的图像信息及其之间的关联性,恢复相机的三维运动并获得局部地图样子,是视觉 SLAM 的核心部分。

(3)后端非线性优化:前端视觉里程计只能给出短时间内的轨迹和地图,无法获得全局地图。后端非线性优化则是在更长时间、更大尺度、更大规模化方面考虑全局地图的优化问题。

(4)回环检测:可以有效检测出机载相机经过同一地方同一时间的视觉导航信息,从而给出除相邻帧之外更长时间跨度上的约束。

(5)建图:建图有定位、导航、避障、重建以及交互的作用。常见的地图形式有:稠密地图、半稠密地图、稀疏地图和语义地图。建立稀疏路标地图主要是为了满足定位的需求;稠密地图则是为了满足导航、避障、重建的需要;语义地图主要是在地图中加入方便一般人可阅读辨识的标签信息。

10.2.2　视觉自主导航的研究现状以及存在的问题

1)景象匹配系统

国外对景象匹配系统的研究始于巡航导弹的制导。景象匹配制导利用目标区的图

像信息进行制导,主要攻击目标为机场、交通枢纽、军事基地等。导弹的制导精度取决于实时图质量、基准图精度和匹配方法性能等。该方法实质上是一种基于模板匹配的目标定位方法。

景象匹配辅助导航系统具有自主性和高精度的突出优点,然而该技术仍未达到完全成熟的程度。景象匹配一般结合卫星导航、惯性导航和地形匹配导航使用,其作用区域一般为数百平方米或数平方千米且存在以下问题:

(1)严重依赖于离线基准图,是否能够获得高精度地图也是景象匹配问题的关键因素之一,目前其制图难度较大。

(2)对于低空飞行、大起伏地形情况下造成的视角变化,目前的算法效果较差。

(3)由于基准图的制作往往较机载图像传感提前很长时间,地图和机载图像信息往往可能是在不同日期、不同传感器、不同观测点/角度、不同气象条件下获得的,因此需要景象匹配算法具备很强的光照、季节、角度不变性,而目前的传统算法基本无法应对不同传感器、时间、季节、角度差下地理面貌发生的改变。

(4)景象匹配技术可以为无人机提供实时的位置信息,因此应具备高精度、实时计算等特性。而高精度和实时性受景象的特征点集合大小、匹配算法、搜索范围、地图大小等制约,因此基本只适用于小范围内定位导航。

2)地形匹配导航

地形匹配导航技术需要飞行路线上的地形数据作为基础,在飞行器飞行过程中,将实际飞行过程中测量到的地形高程数据与基准地形数据进行不断比较来实现匹配定位,并对飞行器进行导航修正。地形匹配主要利用雷达高度表和气压高度表等设备测量沿航线的地形高程数据,按最佳匹配确定飞行器的地理位置。

地形匹配一般用于巡航导弹飞越特定地区,可以修正 INS 的导航信息,消除 INS 的累计误差,提高导航精度,但存在以下问题:

(1)需要地形数据作为基础,对地形要求严格,使用中尽量回避地形特征贫乏的平坦地区和地形高程变化剧烈的山区。

(2)需要高度表连续获取地形高程序列,算法处理属于后验证估计,实时性差,一般用于修正导航误差。

(3)对航向误差敏感,定位过程中无法机动。

3)视觉 SLAM 技术

视觉 SLAM 为代表的技术在视觉导航领域主要以回环检测(loop detection)、视觉重定位(visual re-localization)、视觉场景识别(visual place recognition)、视觉相对地形导航(visual terrain relative navigation)或地理配准、图像检索为代表,近年随着 SLAM、深度学习和计算机视觉技术的发展有极大进步,尤其以众多海内外高校、无人机/自动驾驶公司为主。

视觉的导航因采集信息丰富、成本低廉,在针对商用和工业无人机的自主降落、避障和跟飞应用等特定条件下的研究取得了较大进展。在商业无人机领域,美国的 Skydio 2 使用 NVIDIA Jetson TX2 的嵌入式 AI 计算设备,计算 6 个 4K 摄像头采集到的图像信息,实现了全自动避障功能。大疆无人机提出的 Flight Autonomy 是依靠由 6 个视觉传感器、主相机、2 组红外传感器、1 组超声波传感器、GPS/GLONASS 双模卫星定位系统、IMU 和指南针双冗余传感器等实现的。当 GPS 信号丢失时，无人机利用视觉传感器与其他传感器融合，可具备一定的全局定位和导航能力。

虽然目前商用和工业无人机、自动驾驶领域，暂时还没有完全依赖视觉导航的产品，但已有不少高校和公司正在开展基于视觉的全局定位导航系统，如特斯拉的 FSD（full self-driving），目前发布的 10.1 版本抛弃了高精地图和激光雷达，主要依靠纯视觉和 AI 可实现部分复杂场景下的自动驾驶能力，其路测结果显示了视觉的巨大潜力。

定位地图通常是使用 Structure-from-Motion（SfM）从一组数据库图像预先构建 3D 场景点组成的，每个 3D 地标可以与一组局部图像描述符对应。当无人机获取一张新的观测图像后，系统可以利用从图像特征和地标之间 2D-3D 匹配中计算出相对或绝对位置。但是在无人机 SLAM 这类应用中，因为地标描述符的高内存要求，将完整场景模型保留在设备上的定位方法通常仅限于较小的探索空间，如 200 m × 200 m。

在大场景（large scale）中，一般会将图像回传至地面服务器去执行大规模的实时地图重建、姿态估计、定位和跟踪，并将结果回传至无人机。但一般情况下如果 GPS 被干扰时，链路的可靠性也难以保证。

SeqSLAM 利用连续帧序列图像的相似度判断地点匹配，是目前最成功的闭环检测算法之一，能够处理重大的环境条件变化，包括由于照明、天气和一天中不同的时段等。但此方法多用于路边驾驶等情况，对无人机在不同高度、角度飞行，且存在空中自由机动的情况还需要继续补充研究。

另一方面，当场景扩大后，环境的复杂性会急剧增加，容易造成感知混淆。感知混淆是一种在不同的地方中产生相似的视觉区域现象，这通常会导致错误的定位，同一个场景可能会检索定位到地图中不同的位置，从而造成定位错误。

典型无人机自主视觉感知定位算法多见于地面无人车、机器人和小型商业无人机，一般适用于小尺度规模场景。而传统的景象匹配算法一般结合其他导航方式应用于末制导等场合，使用条件受限。

GNSS 拒止条件下当无人机进行长航程自主飞行时，需要研究解决长航时导航地图的压缩、存储瓶颈问题，提升不同季节、光照、视角下的特征的稳健性，提高图像检索和匹配算法的泛化性、准确性，解决大规模地图下的实时快速的搜索问题等。近年来 AI 技术的兴起为 VBN 问题的解决提供了新的方式。

10.2.3 GNSS 拒止环境下 VBN 待解决的问题和措施

在 GNSS 信号受到干扰时可靠的视觉辅助导航应具备高度的条件（如季节、结构、光照、异源传感器等）和视角（不同视角、飞行高度）不变性，能够部署在无人机的边缘终端。

1. 视角和外观不变性的稳健图像/地图表征

视觉导航某种程度上可以被视为一个图像检索任务，必须使用相同的特征类型进行模型构建和匹配。当无人机达到一定飞行高度，可以假设平面单应性，但对地形变化较大的地区依然具备一定透视效果。机载图像与地图基准图像的成像时间、成像条件

不同,即使经过预处理校正后,依然可能存在不同程度的光照差别、旋转与角度变化、季节变化、植被变化等,如果地图表征不当,极易导致错误匹配,需要提取稳健的成像条件不变性和视角、尺度不变性的地图场景表征。同时,考虑到机载计算平台有限的存储资源和计算资源,因此地图场景表征同时也要具备高效、低冗余描述等特点。

场景和地图的描述通常分为局部特征描述子(如 SIFT 和 SURF 特征)以及全局描述子(如 Gist 等)。局部特征描述在像素级别上使用固定的局部空间邻域进行优化描述,具备视角旋转不变性且可实现高精度的定位;而全局描述子对位置进行了优化,通常在直接对外观和光照变化方面健壮性更强,但增加视角不变性将不可避免地降低一定程度的外观不变性。

因此需要采用基于深度学习将核心的局部特征纳入全局描述符形成新的表征,学习过程采用基于注意力机制,例如,Transformers 和图神经网络(graph neural networks)。这其中,网络的底层输出对外观变化更具备稳健性,而高层输出对视角变换更具备稳健性,因此学习到的特征能够有效地应对环境以及视角的变化。如 SuperPoint、D2、R2D2 等深度学习特征代替传统 SIFT、SURF 等局部特征,具备更好的视角不变性;采用如 NetVLAD、CALC 等用神经网络模拟传统特征提取策略,可获得更好的健壮性。

2. 实时可靠的高精度视觉导航匹配

当 GNSS 信号丢失时间较长时,惯性导航的定位误差累积,需要视觉导航在较大范围内进行搜索,这样会极大地增加匹配算法的计算量。虽然利用语义和传统图像检索技术,可以粗筛出一组与当前机载图像相似的地图图像,供后续精细搜索,但随着地图和搜索规模的扩大,视觉导航的感知混叠现象越来越严重,粗筛的结果会含有越来越多的不相关。因此需要研究快速的图像检索和图像匹配技术。

视觉辅助导航系统的核心是图像匹配算法的选择,该算法要解决的关键问题是异源图像之间的实时可靠匹配。大多数最先进的图像描述和表征都是高维的(维度从 512 到 70 000 不等)。随着无人机飞行时间的增加,视觉导航搜索的空间急剧变大,而且当无人机长期自主时,通常必须使用多个地图参考集。若匹配算法过于复杂,搜索效率将会降低,会导致整个匹配过程耗时过长,影响导航效果。

因此,设计分层的实时可靠视觉导航匹配技术。首先利用,对高维的描述符空间进行投影、量化和聚类,以最小的精度损失提高了最近邻(NN)搜索的效率,用反向索引加速图像检索速度,选择出最佳的候选地点集合(如排名前 20 个地点)。然后在候选地图集合中,利用航拍成像条件、地图信息以及几何信息,实时解算出飞机的绝对位置和姿态。

此外,场景的语义线索不像像素强度那样容易受到条件变化的影响,因此可以采用基于深度学习的物体检测和语义信息分割技术,对场景进行识别、跟踪和语义的标记,可以剔除部分场景中的无效区域(如空中云彩等),重点利用外观不变的对象(如标志性建筑)形成稳定的图像描述符,可加速地图匹配和搜索的过程。同时利用环境的动/静分割加强无人机对地图场景的理解,可以适应地图一定程度的动态变化。

3. 视觉导航在有限计算资源机载平台的部署

传统的视觉辅助导航技术难以突破在不同场景下的可靠定位瓶颈,基于深度学习的技术在场景光照变化大、相机视野变化大等方面对传统方法形成碾压性优势,是未来基于视觉无人机导航发展的必然趋势。但是深度学习技术计算量大,参数动辄百万级,现有的 CPU、FPGA 等传统机载计算平台难以满足实时性的计算要求。随着低成本低功耗的 AI 加速芯片的推出,可将深度学习模型部署到无人机平台,利用 AI 芯片的异构加速技术,降低视觉导航流程的时延,不仅可以实现态势感知、目标识别跟踪等任务,更可以利用图像语义分析的信息、无人机视觉导航定位,使其更适用于动态环境下的自主飞行。

10.2.4　无人机视觉自主导航的研究方向

1. 组合导航

无人机除了有视觉传感器之外往往还有惯性导航系统,但惯性导航器件具有累积误差,为了弥补以上缺陷,依靠视觉所提供的实时信息可以将视觉信息和惯性导航信息进行融合,以提高导航精度,视觉惯性视觉里程计(VIO)就是视觉惯性组合导航的一种经典方法。

2. 基于深度学习

随着深度学习在图像处理方面的发展成熟,深度学习越来越多地应用于视觉 SLAM 领域,目前主要有两个方向,分别是用神经网络的方法替换 SLAM 算法框架中的某个过程模块;或利用深度学习对语义地图的标签进行训练。

3. 缓解特征依赖

目前,无人机视觉自主导航方法最大的局限就是对场景特征的依赖,会对无人机的算力和续航造成巨大的消耗,当环境特征不足或无人机运动引起图像模糊时,视觉导航信息则会起到反向作用。当前多采用的是直接法,即对像素直接操作,这样可减少对特征的依赖,还可以直接构建出半稠密或稠密地图提供给后续的处理过程。

10.3　超声波导航技术

超声波是一种波长极短的机械波,在空气中波长一般短于 2 cm。它必须依靠介质进行传播,无法存在于真空(如太空)中。它在水中传播距离比空气中远,但因其波长短,在空气中则极易损耗,容易散射,不如可听声和次声波传得远,不过波长短更易于获得各向异性的声能,可用于清洗、碎石、杀菌消毒等。在医学、工业和导航上有很多应用。

10.3.1　超声波传感器测距原理

超声波测距通常是采用时间差测距法,即超声波探头向某一方向发射出超声波,在发射的同时开始计时,当超声波在介质中碰到被测物体,就会产生反射,接收探头接收到反射波后立即停止计时,从而计算出发射和接收回波的时间差,根据超声波在空气中的传播速度和时间差,计算出发射点到被测物之间的距离。

10.3.2　超声波技术优势

超声波是一种只有少数生物才能感觉到的机械波,它具有纵波、横波和表面波三种波形。超声波是一种频率为 20 kHz 以上的声波,具有直线传播的能力,频率越高,绕射能力越弱,但反射能力越强,其指向性强,能量消耗缓慢,在介质中传播的距离较远,利用超声波检测往往比较迅速、方便、计算简单、易于做到实时控制。为此,利用超声波的这些性质就可制成超声波传感器。在遇到传播介质分界面时会产生明显的反射。

这种反射不是严格定向的,具有散射性。超声波传感器是利用超声波在空气中的定向传播和固体反射特性,通过接收自身发射的超声波反射信号,根据超声波发出和回波的接收时间差及传播速度,计算出传播距离,从而得到障碍物到机器人的距离。超声波传感器虽然角度分辨率较差,但具有反应灵敏、探测速度快、距离分辨率较高等优点,而且具有结构简单、体积小、成本低等特点。

10.4　UWB 定位系统

UWB 技术很容易将定位与通信合一,而常规无线电难以做到这一点。UWB 技术具有极强的穿透能力,可在室内和地下进行精确定位,而 GPS(全球定位系统)只能工作在 GPS 定位卫星的可视范围之内。与 GPS 提供绝对地理位置不同,超宽带无线电定位器可以给出相对位置,其定位精度可达厘米级。

10.4.1　UWB 原理

UWB(ultra wide band,超宽带)技术是一种使用 1 GHz 以上频率带宽的无线载波通信技术,它不采用传统通信体制中的正弦载波,而是利用纳秒级的非正弦波窄脉冲传输数据,因此其所占的频谱范围很大,尽管使用无线通信,但其数据传输速率可以达到几百兆比特每秒以上。

UWB 高精度定位系统利用超宽带技术,通过发送和接收宽频带信号实现定位。与传统定位技术相比,UWB 系统具有更高的带宽和更短的脉冲宽度。这使得 UWB 系统能够提供极高的时间分辨率和距离分辨率,从而实现高精度的定位。

UWB 定位系统利用时间差测量(time of flight,TOF)原理,通过测量信号从发射器到接收器的传播时间,计算出信号传播的距离。同时,UWB 系统还可以通过接收多个发射器的信号,并利用多普勒效应进行多路径环境下的定位校正,提高定位的准确性。UWB 频谱如图 10.2 所示。

UWB 技术具有系统复杂度低,发射信号功率谱密度低,对信道衰落不敏感,截获能力低,定位精度高,穿透能力强等优点,尤其适用于室内等密集多径场所的高速无线接入。

UWB 并不是一项新技术,它最早应用于军用雷达和通信应用中,名称为"脉冲无线电",自 2002 年起,美国联邦通信委员会(FCC)授权其未经许可使用,为其划分了 3.1 ~ 10.6 GHz 频段,占用 500 MHz 以上的带宽。

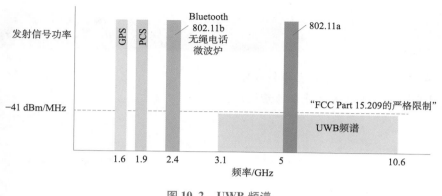

图 10. 2　UWB 频谱

10. 4. 2　UWB 优势

UWB 高精度定位系统具有多项优势,使其成为精准定位技术的领先者。

(1)高精度:UWB 系统的带宽和时间分辨率使其能够实现亚厘米级的定位精度,满足对于高精度定位的需求。

(2)抗干扰能力强:UWB 技术在频谱利用上具有优势,能够抵御多路径衰落和其他无线信号的干扰,提供稳定可靠的定位性能。

(3)定位范围广:UWB 系统能够在室内和室外环境中实现高精度定位,适用于车辆导航、室内定位、物流追踪等领域。

(4)实时性强:UWB 系统的高速数据传输和快速信号处理能力,使其能够实现实时的定位和导航,满足对于即时性的要求。

10. 4. 3　UWB 应用前景

UWB 高精度定位系统在众多领域中有着广阔的应用前景。

(1)室内定位与导航:UWB 系统可以在室内环境中实现高精度的人员定位和导航,为室内导航、室内定位服务等提供支持。

(2)车辆安全与自动驾驶:UWB 系统可以为车辆提供高精度的位置信息,用于车辆导航、自动驾驶以及车辆间的通信与碰撞避免。

(3)物流与供应链管理:UWB 系统可以实现对物流运输的实时跟踪与管理,提高物流运输的效率和可视化程度。

(4)虚拟现实与增强现实:UWB 系统可以为虚拟现实和增强现实应用提供高精度的位置追踪,提升用户体验和交互性。

UWB 高精度定位系统凭借其高精度、抗干扰能力强、定位范围广和实时性强等优势,成为精准定位技术的领先者。其原理基于超宽带技术,利用宽频带信号的发送和接收实现高精度的定位。UWB 系统在室内定位与导航、车辆安全与自动驾驶、物流与供应链管理以及虚拟现实与增强现实等领域具有广阔的应用前景。随着技术的不断发展,UWB 高精度定位系统将引领精准定位技术的新纪元,为各行各业提供更准确、可靠的定位服务。

习 题

1. 视觉导航技术有什么优势和劣势？
2. UWB 定位技术适合什么场景使用？

第 11 章　组合导航系统

🌀 知识目标

（1）了解组合导航的定义。

（2）掌握组合导航系统的特点及原理，增强对组合导航系统应用的认识。

📖 素质目标

（1）培养规范的职业习惯。

（2）具有团结协作能力，善于与人合作、共享，实现信息价值最大化。

单一导航系统有时难以同时满足载体对精度、可用性、完好性、可靠性等导航性能要求，因此可采用两种及两种以上的导航系统，构成组合导航系统实现单一导航系统难以完成的功能，提高导航系统的综合性能。

11.1 | 组合导航技术

组合导航（integrated navigation）是指综合各种导航设备，由监视器和计算机进行控制的导航系统。大多数组合导航系统以惯性导航系统为主，其原因主要是惯性导航能够提供比较多的导航参数，还能够提供全姿态信息参数，这是其他导航系统所不能比拟的。

11.2 | 组合导航系统

以航空导航为例，可供装备的机载导航系统有惯性导航系统、GPS 导航系统、多普勒导航系统、罗兰 C 导航系统等。惯性导航系统的优点：不需要任何外来信息也不向外辐射任何信息，可在任何介质和任何环境条件下实现导航，且能输出飞机的位置、速度、方位和姿态等多种导航参数，系统的频带宽，能跟踪运载体的任何机动运动，导航输出数据平稳，短期稳定性好。惯性导航系统的缺点：导航精度随时间而发散，即长期稳定性差。

GPS 导航系统导航精度高，在美国国防部加入 SA（selective availability）误差后，使用 C/A 码信号的水平和垂直定位精度仍分别可达 100 m 和 157 m，且不随时间发散，这种高精度和长期稳定性是惯导系统望尘莫及的；但有其致命弱点：频带窄，当运载体作较高机动运动时，接收机的码环和载波环极易失锁而丢失信号，从而完全丧失导航能力；安全依赖于 GPS 卫星发射的导航信息，受制于他人，且易受敌国人为干扰和电子欺骗。

各种导航系统单独使用时是很难满足导航性能要求的，提高导航系统整体性能的有效途径是采用组合导航技术，即用两种或两种以上的非相似导航系统对同一导航信

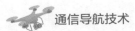

息作测量并解算以形成量测量,从这些量测量中计算出各导航系统的误差并校正。采用组合导航技术的系统称为组合导航系统,参与组合的各导航系统称为子系统。

组合导航系统具有以下三种功能:

(1)协和超越功能:组合导航系统能充分利用各子系统的导航信息,形成单个子系统不具备的功能和精度。

(2)互补功能:由于组合导航系统综合利用了各子系统的信息,所以各子系统能取长补短,扩大使用范围。

(3)余度功能:各子系统感测同一信息源,使测量值冗余,提高整个系统的可靠性。

相比较单一导航系统,组合导航系统具有以下优点:

(1)能有效利用各导航子系统的导航信息,提高组合系统定位系统。例如,INS/GPS 组合导航系统能有效利用 INS 短时的精度保持特性,以及 GPS 长时的精度保持特性,其输出信息特性均优于 INS 和 GPS 作为单一系统的导航特性。

(2)允许在导航子系统工作模式间进行自动切换,从而进一步提高系统工作可靠性。由于各导航子系统均能输出舰船的运动信息,因此组合导航系统有足够的量测冗余度,当量测信息的某一部分出现故障,系统可以自动切换到另一种组合模式继续工作。

(3)可实现对各导航子系统及其元器件误差的校准,从而放宽了对导航子系统技术指标的要求。例如,INS 和 GPS 采用松组合模式进行组合时,组合输出的位置、速度和姿态将反馈到 INS 和 GPS,对 INS 和 GPS 的相应误差量进行校准。

组合导航的概念:采用两种或两种以上的非相似导航系统对同一信息作量测,从这些量测量中计算出各导航系统的误差并进行校正。采用组合导航技术的系统称为组合导航系统,参与组合的各导航系统称为子系统。

广义:以下三类导航中任何两种及以上导航定位手段的组合。

(1)交汇定位:GNSS、Loran。

(2)推算导航:INS、里程推算。

(3)匹配定位:地形、视觉、道路、地磁/重力匹配。

狭义:至少含有一种推算导航手段。如 GNSS/INS,GNSS/车载 DR,早期航海、航空,生物/人类导航。

组合导航:同一平台、多传感器实施互补、互验、互校的导航系统。特点:各传感器独立输出导航信息。

融合导航:同一平台、多传感器实施信息融合的导航系统。特点:多传感器、统一输出导航信息。

组合导航一般强调硬件的最佳组合;融合导航一般强调多传感器数据融合算法;融合导航和组合导航既有联系又有分别,融合导航首先基于组合导航。

根据信息融合深度不同,GNSS 和 INS 组合方式为:

(1)松组合(又称级联 Kalman 滤波方式):在松组合的结构中,GNSS 与 INS 均独立工作并各自提供导航参数的结果。为了提高导航精度,通常将 GNSS 的位置与速度输入滤波器中,同时,INS 的位置、速度、姿态也作为滤波器的输入,滤波器通过比较二者的差值,建立误差模型以估计 INS 的误差。利用这些误差对惯性导航结果进行修正,得到速度、位置、姿态的组合导航结果。松组合的组合结构易于实现,并且比较稳定。当它为开环时,可以提供三个独立的导航结果(原始 INS、原始 GNSS 和组合结果),当它为闭环时可以提供两个独立的导航结果(原始 GNSS、组合结果)。一个主要的缺点,当卫星数量低于最低数量时,GNSS 会暂时失效,并且 GNSS KF 的输出是时间相关的,那么 KF 对于测量噪声不相关的假设就会受到影响,从而影响系统性能。

（2）紧组合:在紧组合的导航系统中,GNSS 的伪距以及伪距速率的测量将与 INS 预测的相应值进行做差,并将差值反馈给 Kalman 滤波器,用来估计惯性导航系统的误差。惯性导航系统的输出经过误差的校正之后,得到组合导航的解。紧组合的组合方式消除了松组合方式中因 Kalman 滤波级联而产生的测量关联问题。除此之外,在卫星信号消失的情况下,紧组合的组合模式依然能够提供 GNSS 信号更新。由于紧组合方式涉及对原始 GNSS 数据的处理,因此在结构上相对于松组合来说更加复杂。另一个局限在于,紧组合结构无法得到独立的 GNSS 导航结果。在 INS/GNSS 组合导航使用相同硬件条件下,紧组合的解在精度与健壮性上均优于松组合的结果。

（3）深组合:深度组合结构与紧组合、松组合主要存在两个区别。首先为 GNSS 接收机采用了回环校正的结构;其次为 INS 的信息作为 GNSS 接收机的一个组成部分。因此,在深组合结构中,INS 与 GNSS 将不再是独立的系统。该方案通常需要接入内部 GNSS 硬件,实现起来比较复杂。深组合的优点在于这种方式降低了跟踪频率,提高了抗干扰能力。使得导航系统可以在较低的信噪比下工作,并且在卫星信号拒止的情况下 GNSS 依然能够得到导航解。

导航系统的基本定位原理有以下三种:

（1）航位推算,又称推测航位。就是从一个已知的位置点开始,根据运动体在该点的航向、航速和时间,推算出下一个位置点的位置来。

（2）无线电定位。运动体上的导航设备通过接收建在地球表面上的若干导航基准站或空中人造卫星上的导航信号,根据电磁波的传播特性,测出其传播时间、相位、频率与幅度后,即可测出运动体相对于导航台的角度、距离、距离差等几何参数,从而建立起运动体与导航台的相对位置关系,进而获得运动体当前的位置。

（3）地形辅助导航定位,又称地形匹配。这种定位原理就是运动体(如飞机)在飞行前,地形辅助导航系统预先存储有运动体所要飞越地区的三维(立体)数字地形模型,在飞行过程中将运动体上的气压高度(海拔)同由雷达高度表测出的运动体到正下方地表的相对高度相减,得到地面上的地形剖面图,再将存储的地形模型与所测得的地形剖面相比较,当它们达到匹配时,就得到了运动体所在点的地理位置。

组合导航还可以应用一些相关技术提高精度,比如大气数据系统、航迹推算技术等。

INS/GPS 组合导航系统的优点:对惯性导航系统可以实现惯性传感器的校准、惯性导航系统的空中对准、惯性导航系统高度通道的稳定等,从而可以有效地提高惯性导航系统的性能和精度;对 GPS 系统来说,惯性导航系统的辅助可以提高其跟踪卫星的能力,提高接收机动态特性和抗干扰性。另外,INS/GPS 综合还可以实现 GPS 完整性的

检测,进而提高可靠性;INS/GPS 组合导航还可以实现一体化,把 GPS 接收机放入惯导部件内,以进一步减少系统的质量、体积、成本等,便于实现惯性导航和 GPS 同步,减少非同步误差,INS/GPS 组合导航系统是目前多数无人机所采用的主流自主导航技术。

11.3 组合导航工程应用

1. 无人机方面

在无人机系统发展所面临的关键技术中,导航系统是其重要的组成部分之一,它承担着提供给飞行器位置、速度、姿态等参数状态数据的任务,目前常用的导航方法有:惯性导航、卫星导航、视觉导航以及它们的组合导航等,由于单一导航系统难以满足无人机的发展要求,于是产生了把两种或两种以上的不同导航系统以适当的方式组合在一起的组合导航,比单独使用任一导航系统时具有更高的系统性能,例如旋翼机是利用扩展 kalman 滤波器将惯性导航系统和 GPS 导航系统组合完成导航任务,建立系统模型并实现。

组合导航产品通常由 MEMS 陀螺、MEMS 加速度计、BD/GPS 板卡、导航计算机组成的高性能组合导航系统,能够测量载体的航向、俯仰、滚动、速度、位置(含升沉)、角速度、加速度等信息,具有体积小、质量小、性价比高等特点,产品采用卫星/惯性导航紧组合算法,具备动基座对准、惯性导航/卫星组合导航、自主零速修正、自标定等功能,尤其是其具备船舶升沉测量的功能,在无人船领域自主组合导航应用广泛。

2. 民用领域

以高精度北斗/GNSS 定位为主,以低成本的惯性导航组件为辅的方案,起到优势互补,既能满足精度需求,又能兼顾复杂的应用环境,特别是在一些大范围 GNSS 信号良好、小范围内信号受影响的环境。

自动驾驶中常用的三种导航方案:(传统导航采用单点导航的方式,定位精度为几米)

(1)传统的组合导航方案 + RTK:实现厘米级定位精度。

(2)基于雷达和相机的定位技术比如 LIDAR(激光雷达)点云匹配、视觉语义特征匹配:提供绝对的位姿。

(3)激光/视觉里程计:相对位姿,在低速缓慢的场景中,精度相对于惯性导航更高。

除了传统的、较为成熟的基于滤波的组合导航方案,应用于 SLAM 技术中的基于优化的位姿确定方案也逐渐受到关注,滤波方法被认为是窗口长度为 1 的滑动窗口优化,因此认为基于优化的方法在理想条件下可以保持更高的精度。

基于 kalman 滤波的惯性导航方案一般分为:转台标定、初始对准、kalman 滤波解算、信号反馈几个部分。从技术方案的角度,也分为紧组合算法和松组合算法两种类型,一般认为紧组合计算方法有更高的精度,对 GNSS 精度的依赖性更低。

电子导航的基本原理:电子导航系统由卫星定位、地面监控和用户接收三大部分组成。

卫星全球定位系统用来确定汽车在地球上的位置,该系统包括卫星网络、地面通信站和接收器。在地球上空的 6 条轨道上,等距离布置了 24 颗通信卫星,地球上任何地方的汽车都能同时接收到至少 4 颗通信卫星发出的信号,都有卫星跟踪着。

安装在汽车上的地磁式方向传感器、陀螺传感器、车速传感器等用来测定汽车的行动轨迹。导航控制单元(ECU)根据接收到的卫星信号以及传感器信号,计算出汽车在地球坐标系中的位置,在屏幕中显示相应信息。

传统的惯性导航方案中又分为如下几个技术路线:

(1)里程计 + IMU:航姿推算系统。

(2)里程计 + IMU + GNSS:组合导航系统。

(3)IMU + GNSS:组合导航系统;常见的组合导航模块。

(4)IMU + 磁力计 + GNSS + 里程计:常见于低成本组合导航模块。

陆基是指以陆地为发射基地,如陆基弹道导弹;空基是指以在天空中飞行的飞机为发射平台,如空空和空地导弹,海基是指以海洋为发射平台,例如以水面舰艇和潜艇为发射基地舰对舰、舰对地、舰对空导弹以及潜射导弹等。

习 题

1. 简述组合导航技术的概念。

2. 简述组合导航的优点。

3. 简述自动驾驶中常用的三种导航方案。

第 12 章　无人机导航技术应用实例

知识目标

（1）了解无人机导航技术的具体应用方式。

（2）掌握无人机基于导航技术的应用案例，增强无人机导航在民用领域应用价值的认识。

素质目标

（1）具有理论结合实际的能力，鼓励学生在操作中不断总结。

（2）具有团队协作和沟通能力。

导航技术是无人机技术中最为重要和关键的技术之一。要使无人机准确地飞到目的地，就需要配备高精度高可靠性的导航系统，从国内外的发展历史看，由于各方面的条件所限，在一般的无人机导航系统中只配置了种类不多的少量传感器，如垂直陀螺仪、角速率陀螺仪、线加速度计、星敏感器、GPS 接收机等。

随着科学技术的不断发展，无人机作为重要的军事战略侦察工具，拥有越来越丰富的信息源，同时飞行环境的复杂性对无人机的考验也会更加严峻和苛刻，因此，对无人机来说，导航系统的精度和可靠性将是十分重要的指标。在各类导航系统中，惯性导航系统（INS），尤其是捷联惯导系统（SINS），是一种完全自主式导航系统，具有高度的抗干扰能力，能提供完整、连续及高更新率的导航数据信息等优势，但是，该系统也存在导航误差随着工作时间的累积而不断发散，导致导航精度随时间明显下降的重大缺陷，制约了其在高自主性飞行器导航技术领域的应用；卫星导航系统则具有覆盖范围广、全天候、定位精度较高等优势，而成为目前惯性导航系统的一种理想辅助导航设备。除此之外，无线电导航系统、大气数据系统以及光学、红外传感器等都已成为或将成为无人机的导航信息源。无人机的导航系统除了需要更高的精度和可靠性之外，还应具有自适应地接收和融合处理所有传感器的导航信息源，有效地提供必备导航信息的能力；同时还应具有根据不同的任务需要和环境合理利用信息源的能力以及系统的强容错能力，能够高效地实现各导航传感器的数据融合是无人机组合导航系统设计的核心问题。

21 世纪是信息技术高速发展的时代，牵引并依赖于信息技术的精确制导技术也将进一步加速发展。目前，低成本导航是发展实用化精确导航技术的首要内容。本章列举无人机导航技术一些典型应用案例。

12.1　无人机在山地灾害救援中的应用

2008 年 5·12 汶川特大地震发生后，根据地震灾区的应急救援需要以及为灾后重建提供全面科技支撑的迫切需求，中国科学院成都山地所及时响应、联合中国科学院航空遥感所以及电子科技大学等单位,迅速组建了无人机灾害应用研究团队,并很快建立了无人机硬件平台(见图 12.1)和无人机地面站软件监测系统(见图 12.2)。中国科学院成都山地所与航空遥感所针对汶川地震灾区地形复杂、山高谷深、天气多变、人员难以到达等特点,多次利用无人机执行对地震灾区实施低空航拍的任务,并及时对所拍摄的照片进行判读和预处理,获取了珍贵的高分辨率遥感图像资料,并在最短时间内向国家抗震救灾指挥部提交了《汶川地震灾情分析报告》,精确地评估了大地震对灾区的损毁程度,同时绘制了详细的空间分布图,对抗震救灾力量的合理使用和救灾物资的合理分配起到了至关重要的作用。在汶川地震的抗震救灾过程中,无人机充分发挥了部署迅速、起降灵活、适应力强等优势,展现了无人机低空遥感技术在山地灾害和环境研究方面的巨大潜力。目前,山地所与航空遥感所已开始联合开展无人机野外航空遥感方面的研究工作,并已在云南大理市(见图 12.3)、四川凉山州木里县、龙门山银厂沟、都

图 12.1　无人机硬件平台

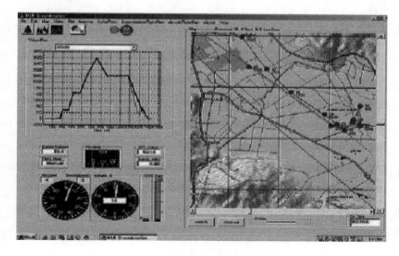

图 12.2　无人机地面监测站系统

江堰虹口乡(见图 12.4)以及重庆云阳县等地成功实施航拍,根据航拍图进行山地灾害的目视和计算机辅助解译及识别并形成专题图,进一步推广无人机在山区灾害和环境监测方面的应用,取得了丰硕的成果。

图 12.3　无人机拍摄的大理市漾濞县滑坡情况

图 12.4　无人机拍摄的都江堰市枷档湾堰塞湖

2012 年 7 月 12 日上午 11 时,在成都大邑的西岭雪山日月坪,无人机成功完成了高山地区人员搜救的测试模拟试验任务。这次试验使用的无人机是由中国航天科工系统仿真科技有限公司生产的"小鹰 3A 型"无人机(见图 12.5),救援过程见图 12.6。作为目前国内比较先进的小型无人机,机重 15 kg、翼展 2.6 m、机身长 2.1 m,可搭载机载搜救设备、通信设备、红外照相机等相关仪器,飞行时速 100 km/h 左右,其升限可达10 000 m,有两小时左右的续航时间。这次试验任务的完成,标志着无人机在山区救援方面的研究工作有了突破性进展,其前景不可估量。随着相关理论研究的深入,软硬件等基本条件的进一步改善,无人机遥感技术在未来的山地灾害救援以及环境研究领域中将发挥出更大的作用,取得更加突出的成果。

图 12.5　"小鹰 3A 型"无人机

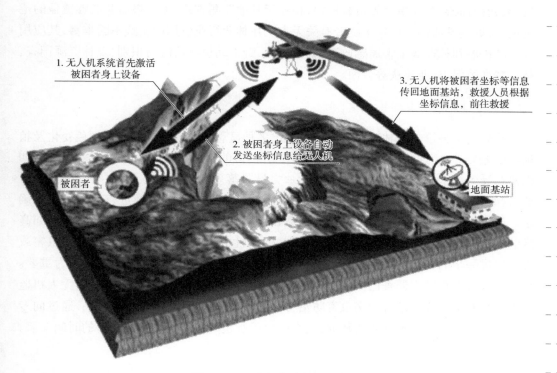

图 12.6　无人机山地救援示意图

12.2 ║║║无人机在林业中的应用

　　森林是地球上可再生资源及陆地生态系统的主体。对森林资源进行高效、准确监测是保证林业生态安全和经济效益的关键。航空航天遥感、人工实地监测和固定点监测在内的多种传统林业监测方案中普遍存在一定的缺点和不足,如监测范围有限、运行成本高昂、操作灵活性不足和实时性不佳等,无法满足林业监测任务的实际需求。近年来随着小型无人机技术的飞速发展,无人机凭借其低成本、高灵活性和实时性等优势在林业信息监测领域得到广泛应用。相关学者对林用无人机的理论研究和应用实践自2004 年以来得到了越来越广泛的关注和发展。利用机动性和灵活性强的无人机开展林业信息监测活动有效消除了传统作业方法所存在的工作覆盖范围有限及实时性差等

不足。同时,无人机平台搭载传感器及摄像头等多种信息采集装置,所获取的数据结果和精度都较其他信息监测方法有很大提升。相较其他国家,我国对无人机的研究和应用发展起步较晚,但近年来也取得了一定的成果,在全国多个省市及自治区均已开展了较为成功的实际应用与研究,其中部分省市将无人机在林业中的应用作为"十三五"期间建设现代化林业的关键手段。

无人机高度的机动性和灵活性,使其可以在林区环境下高效地接近目标完成信息获取等操作,同时使用无人机系统作为开展上述应用的平台具有安全性高、轻量化、灵活和自动化水平高等优势。无人机平台可搭载普通相机、红外相机、多光谱/高光谱相机、激光扫描器、激光雷达等负载模块,相较于其他监测方式,无人机监测能够覆盖的范围更广,更具灵活性。近年来随着有关无人机在林业行业应用的实践不断丰富,其应用领域已扩展到林业病虫害遥感监测、森林防火、野生动植物监测与识别、森林资源调查、林业精准植保、林业执法等方面。

12.2.1 林业病虫害遥感监测

受到病虫害影响的林区植被通常呈现出多种显著特征,如林冠形状、颜色变化及植被密度差异等,而这些特征可在无人机系统所拍摄的航拍图像数据中被有效识别。如栎树在受到橡木彩甲虫侵害后会出现叶片大量脱落现象,导致树冠反射特征的显著改变,这些特定变化可以由无人机采集的树冠及树枝高精度红外图像进行综合分析和确定。通过遥感手段获取的数字航拍图像数据同其他监测手段相比具有多种优点,如高度的连续性、理想的空间精度及后续分析的便利性等。在暴发大规模的森林病虫害或灾害更进一步的传播之前对其进行识别与控制,对于保护林区生态的稳定尤为重要。采用无人机进行航空调查已成为当前林业病虫害调查和评估的主要工具。将无人机监测平台与专家判读相结合的病虫害防治方法已在实际应用中取得一定成果,通过向专家提供所需的多种高精度监测数据,大大缩短了制定病虫害防治方案所需的时间。

12.2.2 森林防火

森林火灾已成为森林的主要灾害之一。森林火灾具有随机性和突发性,在很多火灾案例中往往由于缺乏火灾发生的状态和态势发展信息而造成严重后果。因此在火灾发生前对其进行有效的检测、迅速反应和及时扑救在森林防火应用中十分关键。无人机在林间巡航、火灾信息获取及排查、火灾实时监测及灾后调查等任务中,有助于实现"及早发现、及早应对"这一森林火灾应对的准则,能够克服传统森林火灾防控中人力需求高、卫星遥感分辨率低及定点监测难度大等缺点,有效减少了林火现象的发生,同时降低火灾所带来的经济损失和人员伤害。无人机平台搭载的传感器等附加模块可完成对森林潜在林火发生地区态势的综合评估。

张某等开发了一种基于林用无人机的林火实时监测系统,在获取远程林火信息的基础上实现对林区火源的实时调控,使得林火防护人员可以迅速掌握着火点数量及位置等信息。针对林火监测及应对方案中存在误识别现象,Martínez-de Dios等率先提出了一种结合林区固定点和无人机平台的视觉-红外相机林火监测系统,可实时获取林区着火点的位置、火情蔓延速度及最大火焰高度等信息。同时该系统通过融合不同种类相机所获信息,消除了传统林火自动识别检测方案中广泛存在的误识别现象,实现了对火情的整体认知及稳定分析。Martins 等自主设计了一款用于林火监测的小型固定翼无人机系统,除动力系统及导航控制系统外,集成了用于火源监测和位置识别的实时视觉系统。利用无人机获取林火图像进行火情分析评估及识别已成为林火监测的主要内容之一。Cruz 等提出了通用条件下的火灾检测指数(FDI)和适用于森林的火灾检测指数(FFDI)。由于在监测距离较远时只有烟雾特征较为明显,因此 FDI 算法无法准确对火焰进行识别。为了实现林区环境的有效区分,在 FDI 的基础上提出了更具针对性的 FFDI 算法。首先通过 FDI 显著突出火灾发生区域同时削弱林间背景对火灾信息提取过程的干扰,通过开展实际的无人机实验,在 30 帧/秒航拍图像的处理速度下识别准确率可达 97%。Merino 等设计了一种用于林火自动监测的无人机系统,可以完成对林火的实时监控与火情估计。该系统通过无人机平台搭载的信息采集模块自动获取相关数据,并通过实地测试验证该系统的可靠性及性能。

同单一无人机作业相比,采用多无人机协作的方式可以显著提升数据质量和作业效率,同时保证林区复杂环境下的作业稳定性。Merino 等在单一无人机系统开展森林防火的相关研究基础上提出了基于多无人机协作模式下的林火自动识别及定位系统。该系统采用红外相机、视觉相机和专用火灾检测器等多种传感模块,完成林区自动巡航、检测、动态监测和评估等多项任务。除了多无人机协同作业外,Ghamry 等还应用空用无人机和地面无人车协作的方式开展针对林区火灾监控的空-地协调作业方案。

12.2.3　野生动植物监测与识别

使用无人机进行野生动植物的监测与分类识别是无人机遥感在林业领域的另一重要应用。在林间环境下使用无人机技术对多种野生动植物进行信息监测已成为各国林业工作者的选择,对获取的高时效性原始图像、音频和视频数据信息进行处理以用于进一步的决策制定。如今每年有多达上百次的无人机野生动植物物种监测实地实验,目标物种包括澳洲考拉、长鼻猴、野生牦牛等。

采用无人机遥感的方法对林区的动物进行动态监测,有助于相关科研人员及时获取目标种群规模和结构、活动轨迹及个体水平信息。Gonzalez 等综合无人机与人工智能技术在澳大利亚昆士兰开展了针对野生考拉的监测作业。在无人机平台上搭载热成像相机获取热力图后,利用相关算法进行计数、追踪与分类。实验结果表明所提出的算法能够对不同尺寸和形状特征的考拉进行识别,同时该系统还具有良好的泛化能力,可以根据具体的目标对象进行设置。

随着无人机所获取数据精度的不断提升,采用低空无人机对林下小型植物进行测绘和调查分类得到了许多研究者的关注。Puliti 等针对位于挪威东南部的小型林区进行了树种识别实验,该林区的主要树种以挪威云杉、欧洲赤松以及桦树等落叶林为主。例如,Leduc 等使用无人机对加拿大魁北克省 Gatineau 公园中的野生韭葱进行遥感监测;Lu 等利用搭载了自制成像传感器的无人机平台,通过 7 次实地飞行作业对加拿大境内的安大略某处混生草地进行物种识别。该实验所使用的成像相机为改制后的佳能

笔记栏

PowerShot ELPH 110HS 相机,其原始的红-绿-蓝色带被改为近红外-绿-蓝,以过滤近红外光。

12.2.4 森林资源调查

森林资源调查是实现森林资源管理与林业可持续经营的重要组成,及时、准确地掌握林业资源情况有利于林业相关部门更好地进行决策以提高林业管理水平,并不断推动和保证林业的可持续发展。相较实地考察测量和工作人员估测等传统评估方式,无人机航拍影像可快速实时地获取高分辨率、多尺度的地面观测数据,克服了人工林地评估方式费时费力及受环境条件影响大等缺陷。受益于遥感技术良好的集成性和适用性,使用无人机平台开展自然资源管理已越来越成为主流选择。

张某等对浙江农林大学东湖区域周边进行无人机遥感森林区划调查,在航拍数字图像的基础上进行小班区划调查,识别精度及错判率均满足需求。Wallace 等采用多旋翼无人机遥感手段对森林结构和特性开展监测和调查,旨在对 ALS(机载激光扫描)和 SFM(三维信息重建)方法进行比较,通过多次试飞试验后,获取了林冠分布和树木个体的有关信息。实验结果表明 SFM 方法在森林资源调查中表现出较好的性能。Ota 等采用无人机测绘成像点云手段对日本西南部的人工林进行森林结构预测。Inoue 等利用无人机获取的低空遥感影像数据调查日本东部地区的林区倒木情况,实验结果显示对于胸径大于 30 cm 或长度超过 10 m 的倒木的识别率达 80% ~ 90%。同 ALS 这一主要监测方法相比,阵等使用搭载了廓线雷达的无人机平台在芬兰进行了森林测绘和分类测试,对比实验显示,采用廓线雷达方法在林冠结构信息提取方面具有较理想的测量精度效果。

12.2.5 林业精准植保

无人机平台可丰富并完善病虫害防治的作业方式,克服"粗放式"施药的植保现状,降低农药用量及农药残留,并大幅提升病虫害防治机械化水平。在我国利用无人机手段进行大规模机械化防治已成为林业作业的必然方向,无人植保机作业精准,可保证复杂作业条件下施药效率,可有效克服人工防治手段效率低等缺点。依托无人机这一现代化的平台在林区开展精准施药工作在提升了植保机械化程度的同时,进一步完善了林业植保体系完整化水平。李继宇等对当前多旋翼无人机植保施药作业的相关研究进行了梳理和总结,并就施药旋翼无人机的机体、药箱及其他关键技术进行了归纳。何勇等总结了植保喷施系统中的喷嘴部件的相关原理、特点及应用场合,并对喷嘴选型和植保转移喷嘴的研发给出合理建议。

12.2.6 林业执法

林业执法是保护森林资源强有力的措施之一。无人机的另一个重要应用是开展林区环境下的执法活动。现如今野外林场、公园和城市绿地等地已日渐成为违法犯罪活动的重灾区,包括袭击、放火等毁坏公共资源、毁林占地以及针对野生动物的盗猎和非法贸易等非法行为。无人机在该领域的实践应用,使得野生动物保护向着更加高效精准的方向发展。

　　传统的实地执法是通过林业工作人员在林间进行的,这种传统执法方式所需的人力成本较高。此外,由于有效覆盖范围往往较低,难以在接近性较差的林间环境中开展执法作业,同时野外复杂恶劣的实际环境易对执法人员带来伤害。通过无人机技术对林区环境进行动态监测,掌握林地使用情况,并及时制止所发生的违法行为成为当前林业执法工作的主流应用之一,主要包括土地执法检查、土地管理动态巡查、违法土地案件整改、耕地保护等。通过引入无人机执法平台,在降低了基层林业执法人员工作强度的同时,提升了执法工作效率。目前我国多地开展了利用无人机对重点林区进行执法监测的实践,如云南省红河州金平县林业局引进无人机系统进行空中监控,梧州市林业局采用遥控无人机对采伐区域进行拍摄取证以打击非法占地及非法砍伐等违法行为。针对普通商用无人机平台存在的多种性能限制,Raja 等设计了一款用于林间执法和防盗猎的专业无人机平台,该平台针对林区执法的实际条件作出了相应改进使其更适用于使用环境,同时在实现数据获取的基础上还集成了物种识别和监测的功能,便于林业管理人员和执法人员开展高效的反盗猎活动,实现人与动物交互的目标。

12.3　无人机在测绘上的应用

　　随着数字地球、城市智能发展规划、建筑物景观设计、智慧旅游与社区服务的不断发展,人们对建立城市真三维模型产生了浓厚的兴趣。目前,国际测绘领域把传统航空摄影技术与数字地面采集技术相结合,研究了一种称为机载多角度倾斜摄影的高新技术,简称倾斜摄影测量技术。倾斜摄影技术通过将多台或多种类别的传感器搭载在同一个空中飞行平台上,可以突破传统航空摄影技术只能从一个角度获取地面影像的局限性,它能同时从一个垂直和多个倾斜角度获取影像,从而可以弥补正射影像不能准确反映地面真实情况的缺陷。并且还可以结合机载 POS 数据、数字表面模型及其他矢量数据,进行基于倾斜影像的各种三维测量,在此基础上建立起建筑物的真实的三维景观模型。

　　随着无人机在测绘领域的广泛应用,无人机倾斜摄影测量技术已经成为一种获取三维建模影像数据的新途径和新方法,使三维城市建模的效率得到快速提高。因此,需要研究基于无人机倾斜摄影测量技术的三维数字城市建模的方法,并且分析其能达到的精度水平,以推动该项技术在测绘领域和其他行业的深入应用,并且在实际的项目生产中也能起到很大的作用。

　　以西安市焦岱镇鲍旗寨社区为研究区域为例(影像图见图 12.7),利用无人机倾斜摄影测量系统获取研究区域影像,并且介绍了航摄数据情况和像控点布设情况,采用倾斜摄影测量技术建立三维模型。系统研究和分析了采用此种方法建立三维模型所能达到的理论精度和实际精度水平,包括模型的平面精度、高度精度和长度精度。并且具体论述了无人机倾斜摄影测量技术建模精度的影响因素,主要包括无人机飞行质量(影像重叠度、航带弯曲度、航带内最大高差、照片倾斜角与旋偏角)、影像分辨率、像控点的数量和刺点精度、空三加密精度等因素,为实际应用奠定了理论和实践基础。

图 12.7　西安市焦岱镇地形影像图

12.4　无人机在军民融合领域的应用

　　随着科技的不断进步和军事技术的发展,无人机制造产业在军事和民用方面取得了巨大的成就。无人机已经不再是军事装备的专利,而是成为民用领域中的一种重要工具。军民融合的发展也使得无人机应用前景愈发广阔。

　　(1)军用无人机的技术优势为民用领域提供了良好的基础。军用无人机在战争中具有携带能力强、作战效果好等特点,而这些经过实战检验的技术也可以应用到民用领域中。例如,在农业领域,无人机可以利用其载荷能力,进行农田的喷洒和植物保护。在灾害救援方面,无人机可以实时监测受灾地区,为救援队提供重要信息。因此,军用无人机的技术和经验对于无人机制造产业的军民融合发展具有重要的意义。

　　(2)军用无人机的市场需求推动了制造产业在民用领域的发展。军事领域是技术创新最为迅速的领域之一,无人机在军事领域的应用也不断增加。这些应用的成功案例对于民用领域具有示范作用,激发了市场对于无人机的需求。民用无人机制造产业可以通过学习和借鉴军用无人机的技术和经验,生产出更加符合市场需求的产品,不仅可以拓宽产业链,还可以推动科技创新和经济增长。

　　(3)无人机制造产业的军民融合发展也可以促进国家的军事实力提升。无人机在现代战争中起到了至关重要的作用,具有强大的作战能力和信息收集能力。而这些技术和经验也可以应用到民用领域中,提高国家的国防能力和安全水平。同时,军民融合的发展也会为无人机的技术创新和进一步发展提供更多的资源和条件,使国家在无人机领域处于国际领先地位。

　　总之,无人机制造产业的军民融合发展与应用前景十分广阔。军用无人机的技术和经验为民用领域提供了基础,市场需求推动了制造产业在民用领域的发展,而军民融合的发展也会促进国家的军事实力提升。无人机的广泛应用将在未来改变许多领域的现状,为人们的生活和国家的安全带来更多的便利和保障。因此,我们应该重视无人机制造产业的军民融合发展并积极参与其中,推动无人机产业的蓬勃发展。

习　题

1. 结合现今无人机应用需求,讨论我国无人机导航技术的发展方向。
2. 结合自身了解或实际接触过的无人机,列举出几个无人机导航技术实例。

笔记栏

参 考 文 献

[1] 黄智刚,郑帅勇.无人机通信与导航[M].北京:北京航空航天大学出版社,2020.

[2] 李航天.空中卫士:无人机在减灾救灾中的创新应用[N].中国应急管理报,2024-06-21(6).

[3] 戴永东,姚建光,李勇,等.输电线路无人机巡检自主导航算法研究[J].重庆理工大学学报(自然科学),2023,37(11):221-228.

[4] 蒙华伟,刘高,王丛,等.基于无人机影像的输电线路自动巡检系统[J].微型电脑应用,2023,39(8):193-196.

[5] 左军.面向无人机的视觉惯性融合定位系统研究[D].南京:南京信息工程大学,2023.

[6] 付国萍,田小壮,刘家辛,等.变电站无人机自主巡检仿真系统设计与搭建[J].电力学报,2022,37(3):257-262.

[7] 刘金成,王海明,何亚琼,等.无人机技术在精准林业中的应用与挑战[J].农业工程学报,2024,40(5):14-24.

[8] 赵林,郑杰,杨文魁,等.基于用户最大接收功率无人机应急通信航迹规划[J].自动化与仪器仪表,2024(1):99-103.

[9] 傅晋博,张栋,王孟阳,等.面向目标定位精度提升的无人机航迹规划[J].兵工学报,2023,44(11):3394-3406.

[10] 樊野.无人机技术在消防通信中的应用研究[J].设备管理与维修,2023(22):95-97.

[11] 朱古月,李双德,刘芫健,等.面向无人机通信网络的信道全域特性空间聚类和识别[J/OL].电波科学学报,1-10[2024-06-28].

[12] MAUVE M,WIDMER A,HARTENSTEIN H.A survey on position-based routing in mobile ad hoc networks[J].IEEE Network,2001,15(6):30-39.

[13] WEN W,JIA Y,XIA W.Joint scheduling and resource allocation for federated learning in SWIPT-Enabled micro UAV swarm networks[J].China communications,2022,19(1):119-135.

[14] 李苗,何茂霖,罗俊松,等.无人机集群通信技术:最新进展及发展动向[J/OL].无线电工程:1-12[2024-06-28].

[15] 全国航空器标准化委员会.轻小型多旋翼无人机飞行控制与导航系统通用要求:GB/T 38997—2020[S].北京:中国标准出版社,2020.

[16] 中国卫星导航工程中心,中国航天标准化研究所,战略支援部队信息工程大学,等.北斗卫星导航术语:GB/T 39267—2020[S].北京:中国标准出版社,2020.